两热源循环热力学优化理论

陈林根 李俊 著

科学出版社

北京

内容简介

本书在全面深入介绍有限时间热力学理论与总结前人现有研究成果的基础上,通过数学建模、理论分析和数值计算,对单级和多级两热源内可逆和不可逆热机、制冷机和热泵循环及包含若干不同温度的热源、有限热容子系统和能量变换器的复杂热力系统的性能优化和最优构型进行了研究,取得了一些具有重要理论意义和实用价值的研究成果。

本书可供能源、动力等领域的科技人员参考,也可作为大专院校工程热物理、热能工程、空调、制冷等相关专业本科生或研究生教材。

图书在版编目(CIP)数据

两热源循环热力学优化理论 / 陈林根,李俊著. —北京:科学出版社,2021.6
ISBN 978-7-03-066926-1

Ⅰ. ①两… Ⅱ. ①陈… ②李… Ⅲ. ①热力学循环-高等学校-教材 Ⅳ. ①TK123

中国版本图书馆CIP数据核字(2020)第225910号

责任编辑:张艳芬 赵微微 / 责任校对:王 瑞
责任印制:吴兆东 / 封面设计:蓝 正

科学出版社 出版
北京东黄城根北街16号
邮政编码:100717
http://www.sciencep.com
北京虎彩文化传播有限公司 印刷
科学出版社发行 各地新华书店经销
*

2021年6月第 一 版 开本:720×1000 1/16
2021年6月第一次印刷 印张:13 3/4
字数:256 000
定价:98.00元
(如有印装质量问题,我社负责调换)

前　言

本书在全面系统地介绍和总结单级和多级连续两热源热机、制冷机和热泵循环有限时间热力学研究成果的基础上，通过数学建模、理论分析和数值计算，对单级和多级两热源正、反向内可逆和不可逆热机、制冷机和热泵循环及包含若干不同温度的热源、有限热容子系统和能量变换器的复杂热力系统的性能优化和最优构型进行研究，取得了一些具有重要理论意义和实用价值的研究成果。

本书主要由以下三部分组成。

第一部分(第2~4章)研究一类更为普适的传热规律 $Q \propto (\Delta T^n)^m$（包括牛顿传热规律、线性唯象传热规律、辐射传热规律、Dulong-Petit 传热规律、广义对流传热规律和广义辐射传热规律）下恒温热源内可逆和广义不可逆卡诺热机、制冷机和热泵的性能优化问题。第 2 章研究普适传热规律下，恒温热源内可逆和广义不可逆卡诺热机、制冷机和热泵基本输出率与性能系数的最优特性，分别求出内可逆和广义不可逆卡诺热机、制冷机和热泵的输出功率、热效率、制冷率、制冷系数、供热率和供热系数的最优特性关系，分析传热规律对内可逆和广义不可逆卡诺热机、制冷机和热泵及热漏和内不可逆损失对广义不可逆卡诺热机、制冷机和热泵的输出功率与热效率、制冷率与制冷系数、供热率与供热系数最优关系的影响。第 3 章研究普适传热规律下，恒温热源内可逆和广义不可逆卡诺热机、制冷机和热泵的生态学最优性能，求出内可逆和广义不可逆卡诺热机、制冷机和热泵的生态学函数、熵产率、㶲输出率等与性能系数的最优关系，分析传热规律对内可逆和广义不可逆卡诺热机、制冷机和热泵及热漏和内不可逆损失对广义不可逆卡诺热机、制冷机和热泵的生态学最优性能的影响。第 4 章研究普适传热规律下，恒温热源内可逆和广义不可逆卡诺热机、制冷机和热泵的㶲经济最优性能，分别求出内可逆和广义不可逆卡诺热机、制冷机和热泵的利润率与有限时间㶲经济性能界限，分析传热规律对内可逆和广义不可逆卡诺热机、制冷机和热泵及热漏和内不可逆损失对广义不可逆卡诺热机、制冷机和热泵㶲经济最优性能的影响。研究结果表明，传热规律对内可逆和广义不可逆卡诺热机、制冷机和热泵及热漏和内不可逆损失对广义不可逆卡诺热机、制冷机和热泵的性能有显著影响。所得结果具有普适性和包容性。

第二部分(第 5 章)研究两热源热机和制冷机及复杂系统的构型优化问题。第 5 章研究线性唯象传热规律下恒温热源内可逆热机输出功率最大时的最优构型，求出此时内可逆热机的最优构型为六分支循环，其中包括两个等温分支和四个最大功率分支，而不包括绝热分支，并将结果与牛顿传热规律下的结果进行比较；研究线性唯象传热规律下包含若干不同温度的热源、有限热容子系统和能量变换器的复杂系统输出功率最大时的最优构型，求出该复杂系统的最优工作温度和最大输出功率，并将结果与牛顿传热规律下的结果进行比较；研究普适传热规律下变温热源内可逆往复式热机和制冷机的最优构型及热漏对变温热源内可逆往复式热机和制冷机最优构型的影响。

第三部分(第6章)研究有限热容热源多级连续内可逆和不可逆卡诺热机、热泵系统的最优构型问题。第6章建立高、低温热源均为有限热容热源的多级连续内可逆和不可逆卡诺热机、热泵系统理论模型，研究牛顿传热规律和辐射传热规律对系统最优构型的影响，求出两种传热规律下驱动流体的最优温度曲线和输入、输出系统的极值功，结果表明牛顿传热规律下驱动流体最优温度曲线随无量纲时间呈指数规律变化，辐射传热规律下驱动流体最优温度曲线随无量纲时间呈单调递减变化。所建有限热容热源多级连续内可逆和不可逆卡诺热机、热泵系统理论模型比已有文献模型适用范围更广，已有文献所得结果是本书结果的特例。

本书得到了国家自然科学基金项目(51576207、51779262)的资助，在此表示衷心感谢。

限于作者水平，书中难免存在不妥之处，请广大读者批评指正。

武汉工程大学　陈林根
武汉交通职业学院　李　俊
2021年3月

符 号 说 明

A	循环㶲输出(输入)率	W
	矩阵	
a	常数	
a_{V1}	比热交换面积	
b	矩阵	
	常数	
C	汽缸容积的变化率	m³/s
C_i	热漏热导率	W/K^{mn}，其中 m 和 n 为传热指数
c	比热容	J/(kg·K) 或 J/(m³·K)
	光速	m/s
E	生态学目标	W
F	传热面积	m²
f	热交换面积比	
G	质量流率	kg/s
g	热导率	W/K^{mn}
H	哈密顿函数	
I	进入循环的能流	
J	熵流	J/K
k	流体 1 热交换面积与总热交换面积比	
L	拉格朗日函数	
P	功率	W
	工质压力	Pa
p	辐射压	W/sm

Q	热流率	W
	吸、放热量	J
q	热漏率	W
	热流率	W
R	制冷率	W
r	传热系数比	
S	熵	J/K
T	温度	K
$\dot{T}$	温度的时间导数	
t	时间	s
u	温度	K
	常数	
u'	容许解	
V	体积	m³
$\dot{V}$	体积流率	m³/s
	体积的时间导数	
$\overline{V}$	对数体积	m³
v	常数	
	流体流速	m/s
W	功	J
X	接触点相应的热力学内涵变量	
x	工质温比	
	坐标	
Y	与载流量有关的伴随流量	
y	热交换时间比	
Z	外部参数	
z	热导率比	

α	高温侧传热系数	W/(m²·K^{mn})
β	低温侧传热系数	W/(m²·K^{mn})
γ	比热比	
ε	制冷系数	
η	热效率	
	卡诺系数	
θ	赫维赛德阶跃函数	
λ	协态变量	
	拉格朗日乘子	
$\dot{\lambda}$	协态变量的时间导数	
μ	控制变量	
$\dot{\mu}$	控制变量的时间导数	
ξ	不为零的常数	
Π	利润率	¥
π	供热率	W
σ	熵产率	W/K
	斯蒂芬-玻尔兹曼常数	
τ	循环周期	
	无量纲时间	
Φ	内不可逆因子	
ϕ	中间变量	
φ	供热系数	
χ	拉格朗日乘子	
ψ	价格	¥/W
	常数	

上 标

eng	热机模式
int	内部

pump	热泵模式
*	最优值

下　标

f	末态
H	高温热源侧
HC	高温热源侧工质
i	第 i 个
i	初始状态
j	第 j 个
L	低温热源侧
LC	低温热源侧工质
M	最大体积变化率
m	最小体积变化率
max	最大值
min	最小值
opt	最优
P	最大输出功率点
R	热源
	最大制冷率
r	热源
s	子系统
V	定容
W	工质
η	最大热效率点
0	初始值
	环境
1	流体 1
1C	流体 1 侧工质
1f	流体 1 终温

1i	流体 1 初温
2	流体 2
2C	流体 2 侧工质
2f	流体 2 终温
2i	流体 2 初温

目 录

前言
符号说明

第1章 绪论 1
   1.1 引言 1
   1.2 有限时间热力学的产生和发展 1
   1.3 内可逆循环 2
   1.4 不可逆循环 3
   1.5 两热源循环性能优化研究现状 4
       1.5.1 牛顿传热规律下恒温热源热机循环 4
       1.5.2 牛顿传热规律下变温热源热机循环 5
       1.5.3 传热规律对恒、变温热源热机循环性能优化的影响 5
       1.5.4 牛顿传热规律下恒温热源制冷循环 7
       1.5.5 牛顿传热规律下变温热源制冷循环 8
       1.5.6 传热规律对恒、变温热源制冷循环性能优化的影响 8
       1.5.7 牛顿传热规律下恒、变温热源热泵循环 9
       1.5.8 传热规律对恒、变温热源热泵循环性能优化的影响 10
   1.6 两热源热机循环构型优化研究现状 11
       1.6.1 牛顿传热规律下恒温热源热机循环构型优化 11
       1.6.2 牛顿传热规律下变温热源热机循环构型优化 11
       1.6.3 传热规律对恒、变温热源热机循环构型优化的影响 12
       1.6.4 两热源制冷和热泵循环构型优化研究现状 13
   1.7 两热源多级卡诺循环构型优化研究现状 13
   1.8 本书主要内容 14

第2章 两热源正、反向卡诺循环基本输出率与性能系数优化 17
   2.1 引言 17
   2.2 内可逆卡诺热机输出功率与热效率优化 17
       2.2.1 内可逆卡诺热机模型 17
       2.2.2 最优特性关系 18
       2.2.3 传热规律对性能的影响 19
       2.2.4 数值算例与分析 20
   2.3 广义不可逆卡诺热机输出功率与热效率优化 21

  2.3.1 广义不可逆卡诺热机模型 ·· 21
  2.3.2 基本优化关系 ·· 22
  2.3.3 最大输出功率界限和最大热效率界限 ································ 24
  2.3.4 各种损失对性能的影响 ·· 25
  2.3.5 传热规律对性能的影响 ·· 25
  2.3.6 数值算例与分析 ·· 27
  2.3.7 讨论 ·· 28
 2.4 内可逆卡诺制冷机制冷率与制冷系数优化 ································ 29
  2.4.1 内可逆卡诺制冷机模型 ·· 29
  2.4.2 最优特性关系 ·· 30
  2.4.3 传热规律对性能的影响 ·· 31
  2.4.4 数值算例与分析 ·· 31
 2.5 广义不可逆卡诺制冷机制冷率与制冷系数优化 ························ 32
  2.5.1 广义不可逆卡诺制冷机模型 ·· 32
  2.5.2 基本优化关系 ·· 33
  2.5.3 各种损失对性能的影响 ·· 35
  2.5.4 传热规律对性能的影响 ·· 36
  2.5.5 数值算例与分析 ·· 39
  2.5.6 讨论 ·· 40
 2.6 内可逆卡诺热泵供热率与供热系数优化 ···································· 40
  2.6.1 内可逆卡诺热泵模型及其优化 ·· 40
  2.6.2 传热规律对性能的影响 ·· 41
  2.6.3 数值算例与分析 ·· 42
 2.7 广义不可逆卡诺热泵供热率与供热系数优化 ···························· 43
  2.7.1 广义不可逆卡诺热泵模型及其优化 ·································· 43
  2.7.2 各种损失对性能的影响 ·· 44
  2.7.3 传热规律对性能的影响 ·· 45
  2.7.4 数值算例与分析 ·· 47
  2.7.5 讨论 ·· 49
 2.8 小结 ·· 49
第3章 两热源正、反向卡诺循环生态学性能优化 ···························· 51
 3.1 引言 ·· 51
 3.2 内可逆卡诺热机生态学性能优化 ·· 51
  3.2.1 最优特性关系 ·· 51
  3.2.2 传热规律对性能的影响 ·· 52
  3.2.3 数值算例与分析 ·· 53

3.3 广义不可逆卡诺热机生态学性能优化 ··· 55
3.3.1 最优特性关系 ·· 55
3.3.2 各种损失对性能的影响 ·· 56
3.3.3 传热规律对性能的影响 ·· 57
3.3.4 数值算例与分析 ·· 59
3.3.5 讨论 ·· 62
3.4 内可逆卡诺制冷机生态学性能优化 ··· 62
3.4.1 最优特性关系 ·· 62
3.4.2 传热规律对性能的影响 ·· 63
3.4.3 数值算例与分析 ·· 65
3.5 广义不可逆卡诺制冷机生态学性能优化 ································· 67
3.5.1 最优特性关系 ·· 67
3.5.2 各种损失对性能的影响 ·· 68
3.5.3 传热规律对性能的影响 ·· 68
3.5.4 数值算例与分析 ·· 70
3.5.5 讨论 ·· 73
3.6 内可逆卡诺热泵生态学性能优化 ··· 74
3.6.1 最优特性关系 ·· 74
3.6.2 传热规律对性能的影响 ·· 75
3.6.3 数值算例与分析 ·· 76
3.7 广义不可逆卡诺热泵生态学性能优化 ····································· 78
3.7.1 最优特性关系 ·· 78
3.7.2 各种损失对性能的影响 ·· 79
3.7.3 传热规律对性能的影响 ·· 80
3.7.4 数值算例与分析 ·· 82
3.7.5 讨论 ·· 86
3.8 小结 ·· 86

第4章 两热源正、反向卡诺循环㶲经济性能优化 ······························· 88
4.1 引言 ·· 88
4.2 内可逆卡诺热机㶲经济性能优化 ··· 88
4.2.1 最优特性关系 ·· 88
4.2.2 传热规律和价格比对性能的影响 ·· 89
4.2.3 数值算例与分析 ·· 90
4.3 广义不可逆卡诺热机㶲经济性能优化 ····································· 92
4.3.1 最优特性关系 ·· 92
4.3.2 各种损失对性能的影响 ·· 92

		4.3.3 传热规律对性能的影响 ································· 93
		4.3.4 价格比对利润率和㶲经济性能界限的影响 ············· 93
		4.3.5 数值算例与分析 ······································ 94
		4.3.6 讨论 ··· 96
	4.4	内可逆卡诺制冷机㶲经济性能优化 ······························ 96
		4.4.1 最优特性关系 ··· 96
		4.4.2 传热规律和价格比对性能的影响 ····················· 97
		4.4.3 数值算例与分析 ······································ 99
	4.5	广义不可逆卡诺制冷机㶲经济性能优化 ······················ 100
		4.5.1 最优特性关系 ·· 100
		4.5.2 各种损失对性能的影响 ······························ 101
		4.5.3 传热规律对性能的影响 ······························ 101
		4.5.4 价格比对利润率和㶲经济性能界限的影响 ··········· 102
		4.5.5 数值算例与分析 ····································· 103
		4.5.6 讨论 ·· 105
	4.6	内可逆卡诺热泵㶲经济性能优化 ······························ 105
		4.6.1 最优特性关系 ·· 105
		4.6.2 传热规律和价格比对性能的影响 ···················· 106
		4.6.3 数值算例与分析 ····································· 107
	4.7	广义不可逆卡诺热泵㶲经济性能优化 ························ 109
		4.7.1 最优特性关系 ·· 109
		4.7.2 各种损失对性能的影响 ······························ 109
		4.7.3 传热规律对性能的影响 ······························ 110
		4.7.4 价格比对利润率和㶲经济性能界限的影响 ··········· 110
		4.7.5 数值算例与分析 ····································· 111
		4.7.6 讨论 ·· 113
	4.8	小结 ··· 113
第5章	两热源正、反向热力循环构型优化 ······································ 115
	5.1	引言 ··· 115
	5.2	内可逆热机输出功率最大时的构型优化 ······················ 115
		5.2.1 热机模型 ·· 115
		5.2.2 最优构型的优化过程 ································· 117
		5.2.3 数值算例与分析 ····································· 126
		5.2.4 讨论 ·· 127
	5.3	复杂系统的构型优化 ·· 128
		5.3.1 系统模型 ·· 128

    5.3.2 最优解 ··· 129
    5.3.3 数值算例与分析 ··· 134
    5.3.4 讨论 ··· 135
  5.4 有限热容高温热源热机循环构型优化 ······································ 135
    5.4.1 热机模型 ·· 135
    5.4.2 最优构型 ·· 136
    5.4.3 传热规律对性能的影响 ·· 138
    5.4.4 基本优化关系 ·· 140
    5.4.5 数值算例与分析 ··· 141
    5.4.6 讨论 ··· 142
    5.4.7 热漏对有限热容高温热源热机构型优化的影响 ···················· 142
  5.5 有限热容低温热源制冷循环构型优化 ······································ 146
    5.5.1 制冷机模型 ··· 146
    5.5.2 最优构型 ·· 147
    5.5.3 传热规律对性能的影响 ·· 149
    5.5.4 基本优化关系 ·· 150
    5.5.5 数值算例与分析 ··· 152
    5.5.6 讨论 ··· 152
    5.5.7 热漏对有限热容低温热源制冷机构型优化的影响 ················· 153
  5.6 小结 ··· 157
第6章 两热源多级连续正、反向卡诺循环构型优化 ································ 159
  6.1 引言 ··· 159
  6.2 两热源多级连续正、反向内可逆卡诺循环构型优化 ···················· 159
    6.2.1 系统模型 ·· 159
    6.2.2 最优控制理论应用 ··· 163
    6.2.3 数值算例与分析 ··· 166
    6.2.4 辐射传热时循环构型优化 ·· 167
  6.3 两热源多级连续正、反向不可逆卡诺循环构型优化 ···················· 174
    6.3.1 系统模型 ·· 174
    6.3.2 最优控制理论应用 ··· 176
    6.3.3 数值算例与分析 ··· 178
    6.3.4 辐射传热时循环构型优化 ·· 180
  6.4 小结 ··· 186
第7章 总结 ·· 187
参考文献 ·· 191

第1章 绪　　论

1.1 引　　言

经典热力学以可逆界限作为能量过程的评价指标,但根据热力学第二定律表达这些指标时,热力学输出率为零,因而经典热力学不能很好地表征循环的品质。因此,经典热力学理论已不能满足现代热机及热力工程技术发展的需要。热力工程技术的进步需要以不可逆过程影响的新理论来指导。有限时间热力学最初所研究的主要内容就是对经典热力学进行改进和革新,求出存在系统与环境间有限速率热交换的有限时间过程和有限尺寸装置的热力学性能界限。

有限时间热力学是现代热力学理论的一个新分支,它利用热力学、传热学和流体力学相结合的方法,在有限时间和有限尺寸约束的条件下,以减少系统不可逆性为主要目标,优化存在传热传质和流体流动不可逆性的实际热力系统,对提高循环的性能起到了重要作用。有限时间热力学以交叉、移植和类比的研究方法为主,追求普适的规律,所得结果更具有普适性,其研究结果已成为热物理学的一个重要基础。利用有限时间热力学理论研究传热规律对单级和多级正、反向两热源热力循环的性能优化从20世纪70年代起就得到了越来越多的重视,它为实际的单级和多级正、反向两热源热力循环装置发展提供了重要的理论工具,也显示出了现代热力学理论的勃勃生机。

1.2　有限时间热力学的产生和发展

经典热力学的研究表明,任何工作于温度分别为 T_H、T_L 的高、低温热源之间的热机,其热效率都不可能超过著名的卡诺(Carnot)效率 $\eta_C = 1 - T_L/T_H$ [1]。这一结论为工作于热源温度分别为 T_H 和 T_L 之间的任意热机提供了热效率的上限。但是,这一界限太高,需要进一步完善。

1957年,苏联核动力工程专家 Novikov[2]、法国学者 Chambdal[3] 分别研究了核动力装置的热效率;1975年,加拿大理论物理学者 Curzon 和 Ahlborn[4] 也从理论上研究了卡诺热机输出功率最大时对应的热效率。他们考虑了存在有限速率传热的卡诺热机,分别导出了工质与恒温高、低温热源间服从牛顿传热规律的卡诺热机输出功率最大时的热效率为 $\eta_{CA} = 1 - (T_L/T_H)^{1/2}$,即著名的卡诺效率。卡诺效率与实际热机的最佳观测性能相当接近,是比经典热力学中卡诺效率更有用的效率界限，是有限时间热力学研究的奠基性结果。

有限时间热力学的研究可分为两类：一类是求给定的热力系统和过程对应的目标函数极值及目标函数间的相互关系；另一类是求给定最优目标函数对应的最优热力过程（最优构型）。20 世纪 70 年代中期以来，一大批国内外物理学家和工程学家使用函数极值理论、变分法和最优控制理论等研究方法，对有限时间热力学的两类基本问题进行了大量研究，得到了一大批既具有理论意义又具有实际热力工程应用价值的研究结果，发现了许多新现象和新规律。截至 2019 年 6 月，在国内外已有 13700 多篇文献发表。目前，有限时间热力学主要的研究方向有：①对无限热容热源牛顿定律热机系统的研究；②损失模型对热机最优性能的影响；③热源模型对热机最优性能的影响；④实际热机装置和热过程分析；⑤制冷循环研究；⑥热泵循环研究；⑦类"热机"过程分析，如化学反应过程、化学循环、流体流动做功过程和蒸馏分离过程等。

1.3　内可逆循环

一个内可逆系统由许多相互作用的子系统及环境组成，每个子系统均经历可逆过程，而所有的不可逆性或耗散都发生在子系统之间及子系统与环境之间。因此，将该系统所经历的过程称为内可逆过程。全部由内可逆过程组成的循环即内可逆循环。描述内可逆循环的基本量有能量流、熵流、温度和热导率。根据内可逆工质的吉布斯方程可以列出能量及熵的基本平衡关系。

内可逆循环的各循环分支及循环分支与环境之间通过相互交换能量发生作用，每个循环分支由一些接触点或接触作用来表征，循环分支通过这些点交换能量。每一个接触作用中，能量通过一个外延量（载流量）来传输。因此，每个接触点都包含了与时间有关的函数，记为 X、Y、I。其中，I 为进入循环的能流，Y 为与载流量有关的伴随流量，X 为该接触点相应的热力学内涵变量。

循环的内可逆使每个接触的能量与外延量流对应，即内涵量为每个外延量流确定了一个能量值。内可逆循环可由其接触变量和库的外延量来描述。一般情况下，一些接触变量及外延量是给定的，而其余为未知变量。但是，这些变量并不都是完全自由的，它们要遵循如下约束条件：①接触点的吉布斯方程；②库的平衡方程；③循环的平衡方程；④相互作用。

因此，内可逆循环可由关联其接触变量和库的外延变量间的代数及常微分方程来表征。

若内可逆循环中的各种流及内涵量均与时间无关，则所有的接触变量都变成了简单变量，其中有些变量是具有固定值的外部变量，而有些变量就不确定，但与前述约束条件相联系。从几何意义上讲，整个内可逆循环可由所有可能运行点组成的多维空间的超曲面来表示，所有接触变量组成了该多维空间。

除了研究作为热力学变量函数的内可逆循环的性能外，还会考虑作为外部参数 Z 的性能参数，如换热器中的传热面积。由于经济性约束，热交换器总热导率通常是给定的，问题可能是热导率的分配会如何影响其性能。此时需要为接触变量补充一些参数，以形成维数更高的空间。这些新增约束条件同已有的热力学约束条件共同形成了可能的工作和设计点的超曲面空间。

内可逆循环运行时大多数的流将为零，这是因为相互作用——如从热源到热机的热传导——只存在于一两个分支中。因为超曲面变量所表征的内可逆循环特征异常复杂，所以通常进一步的分析就是选定一些性能准则作为研究对象，这些准则由系统的接触变量(和外部参数)，即超曲面上的每一(工作)点来决定。由此使得对性能的计算由复杂的超曲面问题变成简单一些的一维问题。

有时也可以选择二维参数作为研究对象，此时可将其中一个性能参数当成另一个参数的函数，如功率-效率曲线及制冷系数-制冷率曲线。在分析内可逆循环的性能特点时，经常用到性能标准所能达到的极值。已有的文献根据所研究能量转换装置的不同类型，选取了大量不同的性能准则，本书只讨论与内可逆循环有关的少量性能准则。尽管一般来说它们各不相同，但在一定的约束条件下，它们可以变为等价的。

1.4 不可逆循环

内可逆循环模型的建立为实际热力循环的研究奠定了基础，比基于可逆循环模型的结果前进了一大步，但是由于内可逆循环模型不能完全反映实际循环的复杂性，利用内可逆循环模型得到的结果与实际循环有较大差距。内可逆热力循环只考虑了循环工质与热源间的热阻损失，除此之外，实际循环还存在热漏、摩擦、涡流、惯性效应及非平衡等影响，也就是说实际循环不仅具有内部不可逆性，还具有外部不可逆性。

为了使循环模型更加贴近实际循环，很多学者建立了多种不可逆循环模型，比较典型的是利用一个常数项来表示循环中除热阻之外的所有不可逆性[2,233,234]。但是，利用该模型得到的结果与内可逆循环的结果类似，并没有反映出实际循环的特性。例如，文献[2]、[5]~[7]建立了不可逆热机模型，根据该模型得到的热机功率和效率特性关系与内可逆热机模型类似，均为类抛物线型，而实际热机功率与效率特性关系呈扭叶型，说明该模型与实际热机存在本质差别。同样的情况还存在于制冷机模型中，因此这种不可逆循环模型是不完备的。

陈林根等在前人研究的基础上，以内可逆循环模型为基础，考虑循环中存在的热阻、热漏和其他不可逆性建立了新的广义不可逆热机、制冷机和热泵循环模型，利用这类新的广义不可逆循环模型导出的热机、制冷机和热泵特性关系与实际热机、制冷机和热泵特性关系相一致，而且包含了不同情况下的结果，因此，陈林根等提出的新的广义不可逆循环模型是一种较为完备的不可逆循环模型。关于广义不可逆热力循环模型的性能优化。

1.5 两热源循环性能优化研究现状

1.5.1 牛顿传热规律下恒温热源热机循环

有限时间热力学研究的基本热力模型是内可逆模型，即只考虑有限速率传热不可逆性。Curzon 和 Ahlborn[4]导出了牛顿(线性)传热规律($Q \propto \Delta T$)下内可逆卡诺循环的最大输出功率及对应的热效率。严子浚[8]导出了牛顿传热规律下内可逆卡诺热机热效率与输出功率之间的最优关系，即牛顿传热规律下内可逆卡诺热机的基本优化关系。孙丰瑞等[9-11]得到了热机"全息"功率、热效率谱，形成了牛顿传热规律下内可逆卡诺热机参数选择的有限时间热力学准则。孙丰瑞等[12]首先注意到了定常流热机与往复式热机在热力学机制上的区别，利用有限面积代替有限时间约束，以比功率——对总传热面积平均的功率输出为目标对内可逆热机进行性能优化，得到了最小传热面积原理和面积特性关系[13]。

然而，实际热机除热阻损失外，还具有热漏、内部耗散等不可逆性。一些文献以热阻加热漏热机模型[14-17]和热阻加内不可逆损失热机模型[7]为对象，研究了热漏和内不可逆损失对热机输出功率与热效率最优关系的影响，在此基础上，陈林根等[18-21]建立了一个较完备的，包括热阻、热漏和其他不可逆损失的广义不可逆卡诺热机模型，并导出了牛顿传热规律下广义不可逆卡诺热机最大输出功率界限和最大热效率界限及输出功率与热效率的最优关系，所得结果与实际热机特性一致。

以不同目标分析、优化循环的性能，已经成为有限时间热力学领域一项十分活跃的研究工作。除了功率、热效率目标外，1991 年，Angulo-Brown[22]以 $E' = P - T_L \sigma$ 为目标讨论了热机的性能优化(式中，T_L 为低温热源温度；P 为热机输出功率；σ 为热机熵产率)，由于该目标在一定意义上与生态学长期目标有相似性，因此称其为生态学最优性能。Yan[23]认为 Angulo-Brown 没有注意到能量(热量)与功的本质区别，将输出功率(㶲)与非㶲损失放在一起比较是不完备的，并提出以目标 $E'' = P - T_0 \sigma$ 代替 E' (式中，T_0 为环境温度)。陈林根等[24]基于㶲分析的观点，建立了各种循环统一的㶲分析生态学目标函数 $E = A/\tau - T_0 \Delta S/\tau = A/\tau - T_0 \sigma$ (式中，A 为循环输出㶲；ΔS 为循环熵产；τ 为循环周期)，生态学目标函数反映了㶲输出率和熵产率之间的最佳折中。此后，不少文献讨论了牛顿传热规律下内可逆和不可逆卡诺热机的生态学最优性能[25-29]，还有一些学者研究了

Brayton[30,31]、Stirling 和 Ericsson[32]热机的生态学最优性能。

20 世纪 80 年代初，Salamon 和 Nitzan[33]分别研究了㶲效率、㶲损失和利润率优化目标下内可逆卡诺热机的最优性能。陈林根等在 20 世纪 90 年代初提出将有限时间热力学与热经济学[34-37]相结合，建立了有限时间㶲经济分析法[38-41]，该方法定义利润率为热力循环的输出功(㶲)的收益率与热力循环的输入㶲(功)的成本率之差，输出(输入)㶲等价于相同条件下热力循环的可逆功。在此基础上，陈林根等[38-41]导出了内可逆卡诺热机的有限时间㶲经济性能界限、优化关系和参数优化准则。Ibrahim 等[42]、de Vos[43,44]和 Bejan[45]也提出了类似的思想。

郑兆平等[46-48]研究了牛顿传热规律和普适模型下内可逆热机的有限时间㶲经济最优性能，导出了循环利润率与工质温比和热效率与工质温比的关系式，以及利润率与热效率的特性关系，所得结果包含了内可逆 Diesel、Otto、Atkinson 和 Brayton 循环的有限时间㶲经济最优性能。Chen 等[49]和李军等[50]则导出了存在热阻、热漏和内不可逆损失时广义不可逆卡诺热机最优利润率的解析式和最大利润率及相应的热效率界限，即牛顿传热规律下广义不可逆卡诺热机的有限时间㶲经济性能界限。Sahin 等[51,52]以总费用平均的输出功率最大为目标研究了内可逆和不可逆热机的性能，得到了相应的热力学经济性能界限和优化准则。

1.5.2 牛顿传热规律下变温热源热机循环

在实际热力过程中经常是从有限热容(变温)热源，而不是从无限热容(恒温)热源吸热产生功。Ondrechen 等[53]研究了有限热容热源序接卡诺循环的最大输出功问题，结果表明，即使在可逆热力学范围内，实际热机的热效率也受到有限热容热源的影响。严子浚[54]研究了给定吸热量时高温热源为变温热源、低温热源为恒温热源的卡诺热机循环输出功率最大时的热效率。Grazzini[5]研究了吸热量可以优化时高温热源为变温热源、低温热源为恒温热源的卡诺热机最大输出功及相应的热效率。还有一些学者研究了吸热量可以优化时变温热源朗肯循环[55]和 Brayton 循环[6]的最优性能。

1.5.3 传热规律对恒、变温热源热机循环性能优化的影响

实际热机工作时工质与热源间的传热并非都服从牛顿定律。Gutkowicz-Krusin 等[56]最早导出了广义对流传热规律($Q \propto (\Delta T)^n$)下内可逆卡诺热机的最大输出功率界限和最大热效率界限。一些学者研究了线性唯象传热规律($Q \propto \Delta(T^{-1})$)和辐射传热规律($Q \propto \Delta(T^4)$)对内可逆卡诺热机输出功率与热效率最优关系的影响[14,57-61]。Angulo-Brown 和 Páez-Hernández[62]、Huleihil 和 Andresen[63]导出了广义对流传热规律下内可逆卡诺热机输出功率与热效率的最优关系。Chen 等[64]则以热阻加内不可逆损失热机模型为对象，分别导出了线性唯象和广义对流传热规律下热机输出功

率与热效率的最优关系及输出功率最大时相应的热效率界限。de Vos[65,66]最早导出了广义辐射传热规律（$Q \propto (\Delta T^n)$）下高温热源与工质间存在热阻的卡诺热机输出功率与热效率的最优关系，Chen 和 Yan[67]与 Gordon[68]进一步得到了此时内可逆卡诺热机输出功率与热效率的最优关系。陈林根等[69]研究了广义辐射传热规律和热阻加热漏损失条件下不可逆热机输出功率与热效率的最优关系，并进一步导出了广义对流传热规律和混合热阻条件下内可逆卡诺热机输出功率与热效率的最优关系[70,71]，以及广义辐射传热规律下广义不可逆卡诺热机输出功率与热效率的最优关系，并分析了传热规律、热漏和内不可逆损失对广义不可逆卡诺热机输出功率与热效率最优关系的影响[72]。Zhou 等[73]进一步导出了广义对流传热规律下广义不可逆卡诺热机输出功率与热效率的最优关系，分析了传热规律、热漏和内不可逆损失对此时热机输出功率与热效率最优关系的影响。在前人工作的基础上，李俊等[74-76]基于一类更为普适的传热规律 $Q \propto (\Delta T^n)^m$（包括牛顿传热规律、线性唯象传热规律、辐射传热规律、Dulong-Petit 传热规律、广义对流传热规律和广义辐射传热规律），导出了内可逆和广义不可逆卡诺热机的最大输出功率界限和最大热效率界限及输出功率与热效率的最优关系，分析了传热规律对内可逆和广义不可逆卡诺热机及热漏和内不可逆损失对广义不可逆卡诺热机输出功率与热效率最优关系的影响，所得结果具有普适性。

陈林根等[77,78]研究了线性唯象传热规律对内可逆和广义不可逆卡诺热机生态学最优性能的影响，导出了生态学目标值最大时热机的热效率界限和相应的输出功率。Sogut 和 Durmayaz[79]研究了太阳能驱动热机的生态学最优性能，所得结果表明，在考虑所有分布参数的值和热源温比实际范围的条件下，热机最大生态学目标值时对应的热效率大于最大输出功率和最大输出功率密度时对应的热效率。朱小芹等[80-82]则导出了广义不可逆卡诺热机分别服从广义对流和广义辐射传热规律时的生态学最优性能，分析了传热规律、热漏和内不可逆损失对此时热机生态学目标函数、熵产率和输出功率等与热效率最优关系的影响。在此基础上，李俊等[83]进一步研究了普适传热规律（$Q \propto (\Delta T^n)^m$）下内可逆和广义不可逆卡诺热机的生态学最优性能，分析了传热规律对内可逆和广义不可逆卡诺热机及热漏和内不可逆损失对广义不可逆卡诺热机生态学目标函数、熵产率和输出功率等与热效率最优关系的影响，具有一定的普适性。

以文献[43]为基础，Chen 等[84]研究了线性唯象传热规律对内可逆卡诺热机有限时间㶲经济性能的影响，导出了此时热机利润率、最大利润率和相应热效率的解析式。Wu 等[85]研究了广义辐射传热规律下内可逆卡诺热机的有限时间㶲经济最优性能，分析了传热规律对此时热机利润率与热效率最优关系的影响。朱小芹等[86]则得到了广义对流传热规律下内可逆卡诺热机的有限时间㶲经济性能界限，分析了热机最大利润率、最优热效率与燃料费用、热源温度的关系。郑兆平[48]导出了广义对流和广义辐射传热规律下广义不可逆卡诺热机的最大利润率及相应的热效率界限,即广义对流和广义辐射传热规律下广义不可逆卡诺热机的有限时间㶲经济性能界限,并分析了传热规律、热漏、内不可逆损失和价格比对广义不可逆卡诺热机利润率和有限时间㶲经济性能界限及利润率与热效率最优关系的影响。本书进一步研究了普适传热规律($Q \propto (\Delta T^n)^m$)下内可逆和广义不可逆卡诺热机的有限时间㶲经济性能,分析了传热规律和价格比对内可逆和广义不可逆卡诺热机及热漏和内不可逆损失对广义不可逆卡诺热机利润率和有限时间㶲经济性能界限及利润率与热效率最优关系的影响,所得结果具有一定的普适性和包容性。

1.5.4 牛顿传热规律下恒温热源制冷循环

Leff 和 Teeter[87]最早将 Curzon 和 Ahlborn[4]的研究方法引入制冷循环研究,由于牛顿传热规律下内可逆卡诺制冷机制冷率最大时的制冷系数为 0,因此 Leff 和 Teeter 没有进一步深入研究。Rozonoer 和 Tsirlin[88]最早导出牛顿传热规律下给定输入功率时内可逆卡诺制冷机的最大制冷系数界限。严子浚[89]和 Feidt 等[90-93]分别导出了牛顿传热规律下的内可逆卡诺制冷机一定制冷率下的最优制冷系数,即牛顿传热规律下内可逆卡诺制冷机的基本优化关系。孙丰瑞等[94,95]将热机的特征参数拓展到制冷机,强调定常流循环的面积比优化和制冷率与制冷系数间的协调优化,得到了两热源制冷机的优化准则。Klein[96]和 Wu[97]研究了内可逆卡诺制冷机的比制冷率优化,导出了比制冷率与制冷系数界限及制冷率与制冷系数的最优关系。

同热机一样,实际制冷机除热阻损失外,也有热漏、内部耗散等不可逆性。一些文献以热阻加热漏制冷机模型[14,98-102]和热阻加内不可逆损失制冷机模型[103-105]为对象,研究了热漏和内不可逆损失对制冷机制冷率与制冷系数最优关系的影响。陈林根等[18,19,106-108]建立了一个较完备的、包括热阻、热漏和其他不可逆损失的广义不可逆卡诺制冷机模型,导出了牛顿传热规律下广义不可逆卡诺制冷机制冷率与制冷系数的最优关系,并分析了热阻、热漏和内不可逆损失对广义不可逆卡诺制冷机制冷率与制冷系数最优关系的影响。

陈林根等[109]将生态学目标函数引入制冷循环,导出了生态学目标函数与制冷系数的最优关系、最大生态学目标值所对应的制冷系数界限及相应的制冷率和熵产率,建立了内可逆卡诺制冷机的生态学优化准则。屠友明等[110,111]则将生态学目标函数引入对空气制冷循环的性能研究中来,得到了空气制冷机的生态学最优性能。在文献[106]~[108]、[112]的基础上,Chen 等[113]导出了牛顿传热规律下广义不可逆卡诺制冷机的生态学最优性能,并分析了热漏和内不可逆损失对此时制冷机生态学目标函数、㶲损率、㶲输出率和制冷率等与制冷系数最优关系的影响。

陈林根等[114]以工作于温度分别为T_H和T_L的热源间内可逆卡诺制冷机为对象,导出了牛顿传热规律下内可逆卡诺制冷机利润率与制冷系数的一般关系和最优关系及最大制冷率时相应的制冷系数,得到了此时制冷机的有限时间㶲经济性能界限和优化准则,并进一步导出了牛顿传热规律下广义不可逆卡诺制冷机的最优利润率解析式及相应的制冷系数界限,分析了热漏、内不可逆损失和价格比对广义不可逆卡诺制冷机利润率和有限时间㶲经济性能界限及利润率与制冷系数最优关系的影响[115]。Ma等[116]研究了存在热阻、热漏和内不可逆损失的广义不可逆联合卡诺制冷循环有限时间㶲经济性能,导出了牛顿传热规律下循环最优利润率与最优制冷系数的解析式及两者之间的最优关系,并分析了热漏、内不可逆损失和价格比对利润率和有限时间㶲经济性能界限的影响。Sahin等[117-119]以总费用平均的制冷率最大为目标,研究了内可逆和不可逆制冷、联合制冷循环的性能,得到了相应的热力学经济性能界限和优化准则。

1.5.5 牛顿传热规律下变温热源制冷循环

陈金灿和严子浚[120]以工作在有限热容低温热源和无限热容高温热源间的内可逆制冷机为对象,研究了牛顿传热规律下内可逆制冷机的制冷率与制冷系数的最优关系。陈林根等[121]和Wu等[122]导出了牛顿传热规律和有限热容热源条件下,定常流卡诺和Brayton制冷循环的优化关系,并在相同的热源和换热器热导率条件下对两者进行了比较,分析了工质、热源热容率和内不可逆性对循环性能的影响,讨论了工质与热源间的最优匹配问题。

1.5.6 传热规律对恒、变温热源制冷循环性能优化的影响

实际制冷机工作时工质与热源间的传热并非都服从牛顿定律,陈林根等[123]最早导出了广义对流传热规律下内可逆卡诺制冷机制冷率与制冷系数的最优关系,Wu等[124]、Chen等[125]和Feidt[126]也分别研究了该传热规律对内可逆卡诺制冷机制冷率与制冷系数最优关系的影响。Chen等[127]最早导出了广义辐射传热规律下内可逆卡诺制冷机制冷率与制冷系数之间的最优关系,Yan和Chen[128]、Chen等[129]和Feidt[126]也分别研究了该传热规律对内可逆卡诺制冷机制冷率与制冷系数最优关系的影响。陈林根等[69]研究了广义辐射传热规律对热阻加热漏损失条件下不可逆制冷机制冷率与制冷系数最优关系的影响,并进一步研究了该传热规律下广义不可逆卡诺制冷机制冷率与制冷系数的最优关系,分析了传热规律、热漏和内不可逆损失对此时制冷机制冷率与制冷系数最优关系的影响[130]。孙丰瑞等[131]导出了广义辐射传热规律和热阻加内不可逆损失条件下制冷机最优制冷系数与制冷率的关系。Assad[132]导出了广义对流传热规律下仅具有热阻和内不可逆损失的不可逆制冷机制冷率与制冷系数的最优关系。在前人研究的基础上,李俊

等[133, 134]导出了普适传热规律下内可逆和广义不可逆卡诺制冷机制冷率与制冷系数的最优关系，并分析了传热规律对内可逆和广义不可逆卡诺制冷机及热漏和内不可逆损失对广义不可逆卡诺制冷机制冷率与制冷系数最优关系的影响，具有一定的普适性。

陈林根等[109,135]导出了线性唯象传热规律和广义辐射传热规律下内可逆卡诺制冷机的生态学优化准则，得到了生态学目标函数与制冷系数的最优关系、最大生态学目标值所对应的制冷系数界限及相应的制冷率和熵产率。朱小芹[81]和陈林根等[136,137]分别研究了广义辐射和广义对流传热规律下，热漏和内不可逆损失对广义不可逆卡诺制冷机生态学目标函数、熵产率、㶲输出率和制冷率等与制冷系数最优关系的影响，在此基础上，李俊等[138,139]研究了普适传热规律下内可逆和广义不可逆卡诺制冷机的生态学最优性能，分析了传热规律对内可逆和广义不可逆卡诺制冷机及热漏和内不可逆损失对广义不可逆卡诺制冷机生态学目标函数、熵产率、㶲输出率和制冷率等与制冷系数最优关系的影响，所得结果具有一定的普适性。

Chen 等[140]研究了广义辐射传热规律下内可逆卡诺制冷机的㶲经济最优性能，导出了此时制冷机利润率与制冷系数的最优关系，并得到了利润率最大时的制冷系数，即广义辐射传热规律下内可逆卡诺制冷机的有限时间㶲经济性能界限。郑兆平[48]则研究了广义辐射和广义对流传热规律下广义不可逆卡诺制冷机的有限时间㶲经济性能，导出了制冷机利润率最大时的制冷系数及利润率与制冷系数的最优关系，分析了传热规律、热漏、内不可逆损失和价格比对其利润率和有限时间㶲经济性能界限及利润率与制冷系数最优关系的影响。李俊等[141]进一步研究了普适传热规律下内可逆和广义不可逆卡诺制冷机的有限时间㶲经济性能，分析了传热规律和价格比对内可逆和广义不可逆卡诺制冷机及热漏和内不可逆损失对广义不可逆卡诺制冷机利润率和有限时间㶲经济性能界限及利润率与制冷系数最优关系的影响。

1.5.7 牛顿传热规律下恒、变温热源热泵循环

Blanchard[142]最早将 Curzon 和 Ahlborn[4]的研究方法引入热泵循环研究，导出了牛顿传热规律下内可逆卡诺热泵给定供热率时的供热系数界限。Feidt 等[90-93]则导出了牛顿传热规律下内可逆卡诺热泵供热率与供热系数的最优关系，即牛顿传热规律下内可逆卡诺热泵的基本优化关系。孙丰瑞等[94]建立了内可逆卡诺热泵的性能全息谱，得到了两热源热泵参数选择的有限时间热力学优化准则[95]。Wu[143]和 Chen 等[144]研究了内可逆卡诺热泵的比供热率优化问题，导出了比供热率和供热系数的界限及它们之间的最优关系。Wu 等[145]进一步导出了牛顿传热规律和有限热容热源条件下，定常流卡诺和 Brayton 热泵循环的优化关系，并在相

同的边界条件下对两者进行了比较，分析了工质、热源热容率和内不可逆性对循环性能的影响，讨论了工质与热源间的最优匹配问题。孙丰瑞等[146]研究了内可逆卡诺热泵的生态学最优性能，导出了牛顿传热规律下生态学目标值最大时热泵的供热系数界限及相应的供热率和熵产率。

除热阻损失外，实际热泵还具有热漏、内部耗散等不可逆性。一些文献研究了热阻加热漏热泵模型[147-149]和热阻加内不可逆损失热泵模型[105]的供热率与供热系数的最优关系，在此基础上，Cheng 和 Chen[150]、陈林根等[18,19,151]建立了一个较完备的，包括热阻、热漏和其他不可逆损失的广义不可逆卡诺热泵模型，并导出了牛顿传热规律下热泵供热率与供热系数的最优关系。Chen 等[152]进一步以生态学优化准则为目标，研究了牛顿传热规律下广义不可逆卡诺热泵的最优性能，分析了热漏和内不可逆损失对生态学目标函数、熵产率、㶲输出率和供热率等与供热系数最优关系的影响。Tyagi 等[153]研究了不可逆 Stirling 和 Ericsson 热泵的生态学最优性能。陈林根等[154,155]则研究了内可逆和广义不可逆卡诺热泵的㶲经济最优性能，导出了利润率与供热系数的最优关系，并得到了利润率最大时的供热系数，即牛顿传热规律下内可逆和广义不可逆卡诺热泵的有限时间㶲经济性能界限。Sahin 等[117,118,156,157]以总费用平均的供热率最大为目标，研究了内可逆和不可逆热泵及联合热泵循环的性能，得到了相应的热力学经济性能界限和优化准则。

1.5.8　传热规律对恒、变温热源热泵循环性能优化的影响

陈林根等[158]最早导出线性唯象传热规律下内可逆卡诺热泵供热率与供热系数的最优关系，Zhu 等[159]则研究了混合热阻条件下内可逆卡诺热泵供热率与供热系数的最优关系。Sun 等[160]最先导出广义辐射传热规律下内可逆卡诺热泵供热率与供热系数的最优关系，并给出了实际热泵合理的供热率和供热系数界限。陈林根等[69]研究了广义辐射传热规律下具有热阻和热漏损失的不可逆卡诺热泵供热率与供热系数的最优关系，Ni 等[161]进一步研究了此时广义不可逆卡诺热泵供热率与供热系数的最优关系，并分析了传热规律、热漏和内不可逆损失对热泵供热率与供热系数最优关系的影响。Chen 等[125]则最先导出广义对流传热规律下内可逆卡诺热泵供热率与供热系数的最优关系。Kodal[162]研究了广义对流传热规律下具有热阻和内不可逆损失的不可逆卡诺热泵供热率与供热系数的最优关系，Zhu 等[163]进一步导出了此时广义不可逆卡诺热泵供热率与供热系数的最优关系，并分析了传热规律、热漏和内不可逆损失对其供热率与供热系数最优关系的影响。

孙丰瑞等[146]研究了内可逆卡诺热泵的生态学最优性能，导出了线性唯象传热规律下生态学目标值最大时热泵的供热系数界限以及相应的供热率和熵产率。朱小芹等[81,164,165]研究了广义辐射和广义对流传热规律下广义不可逆卡诺热泵的生态学最优性能，分析了传热规律、热漏和内不可逆损失对生态学目标函数、熵产

率、㶲输出率和供热率等与供热系数最优关系的影响。Wu 等[166]研究了广义辐射传热规律下内可逆卡诺热泵的有限时间㶲经济性能,导出了利润率与供热系数的最优关系和有限时间㶲经济性能界限。郑兆平[48]则研究了广义辐射和广义对流传热规律下广义不可逆卡诺热泵的有限时间㶲经济性能,导出了此时热泵利润率与供热系数的最优关系,分析了传热规律、热漏、内不可逆损失和价格比对其利润率、有限时间㶲经济性能界限以及利润率与供热系数最优关系的影响。李俊等[167-171]则进一步研究了普适传热规律下内可逆和广义不可逆卡诺热泵供热率与供热系数之间的最优关系、生态学最优性能和有限时间㶲经济性能,并分析了传热规律对内可逆和广义不可逆卡诺热泵及热漏和内不可逆损失对广义不可逆卡诺热泵生态学目标函数、熵产率、㶲输出率和供热率等与供热系数最优关系,以及利润率和有限时间㶲经济性能界限的影响,具有一定的普适性。

1.6 两热源热机循环构型优化研究现状

1.6.1 牛顿传热规律下恒温热源热机循环构型优化

文献[172]证明了所有可接受的循环中内可逆卡诺循环在大压比时产生的输出功率最大,即此时的最优构型为 CA 循环[4]。Rubin[173,174]研究了牛顿传热规律下考虑不同约束时内可逆热机的最优构型,得出给定循环周期和输出功率最大时的最优构型及给定输入能和热效率最大时的最优构型分别为六分支循环和八分支循环,并把这个结果扩展到给定压比的一类热机,得出输出功率最大时的最优构型为八分支循环。Salamon 等[175]以给定时间内热机的最小熵产为目标,导出了热机最大输出功的界限,并得出此时最优循环过程中每个分支的熵产率都为常数。Sieniutycz 和 Salamon 等[33]及 Salamon 和 Niztan[34]则证明牛顿传热规律下无论以何种目标对热机进行优化,所有的最优工况都在工质与热源间的热交换速率为常数时发生,并均经过一个瞬时绝热过程。Rozonoer 和 Tsirlin[88]、Kuznetsov 等[176]和 Orlov[177]利用最优控制理论导出了牛顿传热规律时内可逆热机不同约束条件下的最优热力学构型和循环区域。Lampinen 和 Vuorisalo[178]则引入了数学热力学中热积累函数的概念对热机循环构型进行优化。

1.6.2 牛顿传热规律下变温热源热机循环构型优化

Ondrechen 等[179]最早导出了牛顿传热规律下两有限热容热源间内可逆往复式热机输出功最大时的最优构型为热源与工质温度均随时间呈指数规律变化的广义内可逆卡诺热机[180]。Chen 等[181]研究了牛顿传热规律下给定循环周期和输出功率最大时热漏对有限热容高温热源和无限热容低温热源间内可逆热机最优构型的影响，结果表明，有限热容高温热源和无限热容低温热源间内可逆热机有热漏时的最优构型与无热漏时的最优构型有很大差异。Augulo-Brown 等[182]利用变分法以修正的生态学函数为目标研究了牛顿传热规律下有限热容热源热机循环的最优构型。

1.6.3 传热规律对恒、变温热源热机循环构型优化的影响

传热规律不仅影响给定热力过程的最优性能，而且影响给定优化目标时的最优热力过程。Orlov[183]研究了线性唯象传热规律下输出功率最大时内可逆热机的热效率界限，并研究了复合传热规律（$Q \propto \Delta(T^{-1}) + \Delta(T^{-1})^9$）下，给定输入能和热效率最大时内可逆热机的最优构型及输出功率最大时内可逆热机的最优构型，结果表明，给定输入能和热效率最大时内可逆热机的最优构型包括三个等温分支和三个绝热分支，而输出功率最大时的最优构型包括三个绝热分支和两个等温分支。Li 等[184]导出了线性唯象传热规律下给定周期的输出功率最大时内可逆热机的最优构型为六分支循环，包括两个等温分支和四个最大功率分支，整个构型中没有绝热分支。宋汉江等[185,186]则导出了线性唯象传热规律下给定输入能的热效率最大时内可逆热机的最优构型为八分支循环，包括两个等温分支、两个绝热分支和四个最大热效率分支。宋汉江等[185,187,188]还导出了辐射传热规律下给定周期的输出功率最大时内可逆热机的最优构型[185,187]和给定输入能条件下热效率最大时内可逆热机的最优构型[185,188]，结果表明，输出功率最大时的最优构型包括两个等温分支和四个最大功率分支，整个构型中没有绝热分支，而热效率最大时的最优构型包括两个等温分支、两个绝热分支和四个最大热效率分支。宋汉江等[185,189]进一步研究了广义辐射传热规律下给定压比和输出功率最大时内可逆热机的最优构型，结果表明，此时最优构型为八分支循环，包括两个等温分支、四个最大功率分支和两个等容分支，整个构型中没有绝热分支。宋汉江等[185,190,191]还导出了广义辐射传热规律下给定周期的输出功率最大时内可逆热机的最优构型[185,190]和热效率最大时内可逆热机的最优构型[185,191]，结果表明输出功率最大时的最优构型包括两个等温分支和四个最大功率分支，整个构型中没有绝热分支，而热效率最大时的最优构型包括两个等温分支、两个绝热分支和四个最大热效率分支。陈林根等[192]用最优控制理论严格证明了当热源与工质间的传热规律为热源温度的单调函数时，在两恒温热源间工作的内可逆热机循环最优构型为内可逆卡诺循环，且与传热规律无关。

Yan 和 Chen[193]研究了线性唯象传热规律下有限热容高温热源和无限热容低温热源间往复式热机输出功最大时的最优构型，结果表明，其最优构型为：低温侧工质温度为常数，高温热源与工质两者温度倒数之差也为常数。Chen 等[194]以

两热源往复式热机为对象，研究了线性唯象传热规律下，给定周期的输出功率最大时热机的最优构型，分析了热漏和热源模型对热机最优构型的影响，结果表明，恒温热源间有热漏和无热漏的热机最优构型与变温热源间有热漏和无热漏的最优构型有很大差异。熊国华等[195]得到了广义辐射传热规律下有限热容高温热源和无限热容低温热源间往复式热机输出功最大时的最优构型，Chen 等[70]则得到了广义对流传热规律下有限热容高温热源和无限热容低温热源间往复式热机输出功最大时的最优构型，并进一步研究了混合热阻条件下广义卡诺循环的最优构型[71]。李俊等[196]在前人研究的基础上进一步研究了普适传热规律下有限热容高温热源和无限热容低温热源间往复式热机输出功率最大时的最优构型，并研究了热漏对此时热机最优构型的影响，所得结果具有一定的普适性和包容性。

1.6.4 两热源制冷和热泵循环构型优化研究现状

陈天择[197]讨论了一类仅有热阻损失的恒温热源内可逆制冷机最优构型问题，以制冷系数最大为目标，证明牛顿传热规律下内可逆卡诺制冷机是这类内可逆制冷机的最优构型。Chen 等[198]研究了牛顿传热规律下，热漏对工作在有限热容低温热源和无限热容高温热源间的往复式制冷机最优构型的影响，并将结果分别与恒温热源间有热漏和无热漏的往复式制冷机最优构型及变温热源间无热漏的往复式制冷机最优构型进行了比较，结果表明，热漏对往复式制冷机最优构型有很大影响。Chen 等[199]还将线性唯象传热规律下内可逆循环的最优构型进行了统一描述。本书在前人研究的基础上进一步研究了普适传热规律下有限热容低温热源和无限热容高温热源间往复式制冷机最小输入功时的最优构型，并研究了热漏对此时制冷机最优构型的影响，所得结果具有一定的普适性和包容性。

1.7 两热源多级卡诺循环构型优化研究现状

Amelkin 等[200,201]分析了恒温热源下多热源热机的最大输出功率过程，发现为获得系统的最优性能，一些热源必须不参与与工质的热交换，并进一步发现不管热源数量多少，工质仅经历两个等温过程和两个绝热过程。Tsirlin 等[202]以包含若干不同温度的热源、有限热容子系统和能量变换器的复杂系统为对象，研究了该复杂系统服从牛顿传热规律时的最优温度和最大输出功率问题。本书以文献[202]为基础，考虑系统内部传热服从线性唯象传热规律，求出了该复杂系统的最优工作温度和最大输出功率[203]。

利用最优控制理论的 HJB(Hamilton-Jacobi-Bellman)方程进行热力学研究，一直是热力学重要的研究方向。Sieniutycz 等[204,205]利用 HJB 方程得到了牛顿传热和连续热流条件下多级连续内可逆卡诺热机系统发出最大可用能的广义界限，并进一步得到了牛顿传热规律下，工作在有限热容高温热源(驱动流体)和无限热容低温热源间的多级连续内可逆和不可逆卡诺热机、热泵系统的最大输出功、最小输入功和高温热源最优温度曲线(最优构型)[204,205-211]。Sieniutycz 等[204,212,213]在对分离过程和化学反应器的研究中提出了与传统离散最优控制方法不同的、与 Pontryagin 最大值原理相似的离散最大值优化理论[214,215]，并将该理论应用于工作在有限热容高温热源和无限热容低温热源间的多级离散内可逆和不可逆卡诺热机、热泵系统中，得到了牛顿传热规律下系统的最大输出功、最小输入功和驱动流体的最优温度曲线[204,206,208,210,211,216-219]。近年来，Sieniutycz 等[204,220-223]利用最优控制理论，建立了辐射传热的伪牛顿传热模型，得到了高温热源为有限热容热源、工质与高温热源间辐射传热、低温热源为无限热容热源、工质与低温热源间牛顿传热的多级连续内可逆和不可逆卡诺热机、热泵系统的最大输出功、最小输入功和驱动流体最优温度曲线。Sieniutycz 等[204,215,223-239]进一步给出了计算非线性传热时多级连续和离散内可逆及不可逆卡诺热机、热泵系统最大输出功、最小输入功的 HJB 方程和动态规划方法，并将该方法应用到传热传质[204,225,227-229,240]、化学和电化学反应[204,224,229,230,234,235,239]、多孔介质[204,231,232]及干燥[204,226,238]等领域的研究中，得到了有重要意义的结果。在 Sieniutycz 等研究的基础上，李俊等[241-245]建立了高、低温热源均为有限热容热源的多级连续内可逆和不可逆卡诺热机、热泵系统模型，研究了牛顿传热规律下系统的最优构型，导出了其驱动流体最优温度曲线为温度随无量纲时间(与流体流速和累积接触时间有关)呈指数变化，求出了其最大输出功和最小输入功[241-243]；进一步研究了工质与高温热源间服从辐射传热规律、工质与低温热源间服从牛顿传热规律时系统的最优构型，并求出了其最大输出功和最小输入功，结果表明其驱动流体最优温度曲线不再像牛顿传热时呈指数变化，而是随无量纲时间呈单调变化关系[244,245]。所建系统模型比原文献适用范围更广，原文献得到的结果是本书结果的特例。

1.8 本书主要内容

本书在全面系统地了解和总结前人现有研究成果的基础上，基于一类更为普适的传热规律 $Q \propto (\Delta T^n)^m$，以正、反向内可逆和不可逆卡诺循环模型为研究对象，利用热力学、传热学和函数极值理论相结合的方法，分析和优化普适传热规律下恒温热源内可逆和广义不可逆卡诺热机、制冷机和热泵的输出功率、热效率、制冷率、制冷系数、供热率、供热系数、生态学和有限时间㶲经济性能，并分析传热规律对内可逆和广义不可逆卡诺热机、制冷机和热泵及热漏和内不可逆损失对广义不可逆卡诺热机、制冷机和热泵的输出功率、热效率、制冷率、制冷系数、供热率、供热系数、生态学和有限时间㶲经济最优性能的影响；以恒温热源内可逆热机和包含若干不同温度的热源、有限热容子系统和能量变换器的复杂系统及变温热源内可逆往复式热机和制冷机为研究对象，利用最优控制理论和函数极值理论，研究线性唯象传热规律下恒温热源内可逆热机和复杂系统输出功率最大时的最优构型及普适传热规律下变温热源内可逆往复式热机和制冷机的最优构型，并分析热漏对变温热源内可逆往复式热机和制冷机最优构型的影响；建立高、低温热源均为有限热容热源的多级连续内可逆和不可逆卡诺热机、热泵系统模型，研究牛顿传热规律和辐射传热规律对该系统最优构型的影响。

全书主要包括如下内容。第一部分由第2～4章组成，重点研究普适传热规律下恒温热源内可逆和广义不可逆卡诺热机、制冷机和热泵的输出功率、热效率、制冷率、制冷系数、供热率、供热系数、生态学和有限时间㶲经济最优性能；第二部分为第5章，研究线性唯象传热规律下恒温热源内可逆热机和复杂系统输出功率最大时的最优构型和普适传热规律下变温热源内可逆往复式热机和制冷机的最优构型及热漏对变温热源内可逆往复式热机和制冷机最优构型的影响；第三部分为第6章，重点研究牛顿和辐射传热规律下高、低温热源均为有限热容热源的多级连续内可逆和不可逆卡诺热机、热泵系统的最优构型及输入、输出系统的极值功。

本书各章主要内容如下。

第1章对有限时间热力学的产生和发展进行简要介绍；对单级和多级连续正、反向内可逆和不可逆卡诺循环最优性能和热力循环最优构型的研究情况进行全面回顾，所引重点文献反映了40多年来研究工作的全貌。

第2章基于内可逆和广义不可逆卡诺热机、制冷机和热泵的理论模型，在普适传热规律下，应用函数极值理论，对内可逆和广义不可逆卡诺热机、制冷机和热泵的基本输出率与性能系数最优特性进行研究，分别求出内可逆和广义不可逆卡诺热机、制冷机和热泵的输出功率与热效率、制冷率与制冷系数、供热率与供热系数的最优特性关系，并分析传热规律对内可逆和广义不可逆卡诺热机、制冷机和热泵及热漏和内不可逆损失对广义不可逆卡诺热机、制冷机和热泵基本输出率与性能系数最优特性关系的影响。

第3章基于内可逆和广义不可逆卡诺热机、制冷机和热泵的理论模型，在普适传热规律下，应用函数极值理论，对内可逆和广义不可逆卡诺热机、制冷机和热泵的生态学最优性能进行研究，分别求出内可逆和广义不可逆卡诺热机、制冷机和热泵的生态学目标函数、熵产率、㶲输出率等与性能系数的最优关系，并分析传热规律对内可逆和广义不可逆卡诺热机、制冷机和热泵及热漏和内不可逆损失对广义不可逆卡诺热机、制冷机和热泵生态学最优性能的影响。

第4章基于内可逆和广义不可逆卡诺热机、制冷机和热泵的理论模型，在普适传热规律下，应用函数极值理论，对内可逆和广义不可逆卡诺热机、制冷机和热泵的有限时间㶲经济最优性能进行研究，分别求出内可逆和广义不可逆卡诺热机、制冷机和热泵的利润率和有限时间㶲经济性能界限，并分析传热规律和价格比对内可逆和广义不可逆卡诺热机、制冷机和热泵及热漏和内不可逆损失对广义不可逆卡诺热机、制冷机和热泵有限时间㶲经济最优性能的影响。

第5章首先基于内可逆热机无定压比约束时输出功率优化的理论模型，在线性唯象传热规律和循环周期一定的条件下，应用最优控制理论，对内可逆热机输出功率最大时的最优构型进行研究，求出此时内可逆热机最优构型为六分支循环，其中包括两个等温分支和四个最大功率分支，最优构型中不包括绝热分支；其次以包含若干不同温度的热源、有限热容子系统和能量变换器的复杂系统为对象，在线性唯象传热规律条件下，应用最优控制理论，对复杂系统的最优构型进行研究，求出复杂系统的最优工作温度和最大输出功率；最后基于有限热容高温热源和无限热容低温热源间内可逆往复式热机及无限热容高温热源和有限热容低温热源间内可逆往复式制冷机的理论模型，在普适传热规律条件下，应用函数极值理论，求出热机和制冷机的最优构型，并进一步研究热漏对热机和制冷机最优构型的影响。

第6章基于高、低温热源均为有限热容热源的多级连续内可逆和不可逆卡诺热机、热泵系统模型，在牛顿和辐射传热规律条件下，应用最优控制理论，对系统最优构型进行研究，求出牛顿传热规律下驱动流体的最优温度曲线为温度随无量纲时间（与流体流速和累积接触时间有关）呈指数变化，辐射传热规律下驱动流体的最优温度曲线为温度随无量纲时间呈单调变化关系，并求出两种传热规律下系统最大输出功和最小输入功。

第7章对全书工作进行总结，归纳本书工作的主要思想、发现和结论。

第 2 章 两热源正、反向卡诺循环基本输出率与性能系数优化

2.1 引 言

实际热机、制冷机和热泵中工质与热源间的传热并非都服从牛顿(线性)定律。大量文献研究了传热规律(包括线性唯象传热规律 $Q \propto \Delta(T^{-1})$、辐射传热规律 $Q \propto \Delta(T^4)$、Dulong-Petit 传热规律 $Q \propto (\Delta T)^{1.25}$、广义对流传热规律 $Q \propto (\Delta T)^m$ 和广义辐射传热规律 $Q \propto \Delta(T^n)$)对内可逆和不可逆卡诺热机[14,57-64,67,72,73,172]、制冷机[123-131]和热泵[125,158-161,163]基本输出率与性能系数最优特性关系的影响。有限时间热力学追求普适的规律和结果,本章将在此基础上进一步研究一类普适传热规律 $Q \propto (\Delta T^n)^m$ (当 $n = m = 1$ 时,为牛顿传热规律;当 $n = 2$ 且 $m = 1$ 时,为平方传热规律;当 $n = 3$ 且 $m = 1$ 时,为立方传热规律;当 $n = -1$ 且 $m = 1$ 时,为线性唯象传热规律;当 $n = 4$ 且 $m = 1$ 时,为辐射传热规律;当 $n = 1$ 且 $m = 1.25$ 时,为 Dulong-Petit 传热规律[246];当 $n = 1$ 时,为广义对流传热规律[172];当 $m = 1$ 时,为广义辐射传热规律[65])下正、反向卡诺循环(包括内可逆和广义不可逆卡诺热机、制冷机和热泵循环)的基本输出率与性能系数最优特性关系,分析传热规律对内可逆和广义不可逆卡诺热机、制冷机和热泵及热漏和内不可逆损失对广义不可逆卡诺热机、制冷机和热泵的基本输出率与性能系数最优特性关系的影响,获得更为普适的结果。

2.2 内可逆卡诺热机输出功率与热效率优化

2.2.1 内可逆卡诺热机模型

图 2.2.1 所示的内可逆卡诺热机模型满足以下四个条件[4,8-11,56-68,247]:

(1)热机中工质做定常态连续流动,循环由两个等温过程和两个绝热过程组成。

(2)由于热阻的存在,工质的吸、放热温度 T_{HC}、T_{LC} 不同于高、低温热源温度 T_H、T_L,且满足 $T_H > T_{HC} > T_{LC} > T_L$。工质与热源间的传热服从普适传热规律 $Q \propto \Delta(T^n)^m$。换热器换热面积有限,高温侧换热器面积 F_H 与低温侧换热器面积 F_L 之和为常数 F,即 $F_H + F_L = F$。

(3) 工质通过高、低温侧换热器交换的热流率分别为 Q_H 和 Q_L。
(4) 热机为内可逆，即仅有热阻损失。

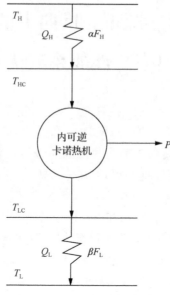

图 2.2.1　内可逆卡诺热机模型

2.2.2　最优特性关系

根据以上模型，由循环的内可逆特性可得

$$\frac{Q_H}{T_{HC}} = \frac{Q_L}{T_{LC}} \tag{2.2.1}$$

由热力学第一定律可得热机输出功率和热效率分别为

$$P = Q_H - Q_L \tag{2.2.2}$$

$$\eta = \frac{P}{Q_H} = 1 - \frac{T_{LC}}{T_{HC}} \tag{2.2.3}$$

设工质与热源间的传热服从普适传热规律 $Q \propto (\Delta T^n)^m$，则有

$$Q_H = \alpha F_H (T_H^n - T_{HC}^n)^m, \quad Q_L = \beta F_L (T_{LC}^n - T_L^n)^m \tag{2.2.4}$$

式中，α、β 分别为工质与高、低温热源间的传热系数，当 $n<0$ 时，α 和 β 为负值。

定义热交换面积比和工质温比分别为

$$f = \frac{F_H}{F_L} \tag{2.2.5}$$

$$x = \frac{T_{LC}}{T_{HC}} \tag{2.2.6}$$

由式(2.2.1)～式(2.2.6)可得

$$P = \frac{\alpha f F}{1+f}\left[\frac{T_H^n x^n - T_L^n}{(rfx)^{\frac{1}{m}} + x^n}\right]^m (1-x^n) \tag{2.2.7}$$

$$\eta = 1 - x \tag{2.2.8}$$

式中，$r = \alpha/\beta$。式(2.2.7)表明，对于给定的 T_H、T_L、α、β、n、m 和 x，输出功率 P 是面积比 f 的函数，令 $dP/df = 0$，可得最优面积比为

$$f_{opt} = \left(\frac{x^{mn-1}}{r}\right)^{\frac{1}{m+1}} \tag{2.2.9}$$

则相应的最优输出功率为

$$P = \frac{\alpha F (T_H^n - T_L^n x^{-n})^m (1-x)}{\left[1 + (rx^{1-mn})^{\frac{1}{m+1}}\right]^{m+1}} \tag{2.2.10}$$

由式(2.2.8)和式(2.2.10)消去 x，可得输出功率与热效率的最优关系为

$$P = \frac{\alpha F \eta \left[T_H^n - \dfrac{T_L^n}{(1-\eta)^n}\right]^m}{\left\{1 + [r(1-\eta)^{1-mn}]^{\frac{1}{m+1}}\right\}^{m+1}} \tag{2.2.11}$$

对于不同的 m 和 n，P 与 η 的最优曲线均为类抛物线型。

2.2.3 传热规律对性能的影响

(1) 当 $m = 1$ 时，传热规律成为广义辐射传热规律，式(2.2.11)就变为

$$P = \frac{\alpha F \eta \left[T_H^n - \dfrac{T_L^n}{(1-\eta)^n} \right]}{\left[1 + r^{\frac{1}{2}} (1-\eta)^{\frac{1-n}{2}} \right]^2} \quad (2.2.12)$$

式(2.2.12)即文献[67]和[68]的结果。若 $n=1$，则式(2.2.12)为文献[8]的结果，由式(2.2.12)可导出文献[4]的结果；若 $n=-1$，则式(2.2.12)为文献[58]的结果；若 $n=4$，则式(2.2.12)为文献[57]的结果。

(2) 当 $n=1$ 时，传热规律成为广义对流传热规律，式(2.2.11)就变为

$$P = \frac{\alpha F \eta \left(T_H - \dfrac{T_L}{1-\eta} \right)^m}{\left[1 + r^{\frac{1}{m+1}} (1-\eta)^{\frac{1-m}{1+m}} \right]^{m+1}} \quad (2.2.13)$$

式(2.2.13)即文献[62]～[64]的结果。若 $m=1$，则式(2.2.13)为文献[8]的结果，由式(2.2.13)可导出文献[4]的结果；若 $m=1.25$，则式(2.2.13)为Dulong-Petit传热规律下内可逆卡诺热机输出功率与热效率的最优关系式[62-64]。

2.2.4 数值算例与分析

计算中取 $\alpha F = 4 \text{W/K}^{mn}$、$\alpha = \beta$（$r=1$）、$T_H = 1000\text{K}$ 和 $T_L = 300\text{K}$。图2.2.2给出了不同传热规律对内可逆卡诺热机输出功率与热效率最优关系的影响，图中 $P_{\max}$ 为热机最大输出功率。由图2.2.2可知，不同传热规律下，内可逆卡诺热机输

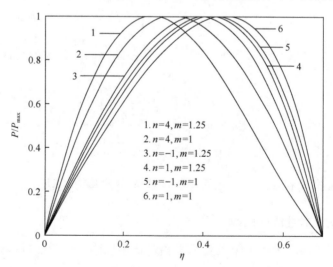

图2.2.2 不同传热规律对内可逆卡诺热机 P-η 最优关系的影响

出功率与热效率的最优关系均为类抛物线型,存在最大输出功率点,传热规律定量地改变输出功率与热效率的最优关系。当 $n>0$ 时,传热指数 mn 的值越大,输出功率最大时对应的热效率越小;当 $n<0$ 时,传热指数 mn 的绝对值越大,输出功率最大时对应的热效率越小。

2.3 广义不可逆卡诺热机输出功率与热效率优化

2.2 节研究了普适传热规律下内可逆卡诺热机输出功率与热效率的最优关系,然而实际热机既具有内部不可逆性又具有外部不可逆性,除了热阻损失外,还存在热漏、摩擦、涡流、惯性效应及非平衡等影响,为不可逆循环。因此,本节研究普适传热规律对广义不可逆卡诺热机输出功率与热效率最优关系的影响。

2.3.1 广义不可逆卡诺热机模型

考虑如图 2.3.1 所示的广义不可逆卡诺热机模型[18-20],这类不可逆热机满足以下四个条件。

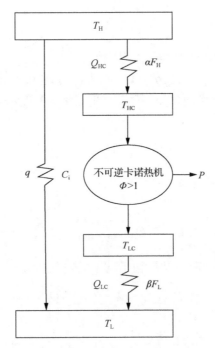

图 2.3.1 广义不可逆卡诺热机模型

(1)热机中工质做定常态连续流动,循环由两个等温过程和两个绝热过程组成。这四个过程一般来说是不可逆的。

(2) 工质与热源之间的换热器存在热阻，传热在有限温差下进行，工质在高、低温两个等温换热过程中的温度 T_{HC}、T_{LC} 不同于高、低温热源温度 T_H、T_L，且具有以下关系：$T_H > T_{HC} > T_{LC} > T_L$。换热器换热面积有限，高温侧换热器面积 F_H 与低温侧换热器面积 F_L 之和为常数 F，即 $F_H + F_L = F$。

(3) 高、低温热源间存在直接的热漏，单位时间的热漏量（热漏流率）为常数 q。该热漏模型最早由 Bejan[14,15] 提出，Gordon 和 Huleihil[247] 及陈林根等[16,17] 对该模型进行了扩展。设高、低温侧通过换热器交换的吸、放热流率分别为 Q_{HC}、Q_{LC}，则高温 T_H 热源实际的供热率 Q_H 和低温 T_L 热源实际的吸热率 Q_L 分别为 $Q_H = Q_{HC} + q$ 和 $Q_L = Q_{LC} + q$。

(4) 热机循环中除了热阻和热漏损失外，还存在其他不可逆性，因此在相同的工质吸热率 Q_{HC} 下，不可逆热机的输出功率比仅有热阻和热漏损失的热机输出功率小，这也可归结为相同 Q_{HC} 下，不可逆热机中工质的放热率 Q_{LC} 大于仅有热阻和热漏时热机中工质的放热率 Q'_{LC}。

引入因子 Φ：

$$\Phi = \frac{Q_{LC}}{Q'_{LC}} \geq 1 \tag{2.3.1}$$

表示热机中除热阻和热漏外的其他不可逆性。

在以上模型中，若 $q = 0$ 且 $\Phi = 1$，则为内可逆模型[4,8-11,56-68,248]；若 $q = 0$ 且 $\Phi > 1$，则为热阻加内不可逆模型[7,64,249-251]；若 $q > 0$ 且 $\Phi = 1$，则为热阻加热漏模型[14,15-17,135]。

2.3.2 基本优化关系

由循环的内可逆特性可得

$$\frac{Q_{LC}}{Q_{HC}} = \frac{\Phi T_{LC}}{T_{HC}} \tag{2.3.2}$$

由热力学第一定律可得，循环输出功率和热效率分别为

$$P = Q_H - Q_L = Q_{HC} - Q_{LC} \tag{2.3.3}$$

$$\eta = \frac{P}{Q_H} = \frac{P}{Q_{HC} + q} \tag{2.3.4}$$

设工质与热源间的传热服从普适传热规律 $Q \propto (\Delta T^n)^m$，则有

$$Q_{HC} = \alpha F_H (T_H^n - T_{HC}^n)^m, \quad Q_{LC} = \beta F_L (T_{LC}^n - T_L^n)^m \tag{2.3.5}$$

第 2 章 两热源正、反向卡诺循环基本输出率与性能系数优化

由式(2.2.6)、式(2.3.2)～式(2.3.5)可得

$$\frac{Q_{LC}}{Q_{HC}} = \frac{\Phi T_{LC}}{T_{HC}} = \Phi x = \frac{\beta F_L (T_{LC}^n - T_L^n)^m}{\alpha F_H (T_H^n - T_{HC}^n)^m} \tag{2.3.6}$$

解式(2.3.6)可得

$$T_{LC} = \left[\frac{(\Phi xrf)^{\frac{1}{m}} T_H^n + T_L^n}{1 + \frac{(\Phi xrf)^{\frac{1}{m}}}{x^n}} \right]^{\frac{1}{n}} \tag{2.3.7}$$

由式(2.3.3)～式(2.3.7)可得

$$P = \frac{\alpha F f \left(T_H^n - \dfrac{T_L^n}{x^n} \right)^m (1 - \Phi x)}{(1+f) \left[1 + \dfrac{(\Phi xrf)^{\frac{1}{m}}}{x^n} \right]^m} \tag{2.3.8}$$

$$\eta = \frac{\alpha F f \left(T_H^n - \dfrac{T_L^n}{x^n} \right)^m (1 - \Phi x)}{\alpha F f \left(T_H^n - \dfrac{T_L^n}{x^n} \right)^m + q(1+f) \left[1 + \dfrac{(\Phi xrf)^{\frac{1}{m}}}{x^n} \right]^m} \tag{2.3.9}$$

式(2.3.8)和式(2.3.9)表明,对于给定的 T_H、T_L、α、β、n、m、q、Φ 和 x,广义不可逆卡诺热机的输出功率和热效率都是面积比 f 的函数,令 $dP/df = 0$ 和 $d\eta/df = 0$,可得最优面积比为

$$f_{opt} = \left(\frac{x^{mn-1}}{\Phi r} \right)^{\frac{1}{m+1}} \tag{2.3.10}$$

则相应的最优输出功率和最优热效率分别为

$$P = \frac{\alpha F \left(T_H^n - \dfrac{T_L^n}{x^n} \right)^m (1 - \Phi x)}{\left[1 + (\Phi r)^{\frac{1}{m+1}} x^{\frac{1-mn}{m+1}} \right]^{m+1}} \tag{2.3.11}$$

$$\eta = \frac{\alpha F\left(T_H^n - \frac{T_L^n}{x^n}\right)^m (1-\Phi x)}{\alpha F\left(T_H^n - \frac{T_L^n}{x^n}\right)^m + q\left[1+(\Phi r)^{\frac{1}{m+1}} x^{\frac{1-mn}{m+1}}\right]^{m+1}} \qquad (2.3.12)$$

由式(2.3.11)和式(2.3.12)消去 x 可得

$$\frac{P\eta^{-1}-q}{\alpha F}\left\{1+(\Phi r)^{\frac{1}{m+1}}\left[\frac{P(\eta^{-1}-1)-q}{\Phi(P\eta^{-1}-q)}\right]^{\frac{1-mn}{m+1}}\right\}^{m+1} = \left\{T_H^n - \frac{T_L^n \Phi^n (P\eta^{-1}-q)^n}{[P(\eta^{-1}-1)-q]^n}\right\}^m \qquad (2.3.13)$$

式(2.3.13)即广义不可逆卡诺热机输出功率与热效率的最优关系。但是，该式为隐式方程，在计算分析中，使用式(2.3.11)和式(2.3.12)更为方便。

2.3.3　最大输出功率界限和最大热效率界限

式(2.3.11)和式(2.3.12)表明，只要 $mn \neq 0$，总存在一个对应于最大输出功率 $P_{\max}$ 的最优工质温比 x_P 和一个对应于最大热效率 $\eta_{\max}$ 的最优工质温比 x_η。一般情况下，它们是不相等的。令 $\mathrm{d}P/\mathrm{d}x = 0$，可得 x_P 必须满足

$$\Phi - \frac{mnT_L^n(1-\Phi x_P)}{x_P^{n+1}\left(T_H^n - \frac{T_L^n}{x_P^n}\right)} + \frac{(1-mn)(1-\Phi x_P)(\Phi r x_P^{1-m})^{\frac{1}{m+1}}}{x_P\left[1+(\Phi r x_P^{1-mn})^{\frac{1}{m+1}}\right]} = 0 \qquad (2.3.14)$$

同理可得 x_η 必须满足

$$\Phi - \frac{mnT_L^n(1-\Phi x_\eta)}{x_\eta^{n+1}\left(T_H^n - \frac{T_L^n}{x_\eta^n}\right)} + \frac{(1-\Phi x_\eta)\left\{\begin{array}{l}\alpha F mn T_L^n x_\eta^{-1-n}\left(T_H^n - \frac{T_L^n}{x_\eta^n}\right)^{m-1}\\ +q(1-mn)(\Phi r x_\eta^{-m(m+1)})^{\frac{1}{m+1}}\left[1+(\Phi r x_\eta^{1-mn})^{\frac{1}{m+1}}\right]^m\end{array}\right\}}{\alpha F\left(T_H^n - \frac{T_L^n}{x_\eta^n}\right)^n + q\left[1+(\Phi r x_\eta^{1-mn})^{\frac{1}{m+1}}\right]^{m+1}} = 0 \qquad (2.3.15)$$

当 $x=\Phi^{-1}$ 和 $x=T_L/T_H$ 时，有 $P=0$ 和 $\eta=0$，因此，在 $mn\neq 0$ 条件下，广义不可逆卡诺热机输出功率与热效率的最优关系曲线为回原点的扭叶型。

2.3.4 各种损失对性能的影响

若 $q=0$ 且 $\Phi>1$，则为热阻加内不可逆模型，式(2.3.13)变为

$$P=\frac{\alpha F\eta\left[T_H^n-\frac{T_L^n\Phi^n}{(1-\eta)^n}\right]^m}{\left\{1+\left[(\Phi r)^{\frac{1}{m+1}}\left(\frac{1-\eta}{\Phi}\right)^{\frac{1-mn}{m+1}}\right]^{m+1}\right\}} \quad (2.3.16)$$

此时输出功率与热效率的最优关系呈类抛物线型。

若 $q>0$ 且 $\Phi=1$，则为热阻加热漏模型，式(2.3.13)变为

$$\frac{P\eta^{-1}-q}{\alpha F}\left\{1+r^{\frac{1}{m+1}}\left[\frac{P(\eta^{-1}-1)-q}{P\eta^{-1}-q}\right]^{\frac{1-mn}{m+1}}\right\}^{m+1}=\left\{T_H^n-\frac{T_L^n(P\eta^{-1}-q)^n}{[P(\eta^{-1}-1)-q]^n}\right\}^m \quad (2.3.17)$$

此时输出功率与热效率的最优关系仍为回原点的扭叶型。

若 $q=0$ 且 $\Phi=1$，则为内可逆模型，式(2.3.13)变为式(2.2.11)，此时输出功率与热效率的最优关系呈类抛物线型。

由上述讨论可知，内不可逆损失定量地改变输出功率与热效率的最优关系，而热漏则定性地改变输出功率与热效率的最优关系。若热机存在热漏，则输出功率与热效率的最优关系由无热漏时的类抛物线型变为回原点的扭叶型。内可逆循环理论认为在最大热效率点对应的输出功率为零，最大热效率点不能作为工作点，然而，不可逆循环理论显示最大热效率点和最大输出功率点一样可以作为工作点。对广义不可逆卡诺热机来说，最大热效率点接近最大输出功率点，这与实际热机特性相同[247]。

2.3.5 传热规律对性能的影响

当 $m=1$ 时，传热规律成为广义辐射传热规律，则式(2.3.13)变为

$$\frac{P\eta^{-1}-q}{\alpha F}\left\{1+(\Phi r)^{\frac{1}{2}}\left[\frac{P(\eta^{-1}-1)-q}{\Phi(P\eta^{-1}-q)}\right]^{\frac{1-n}{2}}\right\}^2=T_H^n-\frac{T_L^n\Phi^n(P\eta^{-1}-q)^n}{[P(\eta^{-1}-1)-q]^n} \quad (2.3.18)$$

式(2.3.18)即文献[72]的结果。不同损失对性能的影响如下。

(1) 若 $q=0$ 且 $\Phi>1$，则为热阻加内不可逆模型，式(2.3.18)变为

$$P = \frac{\alpha F \eta \left[T_H^n - \left(\frac{T_L \Phi}{1-\eta} \right)^n \right]}{\left[1 + (\Phi r)^{\frac{1}{2}} \left(\frac{1-\eta}{\Phi} \right)^{\frac{1-n}{2}} \right]^2} \quad (2.3.19)$$

式(2.3.19)表明，当 $\eta=0$ 和 $\eta=1-\Phi T_L/T_H$ 时，$P=0$，存在一个热效率 η_P 对应于最大输出功率 P_{max}。此时输出功率与热效率的最优关系呈类抛物线型。

(2) 若 $q>0$ 且 $\Phi=1$，则为热阻加热漏模型，式(2.3.18)变为

$$\frac{P\eta^{-1}-q}{\alpha F} \left\{ 1 + r^{\frac{1}{2}} \left[\frac{P(\eta^{-1}-1)-q}{P\eta^{-1}-q} \right]^{\frac{1-n}{2}} \right\}^2 = T_H^n - \frac{T_L^n(P\eta^{-1}-q)^n}{[P(\eta^{-1}-1)-q]^n} \quad (2.3.20)$$

此时输出功率与热效率的最优关系呈回原点的扭叶型。

(3) 若 $q=0$ 且 $\Phi=1$，则为内可逆模型，式(2.3.18)变为式(2.2.12)。

(4) 如果总换热面积为无限大($F\to\infty$，无热阻损失)，那么式(2.3.18)变为

$$P = \frac{q}{\eta^{-1} - \left(1 - \frac{\Phi T_L}{T_H}\right)^{-1}} \quad (2.3.21)$$

此时输出功率是热效率的单调递增函数。然而，在这种情况下热机的比输出功率 P/F 为零，热机性能与传热规律无关。

(5) 当 $n=1$ 时，式(2.3.18)、式(2.3.19)、式(2.3.20)和式(2.2.12)分别为文献[20]、[21]、[7]，[15]~[17]和[8]的结果。

当 $n=1$ 时，传热规律成为广义对流传热规律，式(2.3.13)变为

$$\frac{P\eta^{-1}-q}{\alpha F} \left\{ 1 + (\Phi r)^{\frac{1}{m+1}} \left[\frac{P(\eta^{-1}-1)-q}{\Phi(P\eta^{-1}-q)} \right]^{\frac{1-m}{m+1}} \right\}^{m+1} = \left[T_H - \frac{T_L \Phi(P\eta^{-1}-q)}{P(\eta^{-1}-1)-q} \right]^m \quad (2.3.22)$$

式(2.3.22)即文献[73]的结果。不同损失对性能的影响如下。

(1) 若 $q=0$ 且 $\Phi>1$，则为热阻加内不可逆模型，式(2.3.22)变为

$$P = \frac{\alpha F \eta \left(T_H - \dfrac{T_L \Phi}{1-\eta}\right)^m}{\left[1 + (\Phi r)^{\frac{1}{1+m}} \left(\dfrac{1-\eta}{\Phi}\right)^{\frac{1-m}{1+m}}\right]^{m+1}} \qquad (2.3.23)$$

式(2.3.23)表明,当 $\eta = 0$ 和 $\eta = 1 - \Phi T_L/T_H$ 时, $P = 0$,存在一个热效率 η_P 对应于最大输出功率 $P_{\max}$ 。此时输出功率和热效率的最优关系呈类抛物线型。

(2) 若 $q > 0$ 且 $\Phi = 1$,则为热阻加热漏模型,式(2.3.22)变为

$$\frac{P\eta^{-1} - q}{\alpha F} \left\{1 + r^{\frac{1}{m+1}} \left[\frac{P(\eta^{-1}-1) - q}{P\eta^{-1} - q}\right]^{\frac{1-m}{1+m}}\right\}^{m+1} = \left[T_H - \frac{T_L(P\eta^{-1}-q)}{P(\eta^{-1}-1)-q}\right]^m \qquad (2.3.24)$$

此时输出功率与热效率的最优关系呈回原点的扭叶型。

(3) 若 $q = 0$ 且 $\Phi = 1$,则为内可逆模型,式(2.3.22)变为式(2.2.13)。

(4) 如果总换热面积为无限大($F \to \infty$,无热阻损失),那么式(2.3.22)变为式(2.3.21)。

(5) 当 $m = 1$ 时,式(2.3.22)、式(2.3.23)、式(2.3.24)和式(2.2.13)分别为文献[20]、[21]、[7]、[15]~[17]和[8]的结果。

2.3.6 数值算例与分析

计算中取 $T_L = 300\text{K}$ 、 $T_H = 1000\text{K}$ 、 $\alpha F = 4\text{W/K}^{mn}$ 、 $\alpha = \beta(r=1)$ 和 $q = C_i(T_H^n - T_L^n)^m$,其中 C_i 为热漏热导率。图2.3.2给出了 $n = 4$ 和 $m = 1.25$ 时热漏和内不可逆损失对广义不可逆卡诺热机输出功率与热效率最优关系的影响,图中 $P_{\max(q=0,\Phi=1)}$ 为内可逆卡诺热机的最大输出功率,分别取 Φ 为1、1.2、1.4和1.6, C_i 为0W/K^5、0.02W/K^5、0.04W/K^{5}和0.06W/K^5。由图2.3.2可以看出,内不可逆损失定量地改变输出功率与热效率的最优关系,热机最大输出功率及其对应的热效率随内不可逆损失的增加而减小。热漏不仅定量而且定性地改变广义不可逆卡诺热机输出功率与热效率的最优关系,若热机存在热漏,则输出功率与热效率的最优关系由无热漏时的类抛物线型变为回原点的扭叶型,热机最大热效率随热漏的增加而减小。

图2.3.3给出了 $\Phi = 1.2$ 和 $C_i = 0.02\text{W/K}^{mn}$ 时不同传热规律对广义不可逆卡诺热机输出功率与热效率最优关系的影响。由图2.3.3可以看出,不同传热规律下输出功率与热效率的最优关系均为回原点的扭叶形,传热规律定量地改变输出功率与热效率的最优关系。当 $n > 0$ 时,输出功率最大时对应的热效率和循环最大热效

率随传热指数 mn 的增大而减小；当 $n<0$ 时，输出功率最大时对应的热效率和循环最大热效率随传热指数 mn 绝对值的增大而减小。

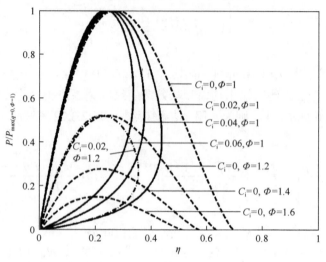

图 2.3.2　$n=4$ 且 $m=1.25$ 时热漏和内不可逆损失对广义不可逆卡诺热机 P-η 最优关系的影响

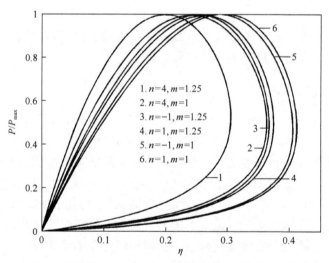

图 2.3.3　$\Phi=1.2$ 和 $C_i=0.02\text{W/K}^{mn}$ 时不同传热规律对广义不可逆卡诺热机 P-η 最优关系的影响

2.3.7　讨论

本节所得结果具有相当的普适性，如不同传热规律下内可逆卡诺热机循环输出功率与热效率的最优关系[8-11,14,56-58,248,252]（$m=1$、$n\neq0$、$q=0$、$\Phi=1$ 和 $m\neq0$、

$n=1$、$q=0$、$\Phi=1$),不同传热规律下热阻加内不可逆损失卡诺热机循环输出功率与热效率的最优关系[7,64,249-251]($m=1$、$n\neq 0$、$q=0$、$\Phi>1$和$m\neq 0$、$n=1$、$q=0$、$\Phi>1$),不同传热规律下热阻加热漏卡诺热机循环输出功率与热效率的最优关系[15-17,64,253]($m=1$、$n\neq 0$、$q>0$、$\Phi=1$和$m\neq 0$、$n=1$、$q>0$、$\Phi=1$)及广义辐射$Q\propto(\Delta T^n)$($m=1$且$n\neq 0$)和广义对流$Q\propto(\Delta T)^n$($m\neq 0$且$n=1$)传热规律下不可逆卡诺热机循环输出功率与热效率的最优关系[72,73]。本节是卡诺型理论热机循环有限时间热力学分析结果的一个集成,反映了普适传热规律下较为完善的广义不可逆卡诺热机较为普遍的最优特性,且与实际热机特性规律一致。

2.4 内可逆卡诺制冷机制冷率与制冷系数优化

2.4.1 内可逆卡诺制冷机模型

图 2.4.1 所示的内可逆卡诺制冷机模型满足以下四个条件[86,88-97,123-129]:

(1)制冷机中工质做定常态连续流动,循环由两个等温过程和两个绝热过程组成。

(2)由于热阻的存在,工质的吸、放热温度 T_{LC}、T_{HC} 不同于低、高温热源温度 T_L、T_H,且有 $T_{HC}>T_H>T_L>T_{LC}$。工质与热源间传热服从普适传热规律 $Q\propto\Delta(T^n)^m$。换热器换热面积有限,高温侧换热器面积 F_H 与低温侧换热器面积 F_L 之和为常数 F,即有 $F_H+F_L=F$。

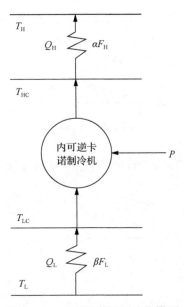

图 2.4.1 内可逆卡诺制冷机模型

(3) 工质通过高、低温侧换热器交换，放、吸热流率分别为 Q_H、Q_L。
(4) 制冷机为内可逆，即仅有热阻损失。

2.4.2 最优特性关系

根据以上模型，由热力学第一定律可得制冷系数和制冷率分别为

$$\varepsilon = \frac{Q_L}{P} = \frac{Q_L}{Q_H - Q_L} \tag{2.4.1}$$

$$R = Q_L \tag{2.4.2}$$

设工质与热源间的传热服从普适传热规律 $Q \propto (\Delta T^n)^m$，则有

$$Q_H = \alpha F_H (T_{HC}^n - T_H^n)^m, \quad Q_L = \beta F_L (T_L^n - T_{LC}^n)^m \tag{2.4.3}$$

由式(2.2.1)、式(2.2.5)、式(2.2.6)和式(2.4.1)～式(2.4.3)可得

$$\varepsilon = \frac{x}{1-x} \tag{2.4.4}$$

$$R = \frac{x\alpha fF}{(1+f)} \left[\frac{T_L^n - T_H^n x^n}{\frac{1}{(rfx)^m} + x^n} \right]^m \tag{2.4.5}$$

式(2.4.5)表明，对于给定的 T_H、T_L、α、β、n、m 和 x，内可逆卡诺制冷机的制冷率 R 为面积比 f 的函数，令 $dR/df = 0$，可得最优面积比 $f_{opt} = (x^{mn-1}/r)^{1/(m+1)}$，则相应的最优制冷率为

$$R = \frac{x\alpha F(T_L^n x^{-n} - T_H^n)^m}{\left[1 + (rx^{1-mn})^{\frac{1}{m+1}}\right]^{m+1}} \tag{2.4.6}$$

由式(2.4.4)和式(2.4.6)可得制冷率与制冷系数最优关系式为

$$R = \frac{\dfrac{\varepsilon\alpha F}{1+\varepsilon} \left[T_L^n \left(1 + \dfrac{1}{\varepsilon}\right)^n - T_H^n \right]^m}{\left[1 + r^{\frac{1}{m+1}} \left(\dfrac{\varepsilon}{1+\varepsilon}\right)^{\frac{1-mn}{m+1}}\right]^{m+1}} \tag{2.4.7}$$

对于不同的 m 和 n，制冷率与制冷系数的最优关系呈不同的变化趋势。

2.4.3 传热规律对性能的影响

(1) 由式(2.4.4)和式(2.4.6)可知,当 $\varepsilon = \varepsilon_C$ 时,有 $R = 0$,ε_C 为可逆卡诺制冷系数;当 $x = 0$ 时,有 $\varepsilon = 0$、$R = R_{\max} = \alpha F T_L / (1 + r^{1/2})^2$ (对 $mn = 1$) 和 $R_{\max} = \alpha F T_L^{mn}$ (对 $mn > 1$);当 $mn < 1$ 时,若 $x = x_R$ 满足式(2.4.8),则存在最大制冷率 $R_{\max}$,相应有制冷系数 $\varepsilon_R > 0$:

$$(mn-1)T_L^n + T_H^n x_R^n \left[1 + mn(rx_R^{1-mn})^{\frac{1}{1+m}}\right] = 0 \qquad (2.4.8)$$

(2) 当 $m = 1$ 时,传热规律成为广义辐射传热规律,式(2.4.7)就变为

$$R = \frac{\dfrac{\varepsilon \alpha F}{1+\varepsilon}\left[T_L^n\left(1+\dfrac{1}{\varepsilon}\right)^n - T_H^n\right]}{\left[1 + r^{\frac{1}{2}}\left(\dfrac{\varepsilon}{1+\varepsilon}\right)^{\frac{1-n}{2}}\right]^2} \qquad (2.4.9)$$

式(2.4.9)即文献[126]~[129]的结果。若 $n = 1$,则式(2.4.9)为文献[89]~[93]的结果;若 $n = -1$,则式(2.4.9)为线性唯象传热规律下内可逆卡诺制冷机制冷率与制冷系数的最优关系式[126-129];若 $n = 4$,则式(2.4.9)为辐射传热规律下内可逆卡诺制冷机制冷率与制冷系数的最优关系式[126-129]。

(3) 当 $n = 1$ 时,传热规律成为广义对流传热规律,式(2.4.7)就变为

$$R = \frac{\dfrac{\varepsilon \alpha F}{1+\varepsilon}\left[T_L\left(1+\dfrac{1}{\varepsilon}\right) - T_H\right]^m}{\left[1 + r^{\frac{1}{m+1}}\left(\dfrac{\varepsilon}{1+\varepsilon}\right)^{\frac{1-m}{m+1}}\right]^{m+1}} \qquad (2.4.10)$$

式(2.4.10)为文献[123]~[126]的结果。若 $m = 1$,则式(2.4.10)为文献[89]~[93]的结果;若 $m = 1.25$,则式(2.4.10)为 Dulong-Petit 传热规律下内可逆卡诺制冷机制冷率与制冷系数的最优关系式[123-126]。

2.4.4 数值算例与分析

计算中取 $\alpha F = 4\text{W/K}^{mn}$、$\alpha = \beta$ ($r = 1$)、$T_H = 300\text{K}$ 和 $T_L = 260\text{K}$。图 2.4.2 给出了不同传热规律对内可逆卡诺制冷机制冷率与制冷系数最优关系的影响,图中 $R_{\max}$ 为制冷机的最大制冷率。由图 2.4.2 可知,传热规律不仅定量而且定性地

改变内可逆卡诺制冷机制冷率与制冷系数的最优关系,当 $m>0$ 时,传热指数从 $n>0$ 变到 $n<0$,制冷率与制冷系数的最优关系从单调递减变为类抛物线型。

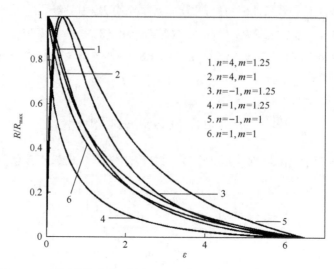

图 2.4.2　不同传热规律对内可逆卡诺制冷机 R-ε 最优关系的影响

2.5　广义不可逆卡诺制冷机制冷率与制冷系数优化

2.4 节研究了普适传热规律下内可逆卡诺制冷机制冷率与制冷系数的最优关系,然而实际制冷机既具有内部不可逆性又具有外部不可逆性,除了热阻损失外,还存在热漏、摩擦、涡流、惯性效应以及非平衡等影响,为不可逆循环。因此,本节研究普适传热规律对广义不可逆卡诺制冷机制冷率与制冷系数最优关系的影响。

2.5.1　广义不可逆卡诺制冷机模型

考虑图 2.5.1 所示的广义不可逆卡诺制冷机模型[18,19,106-108],这类不可逆制冷机满足以下四个条件。

(1) 制冷机中工质做定常态连续流动,循环由两个等温过程和两个绝热过程组成。这四个过程一般来说是不可逆的。

(2) 工质与热源之间的换热器存在热阻,传热在有限温差下进行,工质在高、低温两个换热过程中的温度 T_{HC}、T_{LC} 不同于高、低温热源温度 T_H、T_L,且有 $T_{HC}>T_H>T_L>T_{LC}$。换热器换热面积有限,高温侧换热器面积 F_H 与低温侧换热器面积 F_L 之和为常数 F,即 $F_H+F_L=F$。

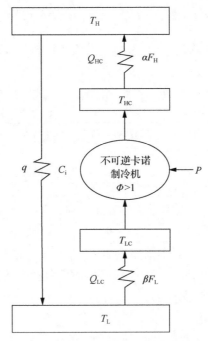

图 2.5.1 广义不可逆卡诺制冷机模型

(3) 高、低温侧热源间存在直接热漏,单位时间的热漏量(热漏流率)为常数 q。该热漏模型最早由 Bejan[99]提出。设高、低温侧通过换热器交换的放、吸热流率分别为 Q_{HC}、Q_{LC},则实际向高温 T_H 热源的放热流率 Q_H 和从低温 T_L 热源的吸热流率 Q_L (即循环制冷率 R) 分别为 $Q_H = Q_{HC} - q$ 和 $Q_L = R = Q_{LC} - q$。

(4) 制冷循环中除了热阻和热漏损失外,还存在其他不可逆性,因此在相同的循环制冷率 R 下,高温热源侧换热器中工质的放热率 Q_{HC} 大于仅有热阻和热漏时的放热率 Q'_{HC}。引入因子 Φ:

$$\Phi = \frac{Q_{HC}}{Q'_{HC}} \geqslant 1 \tag{2.5.1}$$

表示制冷机中除热阻和热漏外的其他不可逆性。

在以上模型中,若 $q=0$ 且 $\Phi=1$,则为内可逆模型[87-97,123-129];若 $q=0$ 且 $\Phi>1$,则为热阻加内不可逆模型[103-105,131,132];若 $q>0$ 且 $\Phi=1$,则为热阻加热漏模型[14,98-102,129]。

2.5.2 基本优化关系

由热力学第一定律可得制冷机的制冷系数为式(2.4.1),设工质与热源间的传热服从普适传热规律 $Q \propto (\Delta T^n)^m$,则有

$$Q_{HC} = \alpha F_H (T_{HC}^n - T_H^n)^m, \quad Q_{LC} = \beta F_L (T_{LC}^n - T_L^n)^m \tag{2.5.2}$$

由式(2.2.5)、式(2.2.6)、式(2.3.2)、式(2.4.1)和式(2.5.2)可得

$$\varepsilon = \frac{x\alpha fF(T_L^n - T_H^n x^n)^m - q\Phi(1+f)\left[x^n + \left(\frac{rfx}{\Phi}\right)^{\frac{1}{m}}\right]^m}{\alpha fF(\Phi - x)(T_L^n - T_H^n x^n)^m} \tag{2.5.3}$$

$$R = \frac{x\alpha fF}{\Phi(1+f)} \left[\frac{T_L^n - T_H^n x^n}{x^n + \left(\frac{rfx}{\Phi}\right)^{\frac{1}{m}}}\right]^m - q \tag{2.5.4}$$

式(2.5.3)和式(2.5.4)表明，对于给定的 T_H、T_L、α、β、n、m、q、Φ 和 x，广义不可逆卡诺制冷机的制冷系数和制冷率都是面积比 f 的函数，令 $d\varepsilon/df = 0$ 和 $dR/df = 0$，则可得最优面积比为

$$f_{opt} = \left(\frac{\Phi x^{nm-1}}{r}\right)^{\frac{1}{m+1}} \tag{2.5.5}$$

则相应的最优制冷率和最优制冷系数分别为

$$R = \frac{x\alpha F(T_L^n x^{-n} - T_H^n)^m}{\Phi\left[1 + \left(\frac{rx^{1-nm}}{\Phi}\right)^{\frac{1}{m+1}}\right]^{m+1}} - q \tag{2.5.6}$$

$$\varepsilon = \frac{x}{\Phi - x} - \frac{q\Phi\left[1 + \left(\frac{rx^{1-nm}}{\Phi}\right)^{\frac{1}{m+1}}\right]^{m+1}}{\alpha F(\Phi - x)(T_L^n x^{-n} - T_H^n)^m} \tag{2.5.7}$$

式(2.5.6)和式(2.5.7)是本节的主要结果。

由式(2.5.6)和式(2.5.7)可知，当 $\varepsilon = \varepsilon_C$ 时，有 $R = 0$；当 $x = 0$ 时，有 $\varepsilon = 0$、$R = R_{max} = \alpha F T_L /[1+(r/\Phi)^{1/2}]^2 - q$（对 $mn = 1$）和 $R_{max} = \alpha \Phi F T_L^{mn} - q$（对 $mn > 1$）；当 $mn < 1$ 时，若 $x = x_R$ 满足式(2.5.8)，则存在最大制冷率 R_{max}，并相应有制冷系数为 $\varepsilon_R > 0$；

$$(mn-1)T_L^n + T_H^n x_R^n \left[1 + mn\left(\frac{r}{\Phi}x_R^{1-mn}\right)^{\frac{1}{1+m}}\right] = 0 \qquad (2.5.8)$$

由式(2.5.6)和式(2.5.7)消去 x 可得

$$\Phi(R+q)\left\{1 + \left[\frac{r\varepsilon(R+q)}{R+\varepsilon(R+q)}\right]^{\frac{1}{m+1}}\right\}^{m+1} - \frac{\alpha F\varepsilon\Phi(R+q)}{R+\varepsilon(R+q)}\left\{T_L^n\left[\frac{R+\varepsilon(R+q)}{\Phi\varepsilon(R+q)}\right]^n - T_H^n\right\}^m = 0 \qquad (2.5.9)$$

式(2.5.9)即广义不可逆卡诺制冷机的制冷率与制冷系数的最优关系。但是，该式为隐式方程，在计算分析中，使用式(2.5.6)和式(2.5.7)更方便。对于不同的 m 和 n，最大制冷率界限和最大制冷系数界限是不同的。

2.5.3 各种损失对性能的影响

若 $q=0$ 且 $\Phi>1$，则为热阻加内不可逆模型，式(2.5.6)和式(2.5.7)变为

$$R = \frac{x\alpha F(T_L^n x^{-n} - T_H^n)^m}{\Phi\left[1 + \left(\frac{rx^{1-nm}}{\Phi}\right)^{\frac{1}{m+1}}\right]^{m+1}} \qquad (2.5.10)$$

$$\varepsilon = \frac{x}{\Phi - x} \qquad (2.5.11)$$

当 $n \geqslant 1$ 且 $m \geqslant 1$ 时，制冷率与制冷系数呈单调递减关系；当 $n<1$ 且 $m>0$ 时，制冷率与制冷系数最优关系呈类抛物线型；当 $n\neq 0$ 且 $m<0$ 时，制冷率与制冷系数呈单调递增关系；在其他情况下，制冷率与制冷系数最优关系呈不规则变化。

若 $q>0$ 且 $\Phi=1$，则为热阻加热漏模型，式(2.5.6)和式(2.5.7)变为

$$R = \frac{x\alpha F(T_L^n x^{-n} - T_H^n)^m}{\left[1 + (rx^{1-nm})^{\frac{1}{m+1}}\right]^{m+1}} - q \qquad (2.5.12)$$

$$\varepsilon = \frac{x}{1-x} - \frac{q\left[1+(rx^{1-nm})^{\frac{1}{m+1}}\right]^{m+1}}{\alpha F(1-x)(T_L^n x^{-n} - T_H^n)^m} \qquad (2.5.13)$$

当 $n \geqslant 1$ 且 $m>0$ 时，制冷率与制冷系数最优关系呈类抛物线型；当 $n<1$ 且

$m>1$ 时，制冷率与制冷系数最优关系呈回原点的扭叶型；当 $n\neq 0$ 且 $m<0$ 时，制冷率与制冷系数呈单调递增关系；在其他情况下，制冷率与制冷系数最优关系呈不规则变化。

若 $q=0$ 且 $\Phi=1$，则为内可逆模型，式(2.5.6)和式(2.5.7)变为式(2.4.6)和式(2.4.4)。

当 $n\geqslant 1$ 且 $m>0$ 时，制冷率与制冷系数呈单调递减关系；当 $n<1$ 且 $m>0$ 时，制冷率与制冷系数最优关系呈类抛物线型；当 $n\neq 0$ 且 $m<0$ 时，制冷率与制冷系数呈单调递增关系；在其他情况下，制冷率与制冷系数最优关系呈不规则变化。

由上述讨论可知，内不可逆损失定量地改变制冷率与制冷系数的最优关系，热漏不仅定量而且定性地改变制冷率与制冷系数的最优关系。若制冷机存在热漏，当 $n\geqslant 1$ 且 $m>1$ 时，制冷率与制冷系数的最优关系由无热漏时的单调递减变为类抛物线型；当 $n<1$ 且 $m>1$ 时，制冷率与制冷系数的最优关系由无热漏时的类抛物线型变为回原点的扭叶型。

2.5.4 传热规律对性能的影响

当 $m=1$ 时，传热规律成为广义辐射传热规律，式(2.5.6)和式(2.5.7)变为

$$R = \frac{x\alpha F(T_L^n x^{-n} - T_H^n)}{\Phi\left[1+\left(\frac{rx^{1-n}}{\Phi}\right)^{\frac{1}{2}}\right]^2} - q \tag{2.5.14}$$

$$\varepsilon = \frac{x}{\Phi - x} - \frac{q\Phi\left[1+\left(\frac{rx^{1-n}}{\Phi}\right)^{\frac{1}{2}}\right]^2}{\alpha F(\Phi - x)(T_L^n x^{-n} - T_H^n)} \tag{2.5.15}$$

式(2.5.14)和式(2.5.15)即文献[112]的结果。不同损失对性能的影响如下。

(1) 若 $q=0$ 且 $\Phi>1$，则为热阻加内不可逆模型，式(2.5.14)和式(2.5.15)变为

$$R = \frac{x\alpha F(T_L^n x^{-n} - T_H^n)}{\Phi\left[1+\left(\frac{rx^{1-n}}{\Phi}\right)^{\frac{1}{2}}\right]^2} \tag{2.5.16}$$

$$\varepsilon = \frac{x}{\Phi - x} \tag{2.5.17}$$

式(2.5.16)和式(2.5.17)表明，当$n \geqslant 1$时，制冷率与制冷系数呈单调递增关系；当$n<1$时，制冷率与制冷系数的最优关系呈类抛物线型。

(2) 若$q>0$且$\Phi=1$，则为热阻加热漏模型，式(2.5.14)和式(2.5.15)变为

$$R = \frac{x\alpha F(T_L^n x^{-n} - T_H^n)}{\left[1 + (rx^{1-n})^{\frac{1}{2}}\right]^2} - q \tag{2.5.18}$$

$$\varepsilon = \frac{x}{1-x} - \frac{q\left[1+(rx^{1-n})^{\frac{1}{2}}\right]^2}{\alpha F(1-x)(T_L^n x^{-n} - T_H^n)} \tag{2.5.19}$$

式(2.5.18)和式(2.5.19)表明，当$n \geqslant 1$时，制冷率与制冷系数的最优关系呈类抛物线型；当$n<1$时，制冷率与制冷系数的最优关系呈回原点的扭叶型。

(3) 若$q=0$且$\Phi=1$，则为内可逆模型，则式(2.5.14)和式(2.5.15)变为

$$R = \frac{x\alpha F(T_L^n x^{-n} - T_H^n)}{\left[1 + (rx^{1-n})^{\frac{1}{2}}\right]^2} \tag{2.5.20}$$

和式(2.4.4)。当$n \geqslant 1$时，制冷率与制冷系数呈单调递减关系；当$n<1$时，制冷率与制冷系数的最优关系呈类抛物线型。

(4) 如果总换热面积为无限大（$F \to \infty$，无热阻损失），那么式(2.5.9)变为

$$R = \frac{q\varepsilon}{\dfrac{T_L}{\Phi T_H - T_L} - \varepsilon} \tag{2.5.21}$$

此时制冷率是制冷系数的单调递增函数。然而，在这种情况下制冷机的比制冷率$R/F=0$。在这种情况下，制冷机性能与传热规律无关。

(5) 当$n=1$时，式(2.5.14)和式(2.5.15)、式(2.5.16)和式(2.5.17)、式(2.5.18)和式(2.5.19)及式(2.5.20)和式(2.4.4)分别为文献[106]～[108]，[103]～[105]，[14]、[98]、[99]～[102]和[89]～[93]的结果。

当$n=1$时，传热规律成为广义对流传热规律，式(2.5.6)和式(2.5.7)变为

$$R = \frac{x\alpha F(T_L x^{-1} - T_H)^m}{\Phi\left[1 + \left(\dfrac{rx^{1-m}}{\Phi}\right)^{\frac{1}{m+1}}\right]^{m+1}} - q \tag{2.5.22}$$

$$\varepsilon = \frac{x}{\Phi-x} - \frac{q\Phi\left[1+\left(\frac{rx^{1-m}}{\Phi}\right)^{\frac{1}{m+1}}\right]^{m+1}}{\alpha F(\Phi-x)(T_L x^{-1}-T_H)^m} \tag{2.5.23}$$

此时制冷率与制冷系数最优关系呈类抛物线型。不同损失对性能的影响如下。

(1)若$q=0$且$\Phi>1$，则为热阻加内不可逆模型，式(2.5.22)和式(2.5.23)变为

$$R = \frac{x\alpha F(T_L x^{-1}-T_H)^m}{\Phi\left[1+\left(\frac{rx^{1-m}}{\Phi}\right)^{\frac{1}{m+1}}\right]^{m+1}} \tag{2.5.24}$$

和式(2.5.17)，式(2.5.24)和式(2.5.17)即文献[132]的结果。式(2.5.24)和式(2.5.17)表明，制冷率是制冷系数的单调递增函数。

(2)若$q>0$且$\Phi=1$，则为热阻加热漏模型，式(2.5.22)式(2.5.23)变为

$$R = \frac{x\alpha F(T_L x^{-1}-T_H)^m}{\left[1+(rx^{1-m})^{\frac{1}{m+1}}\right]^{m+1}} - q \tag{2.5.25}$$

$$\varepsilon = \frac{x}{1-x} - \frac{q\left[1+(rx^{1-m})^{\frac{1}{m+1}}\right]^{m+1}}{\alpha F(1-x)(T_L x^{-1}-T_H)^m} \tag{2.5.26}$$

此时制冷率与制冷系数的最优关系呈类抛物线型。

(3)若$q=0$且$\Phi=1$，则为内可逆模型，式(2.5.22)和式(2.5.23)变为

$$R = \frac{x\alpha F(T_L x^{-1}-T_H)^m}{\left[1+(rx^{1-m})^{\frac{1}{m+1}}\right]^{m+1}} \tag{2.5.27}$$

和式(2.4.4)。此时，制冷率与制冷系数呈单调递减关系。

(4)如果总换热面积为无限大($F\to\infty$，无热阻损失)，那么式(2.5.9)变为式(2.5.21)。

(5)当$m=1$时，式(2.5.22)和式(2.5.23)、式(2.5.24)和式(2.5.17)、式(2.5.25)和式(2.5.26)及式(2.5.27)和式(2.4.4)分别为文献[106]~[108]，[103]~[105]，[14]、[98]、[99]~[102]和[89]~[93]的结果。

2.5.5 数值算例与分析

计算中取 $T_L = 260\text{K}$、$T_H = 300\text{K}$、$\alpha F = 4\text{W/K}^{mn}$、$\alpha = \beta (r = 1)$ 和 $q = C_i (T_H^n - T_L^n)^m$，其中 C_i 为热漏热导率。

图 2.5.2 给出了 $n = 4$ 且 $m = 1.25$ 时热漏和内不可逆损失对广义不可逆卡诺制冷机制冷率与制冷系数最优关系的影响，图中 $R_{\max(q=0,\Phi=1)}$ 为内可逆卡诺制冷机的最大制冷率，分别取 Φ 为 1、1.02、1.04 和 1.06，C_i 为 0W/K^5、0.02W/K^5、0.04W/K^5 和 0.06W/K^5。图 2.5.3 给出了 $\Phi = 1.02$ 和 $C_i = 0.02\text{W/K}^{mn}$ 时，不同传热规律对广义不可逆卡诺制冷机制冷率与制冷系数最优关系的影响。

由图 2.5.2 可以看出，内不可逆损失定量地改变制冷率与制冷系数的最优关系。热漏不仅定量而且定性地改变广义不可逆卡诺制冷机制冷率与制冷系数的最优关系。若制冷机存在热漏，则制冷率与制冷系数的最优关系由无热漏时的单调递减变为类抛物线型，最大制冷系数随热漏的增加而减小。图 2.5.2 中的曲线 8 为广义不可逆卡诺制冷机制冷率与制冷系数的最优关系，此结果与 Gordon 等[100,254-260]所做的实际实验结果相吻合，此时制冷率与制冷系数的最优关系呈类抛物线型，存在一个最大制冷系数。从 1994 年起，Gordon 等对往复式[100,254-260]和离心式[100,254-260]制冷机所做大量实验得出的结果均与本节的理论分析结果相吻合。

由图 2.5.3 可以看出，传热规律不仅定量而且定性地改变制冷率与制冷系数的最优关系。当 $m > 0$ 时，传热指数从 $n > 0$ 变到 $n < 0$，制冷率与制冷系数的最优关系从类抛物线型变为扭叶型。

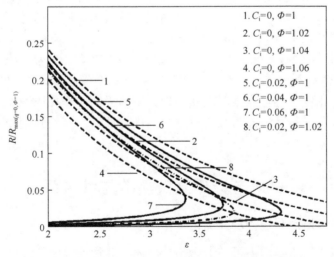

图 2.5.2　$n = 4$ 且 $m = 1.25$ 时热漏和内不可逆损失对
广义不可逆卡诺制冷机 R-ε 最优关系的影响

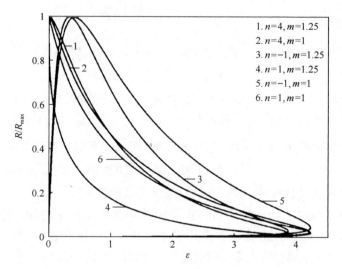

图 2.5.3 $\Phi=1.02$ 和 $C_i=0.02\text{W/K}^{mn}$ 时不同传热规律对广义不可逆卡诺制冷机 R-ε 最优关系的影响

2.5.6 讨论

本节所得结果具有相当的普适性，如不同传热规律对内可逆卡诺制冷循环制冷率与制冷系数最优关系的影响[87,97,123-129]（$m=1$、$n\neq 0$、$q=0$、$\Phi=1$和$m\neq 0$、$n=1$、$q=0$、$\Phi=1$），不同传热规律对热阻加内可逆损失卡诺制冷循环制冷率与制冷系数最优关系的影响[103-105,131,132]（$m=1$、$n\neq 0$、$q=0$、$\Phi>1$和$m\neq 0$、$n=1$、$q=0$、$\Phi>1$），不同传热规律对热阻加热漏卡诺制冷循环制冷率与制冷系数最优关系的影响[14,98-102,129]（$m=1$、$n\neq 0$、$q>0$、$\Phi=1$和$m\neq 0$、$n=1$、$q>0$、$\Phi=1$）及广义辐射 $Q\propto(\Delta T^n)$（$m=1$且$n\neq 0$）和广义对流 $Q\propto(\Delta T)^n$（$m\neq 0$且$n=1$）传热规律对不可逆卡诺制冷循环制冷率与制冷系数最优关系的影响[130]。本节是卡诺型理论制冷循环有限时间热力学分析结果的一个集成，反映了普适传热规律下广义不可逆卡诺制冷机较为普遍的最优特性，且与实际制冷机特性规律相一致。

2.6 内可逆卡诺热泵供热率与供热系数优化

2.6.1 内可逆卡诺热泵模型及其优化

考虑图 2.4.1 所示的内可逆卡诺热泵循环，其物理模型[90-93,125,126,142-145,158,160]与 2.4 节所述内可逆制冷机模型相同。

由热力学第一定律可得供热系数和供热率分别为

$$\varphi = \frac{Q_H}{P} = \frac{Q_H}{Q_H - Q_L} \tag{2.6.1}$$

$$\pi = Q_H \tag{2.6.2}$$

由式(2.2.1)、式(2.2.5)、式(2.2.6)、式(2.4.3)、式(2.6.1)和式(2.6.2)可得

$$\varphi = \frac{1}{1-x} \tag{2.6.3}$$

$$\pi = \frac{\alpha fF}{1+f}\left[\frac{T_L^n - T_H^n x^n}{\dfrac{1}{(rfx)^m} + x^n}\right]^m \tag{2.6.4}$$

式(2.6.4)表明, 对于给定的 T_H、T_L、α、β、n、m 和 x, 内可逆卡诺热泵的供热率 π 为面积比 f 的函数, 令 $d\pi/df = 0$, 可得最优面积比为 $f_{opt} = (x^{mn-1}/r)^{1/(m+1)}$, 则相应的最优供热率为

$$\pi = \frac{\alpha F(T_L^n x^{-n} - T_H^n)^m}{\left[1 + (rx^{1-mn})^{\frac{1}{m+1}}\right]^{m+1}} \tag{2.6.5}$$

由式(2.6.3)和式(2.6.5)可得 π 与 φ 的最优关系式为

$$\pi = \frac{\alpha F\left[T_L^n\left(\dfrac{\varphi}{\varphi-1}\right)^n - T_H^n\right]^m}{\left\{1 + \left[r\left(1-\dfrac{1}{\varphi}\right)^{1-mn}\right]^{\frac{1}{m+1}}\right\}^{m+1}} \tag{2.6.6}$$

对于不同的 m 和 n, π 和 φ 的最优关系呈不同的变化趋势。

2.6.2 传热规律对性能的影响

(1) 当 $m=1$ 时, 传热规律成为广义辐射传热规律, 式(2.6.6)就变为

$$\pi = \frac{\alpha F\left[T_L^n\left(\dfrac{\varphi}{\varphi-1}\right)^n - T_H^n\right]}{\left\{1 + \left[r\left(1-\dfrac{1}{\varphi}\right)^{1-n}\right]^{\frac{1}{2}}\right\}^2} \tag{2.6.7}$$

此时的供热率与供热系数呈单调递减变化关系。式(2.6.7)即文献[126]、[160]的结果。若 $n=1$，则式(2.6.7)为文献[90]～[93]的结果；若 $n=-1$，则式(2.6.7)为文献[158]的结果；若 $n=4$，则式(2.6.7)为辐射传热规律下内可逆卡诺热泵供热率与供热系数的最优关系式[126,160]。

(2) 当 $n=1$ 时，传热规律成为广义对流传热规律，式(2.6.6)就变为

$$\pi = \frac{\alpha F\left(T_L \dfrac{\varphi}{\varphi-1} - T_H\right)^m}{\left\{1+\left[r\left(1-\dfrac{1}{\varphi}\right)^{1-m}\right]^{\frac{1}{m+1}}\right\}^{m+1}} \tag{2.6.8}$$

此时供热率与供热系数呈单调递减变化关系。式(2.6.8)即文献[125]、[126]的结果。若 $m=1$，则式(2.6.8)为文献[90]～[93]的结果；若 $m=1.25$，则式(2.6.8)为 Dulong-Petit 传热规律下内可逆卡诺热泵供热率与供热系数的最优关系式[125,126]。

2.6.3 数值算例与分析

计算中取 $\alpha F = 4\text{W/K}^{mn}$、$\alpha = \beta\ (r=1)$、$T_H = 300\text{K}$ 和 $T_L = 273\text{K}$。图 2.6.1 给出了不同传热规律对内可逆卡诺热泵的供热率与供热系数最优关系的影响，图中 $\pi_{\max}$ 为热泵最大供热率。由图 2.6.1 可以看出，不同传热规律下内可逆卡诺热泵的供热率与供热系数最优关系均为单调递减关系，传热规律定量地改变供热率与供热系数的最优关系。

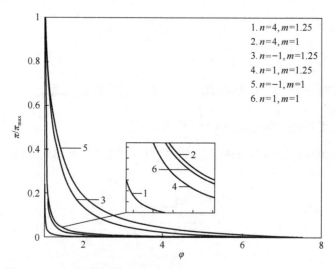

图 2.6.1 不同传热规律对内可逆卡诺热泵 $\pi\text{-}\varphi$ 最优关系的影响

2.7 广义不可逆卡诺热泵供热率与供热系数优化

2.6 节研究了普适传热规律下内可逆卡诺热泵供热率与供热系数的最优关系，同热机和制冷机一样，实际热泵既具有内部不可逆性又具有外部不可逆性，除了热阻损失外，还存在热漏、摩擦、涡流、惯性效应及非平衡等影响，为不可逆循环。因此，本节研究普适传热规律对广义不可逆卡诺热泵供热率与供热系数最优关系的影响。

2.7.1 广义不可逆卡诺热泵模型及其优化

考虑图 2.5.1 所示的广义不可逆卡诺热泵循环[18,19,150,151]，其物理模型除第(4)条外均与 2.5 节所述制冷机模型相同。2.5 节的第(4)条规则定义如下：

在相同的循环供热率 π 下，低温热源侧换热器中工质的吸热率 Q_{LC} 小于仅有热阻和热漏时的吸热率 Q'_{LC}。引入因子 $\Phi = Q'_{LC}/Q_{LC} \geqslant 1$ 表示热泵中除热阻和热漏外的其他不可逆性。

由式(2.3.2)、式(2.5.2)和式(2.6.1)可得

$$\varphi = \frac{\Phi \alpha fF(T_L^n - T_H^n x^n)^m - q\Phi(1+f)\left[x^n + \left(\dfrac{rfx}{\Phi}\right)^{\frac{1}{m}}\right]^m}{\alpha fF(\Phi - x)(T_L^n - T_H^n x^n)^m} \tag{2.7.1}$$

$$\pi = \frac{\alpha fF}{1+f}\left[\frac{T_L^n - T_H^n x^n}{x^n + \left(\dfrac{rfx}{\Phi}\right)^{\frac{1}{m}}}\right]^m - q \tag{2.7.2}$$

式(2.7.1)和式(2.7.2)表明，对于给定的 T_H、T_L、α、β、n、m、q、Φ 和 x，广义不可逆卡诺热泵的供热率与供热系数都是面积比 f 的函数，令 $d\varphi/df = 0$ 和 $d\pi/df = 0$，均可得最优面积比为 $f_{opt} = (\Phi x^{nm-1}/r)^{1/(m+1)}$。相应的最优供热率与最优供热系数分别为

$$\pi = \frac{\alpha F(T_L^n x^{-n} - T_H^n)^m}{\left[1 + \left(\dfrac{rx^{1-mn}}{\Phi}\right)^{\frac{1}{m+1}}\right]^{m+1}} - q \tag{2.7.3}$$

$$\varphi = \frac{\Phi}{\Phi - x} \left[1 - \frac{q\left[1 + \left(\frac{rx^{1-nm}}{\Phi}\right)^{\frac{1}{m+1}}\right]^{m+1}}{\alpha F(T_L^n x^{-n} - T_H^n)^m} \right] \qquad (2.7.4)$$

式(2.7.3)和式(2.7.4)是本节的主要结果。由式(2.7.3)和式(2.7.4)消去 x 可得

$$(\pi + q)\left\{1 + \left[\frac{r\pi(\varphi-1) + r\varphi q}{\varphi(\pi+q)}\right]^{\frac{1}{m+1}}\right\}^{m+1} - \alpha F \left\{T_L^n \left[\frac{\varphi(\pi+q)}{\Phi\pi(\varphi-1) + \Phi\varphi q}\right]^n - T_H^n\right\}^m = 0 \qquad (2.7.5)$$

式(2.7.5)即广义不可逆卡诺热泵的供热率与供热系数的最优关系。但是，该式为隐式方程，在计算分析中，使用式(2.7.3)和式(2.7.4)更为方便。对于不同的 m 和 n，最大供热率界限和最大供热系数界限是不同的。

2.7.2 各种损失对性能的影响

若 $q=0$ 且 $\Phi > 1$，则为热阻加内不可逆模型，式(2.7.3)和式(2.7.4)变为

$$\pi = \frac{\alpha F(T_L^n x^{-n} - T_H^n)^m}{\left[1 + \left(\frac{rx^{1-mn}}{\Phi}\right)^{\frac{1}{m+1}}\right]^{m+1}} \qquad (2.7.6)$$

$$\varphi = \frac{\Phi}{\Phi - x} \qquad (2.7.7)$$

当 $n \neq 0$ 且 $m > 0$ 时，供热率与供热系数呈单调递减关系；当 $n < 1$ 且 $m < -1$ 时，供热率与供热系数呈单调递增关系；在其他情况下，供热率与供热系数最优关系呈不规则变化。

若 $q > 0$ 且 $\Phi = 1$，则为热阻加热漏模型，式(2.7.3)和式(2.7.4)变为

$$\pi = \frac{\alpha F(T_L^n x^{-n} - T_H^n)^m}{\left[1 + (rx^{1-mn})^{\frac{1}{m+1}}\right]^{m+1}} - q \qquad (2.7.8)$$

$$\varphi = \frac{1}{1-x}\left[1 - \frac{q\left[1 + (rx^{1-nm})^{\frac{1}{m+1}}\right]^{m+1}}{\alpha F(T_L^n x^{-n} - T_H^n)^m}\right] \qquad (2.7.9)$$

当 $n \neq 0$ 且 $m > 0$ 时，供热率与供热系数的最优关系呈类抛物线型；当 $n < 1$ 且 $m < -1$ 时，供热率与供热系数呈单调递增关系；在其他情况下，供热率与供热系数的最优关系呈不规则变化。

若 $q = 0$ 且 $\Phi = 1$，则为内可逆模型，式(2.7.3)和式(2.7.4)变为式(2.6.5)和式(2.6.3)。当 $n \neq 0$ 且 $m > 0$ 时，供热率与供热系数呈单调递减关系；当 $n < 1$ 且 $m < -1$ 时，供热率与供热系数呈单调递增关系；在其他情况下，供热率与供热系数的最优关系呈不规则变化。

由上述讨论可知，内不可逆损失定量地改变供热率与供热系数的最优关系。热漏不仅定量而且定性地改变供热率与供热系数的最优关系。若热泵存在热漏，则当 $n \neq 0$ 且 $m > 0$ 时，供热率与供热系数的最优关系由无热漏时的单调递减变为类抛物线型。

2.7.3 传热规律对性能的影响

当 $m = 1$ 时，传热规律成为广义辐射传热规律，式(2.7.3)和式(2.7.4)变为

$$\pi = \frac{\alpha F(T_L^n x^{-n} - T_H^n)}{\left[1 + \left(\frac{rx^{1-n}}{\Phi}\right)^{\frac{1}{2}}\right]^2} - q \qquad (2.7.10)$$

$$\varphi = \frac{\Phi}{\Phi - x}\left[1 - \frac{q\left[1 + \left(\frac{rx^{1-n}}{\Phi}\right)^{\frac{1}{2}}\right]^2}{\alpha F(T_L^n x^{-n} - T_H^n)}\right] \qquad (2.7.11)$$

式(2.7.10)和式(2.7.11)即文献[161]的结果。不同损失对性能的影响如下：

(1) 若 $q = 0$ 且 $\Phi > 1$，则为热阻加内不可逆模型，式(2.7.10)和式(2.7.11)变为

$$\pi = \frac{\alpha F(T_L^n x^{-n} - T_H^n)}{\left[1 + \left(\frac{rx^{1-n}}{\Phi}\right)^{\frac{1}{2}}\right]^2} \qquad (2.7.12)$$

和式(2.7.7)。式(2.7.12)和式(2.7.7)表明，供热率与供热系数呈单调递减关系。

(2) 若 $q > 0$ 且 $\Phi = 1$，则为热阻加热漏模型，式(2.7.10)和式(2.7.11)变为

$$\pi = \frac{\alpha F(T_L^n x^{-n} - T_H^n)}{\left[1 + (rx^{1-n})^{\frac{1}{2}}\right]^2} - q \qquad (2.7.13)$$

$$\varphi = \frac{1}{1-x}\left\{1 - \frac{q\left[1 + (rx^{1-n})^{\frac{1}{2}}\right]^2}{\alpha F(T_L^n x^{-n} - T_H^n)}\right\} \qquad (2.7.14)$$

式(2.7.13)和式(2.7.14)表明，供热率与供热系数的最优关系呈类抛物线型。

(3) 若 $q=0$ 且 $\Phi=1$，则为内可逆模型，式(2.7.10)和式(2.7.11)变为

$$\pi = \frac{\alpha F(T_L^n x^{-n} - T_H^n)}{\left[1 + (rx^{1-n})^{\frac{1}{2}}\right]^2} \qquad (2.7.15)$$

和式(2.6.3)。此时，供热率与供热系数呈单调递减关系。

(4) 如果总换热面积为无限大（$F \to \infty$，无热阻损失），那么式(2.7.5)变为

$$\pi = \frac{q\varphi}{\dfrac{\Phi T_H}{\Phi T_H - T_L} - \varphi} \qquad (2.7.16)$$

此时，供热率是供热系数的单调递增函数。然而，在这种情况下热泵的比供热率 $\pi/F=0$，热泵性能与传热规律无关。

(5) 当 $n=1$ 时，式(2.7.10)和式(2.7.11)、式(2.7.12)和式(2.7.7)、式(2.7.13)和式(2.7.14)及式(2.7.15)和式(2.6.3)分别为文献[150]、[151]、[105]、[147]～[149]和[90]～[93]的结果。

当 $n=1$ 时，传热规律成为广义对流传热规律，式(2.7.3)和式(2.7.4)变为

$$\pi = \frac{\alpha F(T_L x^{-1} - T_H)^m}{\left[1 + \left(\dfrac{rx^{1-m}}{\Phi}\right)^{\frac{1}{m+1}}\right]^{m+1}} - q \qquad (2.7.17)$$

$$\varphi = \frac{\Phi}{\Phi - x}\left[1 - \frac{q\left[1 + \left(\dfrac{rx^{1-m}}{\Phi}\right)^{\frac{1}{m+1}}\right]^{m+1}}{\alpha F(T_L x^{-1} - T_H)^m}\right] \qquad (2.7.18)$$

式(2.7.17)和式(2.7.18)即文献[163]的结果。此时,供热率与供热系数最优关系呈类抛物线型。不同损失对性能的影响如下。

(1) 若 $q=0$ 且 $\Phi>1$,则为热阻加内不可逆模型,式(2.7.17)和式(2.7.18)变为

$$\pi = \frac{\alpha F(T_L x^{-1} - T_H)^m}{\left[1 + \left(\frac{rx^{1-m}}{\Phi}\right)^{\frac{1}{m+1}}\right]^{m+1}} \quad (2.7.19)$$

和式(2.7.7)。式(2.7.19)和式(2.7.7)表明,供热率与供热系数呈单调递减关系。

(2) 若 $q>0$ 且 $\Phi=1$,则为热阻加热漏模型,则式(2.7.17)和式(2.7.18)变为

$$\pi = \frac{\alpha F(T_L x^{-1} - T_H)^m}{\left[1 + (rx^{1-m})^{\frac{1}{m+1}}\right]^{m+1}} - q \quad (2.7.20)$$

$$\varphi = \frac{1}{1-x}\left\{1 - \frac{q\left[1 + (rx^{1-m})^{\frac{1}{m+1}}\right]^{m+1}}{\alpha F(T_L x^{-1} - T_H)^m}\right\} \quad (2.7.21)$$

此时,供热率与供热系数最优关系呈类抛物线型。

(3) 若 $q=0$ 且 $\Phi=1$,则为内可逆模型,则式(2.7.17)和式(2.7.18)变为

$$\pi = \frac{\alpha F(T_L x^{-1} - T_H)^m}{[1 + (rx^{1-m})^{\frac{1}{m+1}}]^{m+1}} \quad (2.7.22)$$

和式(2.6.3)。此时,供热率与供热系数呈单调递减关系。

(4) 如果总换热面积为无限大($F \to \infty$,无热阻损失),那么式(2.7.5)变为式(2.7.16)。

(5) 当 $m=1$ 时,式(2.7.17)和式(2.7.18)、式(2.7.19)和式(2.7.7)、式(2.7.20)和式(2.7.21)及式(2.7.22)和式(2.6.3)分别为文献[150]、[151]、[105]、[147]~[149]和[90]~[93]的结果。

2.7.4 数值算例与分析

计算中取 $T_L = 273\text{K}$、$T_H = 300\text{K}$、$\alpha F = 4\text{W/K}^{mn}$、$\alpha = \beta$($r=1$)和 $q = C_i(T_H^n - T_L^n)^m$,其中 C_i 为旁通热漏热导率。

图 2.7.1 给出了 $n=4$ 且 $m=1.25$ 时热漏和内不可逆损失对广义不可逆卡诺热泵供热率与供热系数最优关系的影响，图中 $\pi_{\max(q=0,\Phi=1)}$ 为内可逆卡诺热泵的最大供热率，分别取 Φ 为 1、1.02、1.04 和 1.06，C_i 为 0W/K^5、0.02W/K^5、0.04W/K^5 和 0.06W/K^5。图 2.7.2 给出了 $\Phi=1.02$ 和 $C_i=0.02\text{W/K}^{mn}$ 时，不同传热规律对广义不可逆卡诺热泵供热率与供热系数最优关系的影响。

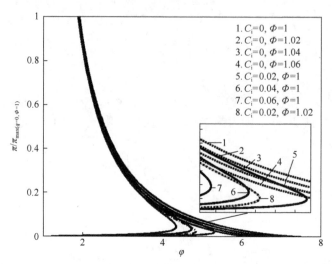

图 2.7.1　$n=4$ 且 $m=1.25$ 时热漏和内不可逆损失对广义不可逆卡诺热泵 π-φ 最优关系的影响

由图 2.7.1 可以看出，内不可逆损失定量地改变供热率与供热系数的最优关系。热漏不仅定量而且定性地改变供热率与供热系数的最优关系，若热泵存在热漏，则供热率与供热系数的最优关系由无热漏时的单调递减变为类抛物线型，最大供热系数随热漏的增加而减小。图 2.7.1 中的曲线 1 是内可逆卡诺热泵的性能曲线，此时热泵的供热率是供热系数的单调递减函数。曲线 8 是广义不可逆卡诺热泵的性能曲线，此时热泵的供热率与供热系数的最优关系为类抛物线型，即热泵存在最大的供热系数和相应的供热率。实际不可逆简单空气热泵[18,19,261]、实际不可逆回热式空气热泵[18,19,262]、实际不可逆单级热电热泵[18,19,144,263,264]和实际不可逆两级热电热泵[265,266]的理论分析结果表明，供热率与供热系数的最优关系为类抛物线型，存在最大的供热系数和相应的供热率。单级热电热泵的实验结果[267]显示，供热率与供热系数的最优关系也是类抛物线型，因此本节的理论分析结果与实际热泵的结果相吻合。

由图 2.7.2 可以看出，当 $\Phi=1.02$ 和 $C_i=0.02\text{W/K}^{mn}$ 时，不同传热规律下供热率与供热系数的最优关系均单调递减，传热规律定量地改变供热率与供热系数的最优关系。

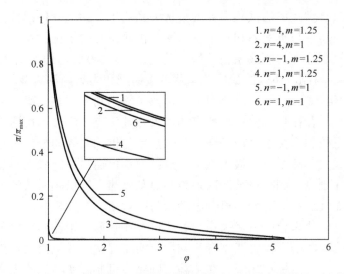

图 2.7.2 $\Phi=1.02$ 和 $C_i=0.02\text{W/K}^{mn}$ 时不同传热规律对广义不可逆卡诺热泵 π-φ 最优关系的影响

2.7.5 讨论

本节所得结果具有相当的普适性，如不同传热规律对内可逆卡诺热泵循环供热率与供热系数最优关系的影响[90-95,125,126,158-160]（$m=1$、$n\neq 0$、$q=0$、$\Phi=1$ 和 $m\neq 0$、$n=1$、$q=0$、$\Phi=1$），不同传热规律对热阻加内不可逆损失卡诺热泵循环供热率与供热系数最优关系的影响[105,131,162]（$m=1$、$n\neq 0$、$q=0$、$\Phi>1$ 和 $m\neq 0$、$n=1$、$q=0$、$\Phi>1$），不同传热规律对热阻加热漏卡诺热泵循环供热率与供热系数最优关系的影响[69,147-149]（$m=1$、$n\neq 0$、$q>0$、$\Phi=1$ 和 $m\neq 0$、$n=1$、$q>0$、$\Phi=1$）及广义辐射 $Q \propto (\Delta T^n)$（$m=1$ 且 $n\neq 0$）和广义对流 $Q \propto (\Delta T)^n$（$m\neq 0$ 且 $n=1$）传热规律对不可逆卡诺热泵循环供热率与供热系数最优关系的影响[161,163]。本节是卡诺型理论热泵循环有限时间热力学分析结果的一个集成，反映了普适传热规律下广义不可逆卡诺热泵较为普遍的最优特性。

2.8 小　结

本章研究一类普适传热规律 $Q \propto (\Delta T^n)^m$ 下正、反向卡诺循环的基本输出率与性能系数的最优特性关系，通过数值计算对不同传热规律下内可逆和广义不可逆卡诺热机、制冷机和热泵及不同损失情况下广义不可逆卡诺热机、制冷机和热泵基本输出率与性能系数最优特性关系的变化规律进行了比较分析。

(1) 普适传热规律下，内可逆卡诺热机输出功率与热效率的最优关系呈类抛物线型，存在最大输出功率点；内可逆卡诺制冷机制冷率与制冷系数的最优关系与内可逆卡诺热泵供热率与供热系数的最优关系均单调递减变化；传热规律定量地改变热机输出功率与热效率和热泵供热率与供热系数的最优关系，定量并且定性地改变制冷机制冷率与制冷系数的最优关系，当 $m>0$ 时，传热指数从 $n>0$ 变到 $n<0$，制冷率与制冷系数的最优关系从单调递减变为类抛物线型。

(2) 普适传热规律下，广义不可逆卡诺热机输出功率与热效率的最优关系呈回原点的扭叶型，存在最大输出功率点和最大热效率点；广义不可逆卡诺制冷机制冷率与制冷系数和广义不可逆卡诺热泵供热率与供热系数的最优关系均呈类抛物线型，存在最大制冷率点和最大供热率点；内不可逆损失定量地改变热机输出功率与热效率、制冷机制冷率与制冷系数和热泵供热率与供热系数的最优关系；热漏不仅定量而且定性地改变热机输出功率与热效率、制冷机制冷率与制冷系数和热泵供热率与供热系数的最优关系，若热机存在热漏，则输出功率与热效率的最优关系由无热漏时的类抛物线型变为回原点的扭叶型，热机最大热效率随热漏的增加而减小；若制冷机和热泵存在热漏，则制冷机制冷率与制冷系数和热泵供热率与供热系数的最优关系均由无热漏时的单调递减变为类抛物线型，最大制冷系数和最大供热系数随热漏的增加而减小；传热规律定量地改变热机输出功率与热效率、热泵供热率与供热系数之间的最优关系，定量并且定性地改变制冷机制冷率与制冷系数的最优关系，当 $m>0$ 时，传热指数从 $n>0$ 变到 $n<0$，制冷率与制冷系数的最优关系从类抛物线型变为扭叶型。

(3) 所得结果具有相当的普适性，是卡诺型理论热机、制冷机和热泵循环分析结果的集成。

(4) 广义不可逆卡诺制冷机和热泵的性能特性与国外学者所做的实验结果相吻合。

第3章 两热源正、反向卡诺循环生态学性能优化

3.1 引 言

除了输出功率、热效率目标外，1991年，Angulo-Brown 以 $E' = P - T_L\sigma$ 为目标[22]讨论了热机的性能优化(式中，T_L 为低温热源温度；P 为热机输出功率；σ 为热机熵产率)，由于该目标在一定意义上与生态学长期目标有相似性，故称其为"生态学"最优性能。Yan[23]认为 Angulo-Brown 提出的生态学目标 E' 没有注意到能量(热量)与功的本质区别，将输出功率(㶲)与非㶲损失放在一起比较是不完备的，并提出以目标 $E'' = P - T_0\sigma$ 代替 E'(式中，T_0 为环境温度)。陈林根等[24]基于㶲分析的观点，建立了各种循环统一的㶲分析生态学目标函数 $E = A/\tau - T_0\Delta S/\tau = A/\tau - T_0\sigma$(式中，$A$ 为循环输出㶲；ΔS 为循环熵产；τ 为循环周期)，生态学目标函数反映了㶲输出率和熵产率之间的最佳折中。此后，不少文献讨论了牛顿传热规律下内可逆和不可逆卡诺热机[25-29]、制冷机[109,113]和热泵[146,152]的生态学性能。

但是，实际热机、制冷机和热泵中工质与热源间的传热并非都服从牛顿(线性)定律。一些文献研究了传热规律对内可逆和不可逆卡诺热机[77-82]、制冷机[81,108,135-137]和热泵[81,146,164,165]生态学性能的影响。本章将在此基础上进一步研究一类普适传热规律 $Q \propto (\Delta T^n)^m$ 下正、反向卡诺循环的生态学最优性能，获得更为普适的结果。

3.2 内可逆卡诺热机生态学性能优化

3.2.1 最优特性关系

考虑图 2.2.1 所示的内可逆卡诺热机模型，热机的熵产率为

$$\sigma = \frac{\alpha f F(T_H^n x^n - T_L^n)^m}{(1+f)\left[x^n + (rfx)^{\frac{1}{m}}\right]^m}\left(\frac{x}{T_L} - \frac{1}{T_H}\right) \tag{3.2.1}$$

将式(2.2.7)和式(3.2.1)代入生态学目标函数 $E = P - T_0\sigma$ [24-29,77-82]，可得

$$E = \frac{\alpha f F(T_H^n x^n - T_L^n)^m}{(1+f)\left[x^n + (rfx)^{\frac{1}{m}}\right]^m}\left[\left(1 + \frac{T_0}{T_H}\right) - x\left(1 + \frac{T_0}{T_L}\right)\right] \tag{3.2.2}$$

式(3.2.1)和式(3.2.2)表明，对于给定的T_H、T_L、α、β、n、m 和 x，σ 和 E 均是面积比 f 的函数，令 $d\sigma/df=0$ 和 $dE/df=0$，可得最优面积比为 $f_{opt}=(x^{mn-1}/r)^{1/(m+1)}$，则相应的最优熵产率和最优 E 目标值分别为

$$\sigma = \frac{\alpha F(T_H^n - T_L^n x^{-n})^m}{\left[1+(rx^{1-mn})^{\frac{1}{m+1}}\right]^{m+1}}\left(\frac{x}{T_L}-\frac{1}{T_H}\right) \tag{3.2.3}$$

$$E = \frac{\alpha F(T_H^n - T_L^n x^{-n})^m}{\left[1+(rx^{1-mn})^{\frac{1}{m+1}}\right]^{m+1}}\left[\left(1+\frac{T_0}{T_H}\right)-x\left(1+\frac{T_0}{T_L}\right)\right] \tag{3.2.4}$$

由式(2.2.8)、式(3.2.3)和式(3.2.4)消去 x，可得 σ、E 与 η 的最优关系分别为

$$\sigma = \frac{\alpha F\left[T_H^n - \frac{T_L^n}{(1-\eta)^n}\right]^m}{\left\{1+\left[r(1-\eta)^{1-mn}\right]^{\frac{1}{m+1}}\right\}^{m+1}}\left(\frac{1-\eta}{T_L}-\frac{1}{T_H}\right) \tag{3.2.5}$$

$$E = \frac{\alpha F\left[T_H^n - \frac{T_L^n}{(1-\eta)^n}\right]^m}{\left\{1+\left[r(1-\eta)^{1-mn}\right]^{\frac{1}{m+1}}\right\}^{m+1}}\left[1+\frac{T_0}{T_H}-(1-\eta)\left(1+\frac{T_0}{T_L}\right)\right] \tag{3.2.6}$$

式(3.2.5)和式(3.2.6)为本节主要结果。由 2.2 节和以上分析可知，E 目标值最大时(E_{max})对应的输出功率、热效率和熵产率分别为 P_E、η_E 和 σ_E；输出功率最大时对应的热效率、E 目标值、熵产率分别为 η_P、E_P 和 σ_P。但是，由于输出功率、E 目标值、熵产率表达式的复杂性，很难得到 η_E、η_P、P_{max}、P_E、E_{max}、E_P、σ_E 和 σ_P 的解析式，只能得到数值解。

3.2.2 传热规律对性能的影响

(1) 当 $m=1$ 时，传热规律成为广义辐射传热规律，式(3.2.5)和式(3.2.6)就变为

$$\sigma = \frac{\alpha F\left[T_H^n - \frac{T_L^n}{(1-\eta)^n}\right]}{\left\{1+\left[r(1-\eta)^{1-n}\right]^{\frac{1}{2}}\right\}^2}\left(\frac{1-\eta}{T_L}-\frac{1}{T_H}\right) \tag{3.2.7}$$

$$E = \frac{\alpha F\left[T_H^n - \dfrac{T_L^n}{(1-\eta)^n}\right]}{\left\{1+\left[r(1-\eta)^{1-n}\right]^{\frac{1}{2}}\right\}^2}\left[1+\frac{T_0}{T_H}-(1-\eta)\left(1+\frac{T_0}{T_L}\right)\right] \qquad (3.2.8)$$

式(3.2.7)和式(3.2.8)即广义辐射传热规律下内可逆卡诺热机熵产率、E目标值与热效率的最优关系式[81,82]。式(3.2.7)和式(3.2.8)表明，σ是η的单调递减函数，E与η的最优曲线为类抛物线型。

若$n=1$，则式(3.2.7)和式(3.2.8)为文献[23]、[25]、[27]、[29]的结果；若$n=-1$，则式(3.2.7)和式(3.2.8)为文献[77]、[78]的结果；若$n=4$，则式(3.2.7)和式(3.2.8)为辐射传热规律下内可逆卡诺热机熵产率、E目标值与热效率的最优关系式[81,82]。

(2) 当$n=1$时，传热规律成为广义对流传热规律，式(3.2.5)和式(3.2.6)就变为

$$\sigma = \frac{\alpha F\left(T_H - \dfrac{T_L}{1-\eta}\right)^m}{\left\{1+\left[r(1-\eta)^{1-m}\right]^{\frac{1}{m+1}}\right\}^{m+1}}\left(\frac{1-\eta}{T_L}-\frac{1}{T_H}\right) \qquad (3.2.9)$$

$$E = \frac{\alpha F\left(T_H - \dfrac{T_H}{1-\eta}\right)^m}{\left\{1+\left[r(1-\eta)^{1-m}\right]^{\frac{1}{m+1}}\right\}^{m+1}}\left[1+\frac{T_0}{T_H}-(1-\eta)\left(1+\frac{T_0}{T_L}\right)\right] \qquad (3.2.10)$$

式(3.2.9)和式(3.2.10)即广义对流传热规律下内可逆卡诺热机熵产率、E目标值与热效率的最优关系式[80,81]。式(3.2.9)和式(3.2.10)表明，σ是η的单调递减函数，E与η的最优曲线为类抛物线型。

若$m=1$，则式(3.2.9)和式(3.2.10)为文献[23]、[25]、[27]、[29]的结果；若$m=1.25$，则式(3.2.9)和式(3.2.10)为Dulong-Petit传热规律下内可逆卡诺热机熵产率、E目标值与热效率的最优关系式[80,81]。

3.2.3 数值算例与分析

计算中取$T_H=1000K$、$T_L=400K$、$T_0=300K$、$\alpha F=4W/K^{mn}$、$\alpha=\beta$ ($r=1$)。无量纲E目标值和无量纲输出功率分别定义为循环任一E目标值(E)、任一输出功率(P)与最大E目标值(E_{max})、最大输出功率(P_{max})之比。无量纲熵产率定义为循环任一熵产率(σ)与$\eta=0$时的最小熵产率($\sigma_{min,\eta=0}$)之比。图3.2.1给出了

$n=4$ 且 $m=1.25$ 时内可逆卡诺热机 E 目标值、输出功率和熵产率与热效率的最优关系。图 3.2.2 给出了此时 E 目标值与输出功率的最优关系。

由图 3.2.1 可知，输出功率与热效率最优关系和 E 目标值与热效率最优关系均为类抛物线型，但是输出功率最大时对应的热效率 (η_P) 小于 E 目标值最大时对应的热效率 (η_E)。熵产率随着热效率的增加而减少。E 目标值最大时对应的熵产率 (σ_E) 远小于输出功率最大时对应的熵产率 (σ_P)。输出功率最大时对应的 E 目标值小于零 ($E_P<0$)，此时热机㶲损率大于输出功率 ($T_0\sigma>P$)。计算结果表明，此时有 $\eta_E/\eta_P=1.5929$、$P_E/P_{\max}=0.7329$ 和 $\sigma_E/\sigma_P=0.2612$。由以上分析可以看出，以 E 为最大目标值的生态学优化以牺牲小部分输出功率为代价，使得循环的熵产率大为降低，并且循环的热效率有所增加。因此，生态学目标函数不仅反映了输出功率和熵产率之间的最佳折中，而且反映了输出功率和热效率之间的最佳折中。生态学目标函数是热机参数选择的一种优化目标，为实际热机工作参数选择的准则[9-11]提供了一个工况点，提供了一个考虑长期目标的具有生态学优化意义的最优折中备选方案。

由图 3.2.2 可知，E 目标值与输出功率呈类抛物线型，当给定一个 E 目标值（最大值除外）时，对应有两个输出功率值，热机应该工作在输出功率大的一点。

图 3.2.3 给出了不同传热规律下内可逆卡诺热机 E 目标值与热效率的最优关系。由图 3.2.3 可知，传热规律定量地改变 $n=1$ 目标值与热效率的最优关系，当 $n>0$ 时，传热指数 mn 的值越大，E 目标值最大时对应的热效率越小；当 $n<0$ 时，传热指数 mn 的绝对值越大，E 目标值最大时对应的热效率越小。

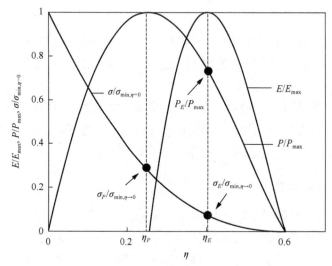

图 3.2.1　$n=4$ 且 $m=1.25$ 时内可逆卡诺热机 E-η、P-η 和 σ-η 的最优关系

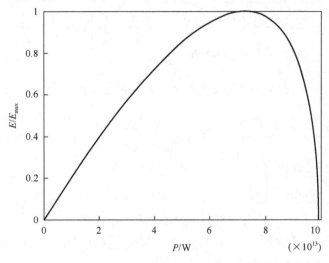

图 3.2.2　$n=4$ 且 $m=1.25$ 时内可逆卡诺热机 $E\text{-}P$ 最优关系

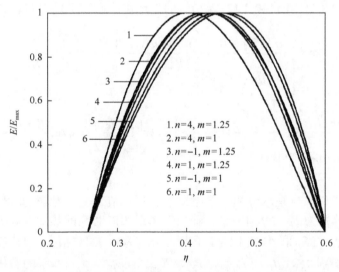

图 3.2.3　不同传热规律下内可逆卡诺热机 $E\text{-}\eta$ 的最优关系

3.3　广义不可逆卡诺热机生态学性能优化

3.3.1　最优特性关系

考虑图 2.3.1 所示的广义不可逆卡诺热机模型。热机的输出功率和热效率分别为式 (2.3.8) 和式 (2.3.9)，热机的熵产率为

$$\sigma = \frac{\alpha f F (T_{\text{H}}^n x^n - T_{\text{L}}^n)^m}{(1+f)\left[x^n + (\Phi r f x)^{\frac{1}{m}}\right]^m}\left(\frac{\Phi x}{T_{\text{L}}} - \frac{1}{T_{\text{H}}}\right) + q\left(\frac{1}{T_{\text{L}}} - \frac{1}{T_{\text{H}}}\right) \quad (3.3.1)$$

将式(2.3.8)和式(3.3.1)代入生态学目标函数 $E = P - T_0 \sigma$,可得

$$E = \frac{\alpha f F(T_{\text{H}}^n x^{-n} - T_{\text{L}}^n)^m}{(1+f)\left[x^{-n} + (\Phi r f x^{-1})^{\frac{1}{m}}\right]^m}\left[\left(1+\frac{T_0}{T_{\text{H}}}\right) - \frac{\Phi}{x}\left(1+\frac{T_0}{T_{\text{L}}}\right)\right] - qT_0\left(\frac{1}{T_{\text{L}}} - \frac{1}{T_{\text{H}}}\right) \quad (3.3.2)$$

式(2.3.8)、式(2.3.9)、式(3.3.1)和式(3.3.2)表明,对于给定的 T_{H}、T_{L}、α、β、n、m、q、Φ 和 x,广义不可逆卡诺热机的输出功率、热效率、熵产率和 E 目标值都是面积比 f 的函数,令 $\mathrm{d}P/\mathrm{d}f = 0$,$\mathrm{d}\eta/\mathrm{d}f = 0$,$\mathrm{d}\sigma/\mathrm{d}f = 0$ 和 $\mathrm{d}E/\mathrm{d}f = 0$,均可得最优面积比 $f_{\text{opt}} = \left[x^{mn-1}/(\Phi r)\right]^{1/(m+1)}$,因此相应的最优输出功率和最优热效率分别为式(2.3.11)和式(2.3.12),相应的最优熵产率和最优 E 目标值分别为

$$\sigma = \frac{\alpha F (T_{\text{H}}^n - T_{\text{L}}^n x^{-n})^m}{\left[1+\left(\Phi r x^{1-mn}\right)^{\frac{1}{m+1}}\right]^{m+1}}\left(\frac{\Phi x}{T_{\text{L}}} - \frac{1}{T_{\text{H}}}\right) + q\left(\frac{1}{T_{\text{L}}} - \frac{1}{T_{\text{H}}}\right) \quad (3.3.3)$$

$$E = \frac{\alpha F (T_{\text{H}}^n - T_{\text{L}}^n x^{-n})^m}{\left[1+\left(\Phi r x^{1-mn}\right)^{\frac{1}{m+1}}\right]^{m+1}}\left[\left(1+\frac{T_0}{T_{\text{H}}}\right) - \Phi x\left(1+\frac{T_0}{T_{\text{L}}}\right)\right] - qT_0\left(\frac{1}{T_{\text{L}}} - \frac{1}{T_{\text{H}}}\right) \quad (3.3.4)$$

式(3.3.3)和式(3.3.4)是本节的主要结果。E 目标值最大时对应的输出功率、热效率和熵产率分别为 P_E、η_E 和 σ_E;输出功率最大时对应的热效率、E 目标值、熵产率分别为 η_P、E_P 和 σ_P。但是,由于输出功率、E 目标值、熵产率表达式的复杂性,很难得到 η_E、η_P、$P_{\max}$、P_E、$E_{\max}$、E_P、σ_E 和 σ_P 的解析式,只能得到数值解。

3.3.2 各种损失对性能的影响

若 $q = 0$ 且 $\Phi > 1$,则为热阻加内不可逆模型,式(3.3.3)和式(3.3.4)变为

$$\sigma = \frac{\alpha F (T_{\text{H}}^n - T_{\text{L}}^n x^{-n})^m}{\left[1+\left(\Phi r x^{1-mn}\right)^{\frac{1}{m+1}}\right]^{m+1}}\left(\frac{\Phi x}{T_{\text{L}}} - \frac{1}{T_{\text{H}}}\right) \quad (3.3.5)$$

$$E = \frac{\alpha F(T_H^n - T_L^n x^{-n})^m}{\left[1 + (\Phi r x^{1-mn})^{\frac{1}{m+1}}\right]^{m+1}} \left[\left(1 + \frac{T_0}{T_H}\right) - \Phi x \left(1 + \frac{T_0}{T_L}\right)\right] \quad (3.3.6)$$

此时，E 目标值与热效率的关系呈类抛物线型，熵产率随着热效率的增加而减小。

若 $q > 0$ 且 $\Phi = 1$，则为热阻加热漏模型，式(3.3.3)和式(3.3.4)变为

$$\sigma = \frac{\alpha F(T_H^n - T_L^n x^{-n})^m}{\left[1 + (r x^{1-mn})^{\frac{1}{m+1}}\right]^{m+1}} \left(\frac{x}{T_L} - \frac{1}{T_H}\right) + q\left(\frac{1}{T_L} - \frac{1}{T_H}\right) \quad (3.3.7)$$

$$E = \frac{\alpha F(T_H^n - T_L^n x^{-n})^m}{\left[1 + (r x^{1-mn})^{\frac{1}{m+1}}\right]^{m+1}} \left[\left(1 + \frac{T_0}{T_H}\right) - x\left(1 + \frac{T_0}{T_L}\right)\right] - qT_0\left(\frac{1}{T_L} - \frac{1}{T_H}\right) \quad (3.3.8)$$

此时，E 目标值与热效率的关系呈回原点的扭叶型，熵产率与热效率的关系呈类抛物线型。

若 $q = 0$ 且 $\Phi = 1$，则为内可逆模型，式(3.3.3)和式(3.3.4)变为式(3.2.3)和式(3.2.4)。此时，E 目标值与热效率的关系呈类抛物线型，熵产率是热效率的单调递减函数。

3.3.3 传热规律对性能的影响

(1) 当 $m = 1$ 时，传热规律成为广义辐射传热规律，则式(3.3.3)和式(3.3.4)变为

$$\sigma = \frac{\alpha F(T_H^n - T_L^n x^{-n})}{\left[1 + (\Phi r x^{1-n})^{\frac{1}{2}}\right]^2} \left(\frac{x\Phi}{T_L} - \frac{1}{T_H}\right) + q\left(\frac{1}{T_L} - \frac{1}{T_H}\right) \quad (3.3.9)$$

$$E = \frac{\alpha F(T_H^n - T_L^n x^{-n})}{\left[1 + (\Phi r x^{1-n})^{\frac{1}{2}}\right]^2} \left[\left(1 + \frac{T_0}{T_H}\right) - \Phi x\left(1 + \frac{T_0}{T_L}\right)\right] - qT_0\left(\frac{1}{T_L} - \frac{1}{T_H}\right) \quad (3.3.10)$$

式(3.3.9)和式(3.3.10)即文献[81]、[82]的结果。

① 若 $n = 1$，则式(3.3.9)和式(3.3.10)变为牛顿传热规律下的结果[26,28,80-82]，即

$$\sigma = \frac{\alpha F(T_H - T_L x^{-1})}{\left[1 + (\Phi r)^{\frac{1}{2}}\right]^2} \left(\frac{x\Phi}{T_L} - \frac{1}{T_H}\right) + q\left(\frac{1}{T_L} - \frac{1}{T_H}\right) \quad (3.3.11)$$

$$E = \frac{\alpha F(T_H - T_L x^{-1})}{\left[1 + (\Phi r)^{\frac{1}{2}}\right]^2}\left[\left(1 + \frac{T_0}{T_H}\right) - \Phi x\left(1 + \frac{T_0}{T_L}\right)\right] - qT_0\left(\frac{1}{T_L} - \frac{1}{T_H}\right) \quad (3.3.12)$$

② 若 $n = -1$，则式(3.3.9)和式(3.3.10)变为线性唯象传热规律下的结果[78,81,82]，即

$$\sigma = \frac{\alpha F(T_H^{-1} - T_L^{-1}x)}{\left[1 + (\Phi rx^2)^{\frac{1}{2}}\right]^2}\left(\frac{x\Phi}{T_L} - \frac{1}{T_H}\right) + q\left(\frac{1}{T_L} - \frac{1}{T_H}\right) \quad (3.3.13)$$

$$E = \frac{\alpha F(T_H^{-1} - T_L^{-1}x)}{\left[1 + (\Phi rx^2)^{\frac{1}{2}}\right]^2}\left[\left(1 + \frac{T_0}{T_H}\right) - \Phi x\left(1 + \frac{T_0}{T_L}\right)\right] - qT_0\left(\frac{1}{T_L} - \frac{1}{T_H}\right) \quad (3.3.14)$$

③ 若 $n = 4$，则式(3.3.9)和式(3.3.10)变为辐射传热规律下的结果[79,81,82]，即

$$\sigma = \frac{\alpha F(T_H^4 - T_L^4 x^{-4})}{\left[1 + (\Phi rx^{-3})^{\frac{1}{2}}\right]^2}\left(\frac{x\Phi}{T_L} - \frac{1}{T_H}\right) + q\left(\frac{1}{T_L} - \frac{1}{T_H}\right) \quad (3.3.15)$$

$$E = \frac{\alpha F(T_H^4 - T_L^4 x^{-4})}{\left[1 + (\Phi rx^{-3})^{\frac{1}{2}}\right]^2}\left[\left(1 + \frac{T_0}{T_H}\right) - \Phi x\left(1 + \frac{T_0}{T_L}\right)\right] - qT_0\left(\frac{1}{T_L} - \frac{1}{T_H}\right) \quad (3.3.16)$$

(2) 当 $n = 1$ 时，传热规律成为广义对流传热规律，则式(3.3.3)和式(3.3.4)变为

$$\sigma = \frac{\alpha F\left(T_H - \frac{T_L}{x}\right)^m}{\left[1 + (\Phi rx^{1-m})^{\frac{1}{m+1}}\right]^{m+1}}\left(\frac{\Phi x}{T_L} - \frac{1}{T_H}\right) + q\left(\frac{1}{T_L} - \frac{1}{T_H}\right) \quad (3.3.17)$$

$$E = \frac{\alpha F\left(T_H - \frac{T_L}{x}\right)^m}{\left[1 + (\Phi rx^{1-m})^{\frac{1}{m+1}}\right]^{m+1}}\left[\left(1 + \frac{T_0}{T_H}\right) - \Phi x\left(1 + \frac{T_0}{T_L}\right)\right] - qT_0\left(\frac{1}{T_L} - \frac{1}{T_H}\right) \quad (3.3.18)$$

式(3.3.17)和式(3.3.18)即文献[80]、[81]的结果。

① 若 $m = 1$，则式(3.3.17)和式(3.3.18)变为式(3.3.11)和式(3.3.12)。

② 若 $m = 1.25$，则式(3.3.17)和式(3.3.18)变为 Dulong-Petit 传热规律下的结果[80,81]，即

$$\sigma = \frac{\alpha F \left(T_{\rm H} - \dfrac{T_{\rm L}}{x}\right)^{1.25}}{\left[1 + (\Phi r x^{-0.25})^{\frac{4}{9}}\right]^{2.25}} \left(\frac{\Phi x}{T_{\rm L}} - \frac{1}{T_{\rm H}}\right) + q\left(\frac{1}{T_{\rm L}} - \frac{1}{T_{\rm H}}\right) \qquad (3.3.19)$$

$$E = \frac{\alpha F \left(T_{\rm H} - \dfrac{T_{\rm L}}{x}\right)^{1.25}}{\left[1 + (\Phi r x^{-0.25})^{\frac{4}{9}}\right]^{2.25}} \left[\left(1 + \frac{T_0}{T_{\rm H}}\right) - \Phi x\left(1 + \frac{T_0}{T_{\rm L}}\right)\right] - qT_0\left(\frac{1}{T_{\rm L}} - \frac{1}{T_{\rm H}}\right) \qquad (3.3.20)$$

3.3.4 数值算例与分析

计算中取 $T_{\rm H} = 1000{\rm K}$、$T_{\rm L} = 400{\rm K}$、$T_0 = 300{\rm K}$、$\alpha F = 4{\rm W/K}^{mn}$、$\alpha = \beta(r=1)$ 和 $q = C_{\rm i}(T_{\rm H}^n - T_{\rm L}^n)^m$，其中 $C_{\rm i}$ 为旁通热漏热导率。

图 3.3.1 给出了 $n=4$ 且 $m=1.25$ 时广义不可逆卡诺热机 E 目标值、输出功率和熵产率等与热效率的最优关系曲线。由图 3.3.1 可知，输出功率与热效率最优关系和 E 目标值与热效率最优关系均为扭叶型，但是输出功率最大时对应的热效率 (η_P) 小于 E 目标值最大时对应的热效率 (η_E)，熵产率与热效率的关系呈类抛物线型，输出功率最大时对应的 E 目标值小于零 ($E_P < 0$)，此时热机㶲损率大于输出功率 ($T_0\sigma > P$)。E 目标值最大时对应的熵产率 (σ_E) 远小于输出功率最大时对应的熵产率 (σ_P)。计算结果表明，此时有 $\eta_E/\eta_P = 1.5151$、$P_E/P_{\max} = 0.6543$ 和 $\sigma_E/\sigma_P = 0.3229$。由此看出，以 E 为最大目标值的生态学优化以牺牲小部分输出功率为代价，使得循环的熵产率大为降低，并且循环的热效率有所增加，因此生

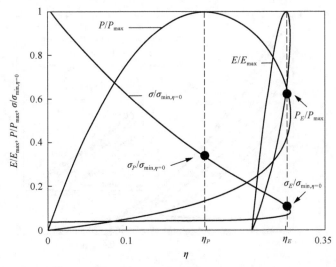

图 3.3.1 $n=4$ 且 $m=1.25$ 时广义不可逆卡诺热机 $E\text{-}\eta$、$P\text{-}\eta$ 和 $\sigma\text{-}\eta$ 的最优关系

态学函数不仅反映了输出功率与熵产率之间的最佳折中，而且反映了输出功率与热效率之间的最佳折中。生态学目标函数是热机参数选择的一种优化目标，为实际热机工作参数选择的准则[9-11]提供了一个工况点，提供了一个考虑长期目标的具有生态学优化意义的最优折中备选方案。

图 3.3.2 和图 3.3.3 给出了 $n=4$ 且 $m=1.25$ 时热漏和内不可逆损失对 E 目标值、熵产率与热效率最优关系的影响，图中 $E_{\max(q=0,\Phi=1)}$ 为内可逆卡诺热机的最大 E 目标值，$\sigma_{\min(q=0,\Phi=1),\eta=0}$ 为内可逆卡诺热机 $\eta=0$ 时的最小熵产率，分别取 Φ 为 1、1.05、1.1 和 1.2，C_i 为 0W/K^5、0.02W/K^5、0.04W/K^5 和 0.06W/K^5。

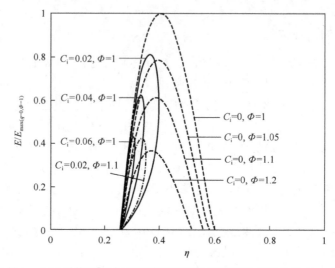

图 3.3.2 $n=4$ 且 $m=1.25$ 时热漏和内不可逆损失对广义不可逆卡诺热机 E-η 最优关系的影响

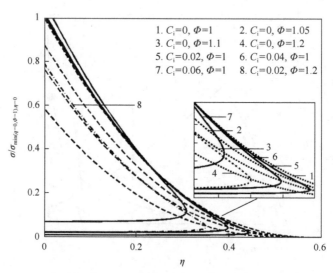

图 3.3.3 $n=4$ 且 $m=1.25$ 时热漏和内不可逆损失对广义不可逆卡诺热机 σ-η 最优关系的影响

由图 3.3.2 和图 3.3.3 可以看出，内不可逆损失定量地改变 E 目标值、熵产率与热效率的最优关系，热机的最大 E 目标值及其对应的热效率和熵产率对应的最大热效率随着内不可逆损失的增加而减小。热漏不仅定量而且定性地改变 E 目标值、熵产率与热效率的最优关系，若热机存在热漏，则 E 目标值与热效率的最优关系由无热漏时的类抛物线型变为扭叶型，熵产率与热效率的最优关系由无热漏时的单调递减变为类抛物线型，热机的最大 E 目标值及其对应的热效率和熵产率对应的最大热效率随着热漏的增加而减小。

图 3.3.4 和图 3.3.5 分别给出了 $\Phi=1.2$ 和 $C_i=0.02\text{W/K}^{mn}$ 时，不同传热规律

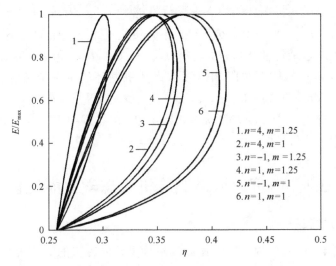

图 3.3.4　$\Phi=1.2$ 和 $C_i=0.02\text{W/K}^{mn}$ 时不同传热规律下广义不可逆卡诺热机 E-η 的最优关系

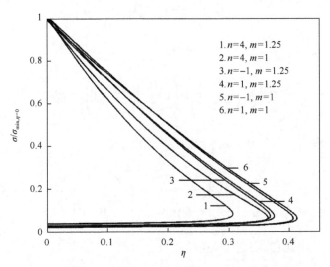

图 3.3.5　$\Phi=1.2$ 和 $C_i=0.02\text{W/K}^{mn}$ 时不同传热规律下广义不可逆卡诺热机 σ-η 的最优关系

下 E 目标值、熵产率与热效率的最优关系。由图 3.3.4 和图 3.3.5 可以看出，传热规律定量地改变 E 目标值、熵产率与热效率的最优关系。当 $n>0$ 时，传热指数 mn 的值越大，E 目标值最大时对应的热效率和熵产率对应的最大热效率越小；当 $n<0$ 时，传热指数 mn 的绝对值越大，E 目标值最大时对应的热效率和熵产率对应的最大热效率越小。

3.3.5 讨论

本节所得结果具有相当的普适性，包含了大量已有文献的结果，如不同传热规律下内可逆卡诺热机循环的生态学最优性能[25,27,29,77-82]（$m=1$、$n\neq0$、$q=0$、$\Phi=1$ 和 $m\neq0$、$n=1$、$q=0$、$\Phi=1$），不同传热规律下热阻加内不可逆损失卡诺热机循环的生态学最优性能（$m=1$、$n\neq0$、$q=0$、$\Phi>1$ 和 $m\neq0$、$n=1$、$q=0$、$\Phi>1$），不同传热规律下热阻加热漏卡诺热机循环的生态学最优性能（$m=1$、$n\neq0$、$q>0$、$\Phi=1$ 和 $m\neq0$、$n=1$、$q>0$、$\Phi=1$）及广义辐射 $Q\propto(\Delta T^n)$（$m=1$ 且 $n\neq0$）和广义对流 $Q\propto(\Delta T)^n$（$m\neq0$ 且 $n=1$）传热规律下广义不可逆卡诺热机循环的生态学最优性能[80-82]。

3.4 内可逆卡诺制冷机生态学性能优化

3.4.1 最优特性关系

考虑图 2.4.1 所示的内可逆卡诺制冷机模型，制冷机的㶲输出率为

$$\frac{A}{\tau}=Q_L\left(\frac{T_0}{T_L}-1\right)-Q_H\left(\frac{T_0}{T_H}-1\right) \tag{3.4.1}$$

则制冷机的生态学函数为[24,109,113,135-137]

$$E=R\left[\left(\frac{T_0}{T_L}-1\right)-\left(1+\frac{1}{\varepsilon}\right)\left(\frac{T_0}{T_H}-1\right)\right]-T_0\sigma \tag{3.4.2}$$

制冷机的熵产率为

$$\sigma=\frac{\alpha fF}{1+f}\left[\frac{T_L^n-T_H^n x^n}{(rfx)^{\frac{1}{m}}+x^n}\right]^m\left(\frac{1}{T_H}-\frac{x}{T_L}\right) \tag{3.4.3}$$

将式（2.4.5）和式（3.4.3）代入式（3.4.2），可得

$$E = \frac{\alpha fF}{1+f}\left[\frac{T_L^n - T_H^n x^n}{(rfx)^{\frac{1}{m}} + x^n}\right]^m \left(\frac{2T_0 x}{T_L} - \frac{2T_0}{T_H} + 1 - x\right) \quad (3.4.4)$$

式(3.4.3)和式(3.4.4)表明,对于给定的T_H、T_L、α、β、n、m和x,σ和E均是面积比f的函数,令$d\sigma/df = 0$和$dE/df = 0$,可得最优面积比$f_{opt} = (x^{mn-1}/r)^{1/(m+1)}$,则相应的最优熵产率和最优$E$目标值分别为

$$\sigma = \frac{\alpha F(T_L^n x^{-n} - T_H^n)^m}{\left[1 + (rx^{1-mn})^{\frac{1}{m+1}}\right]^{m+1}}\left(\frac{1}{T_H} - \frac{x}{T_L}\right) \quad (3.4.5)$$

$$E = \frac{\alpha F(T_L^n x^{-n} - T_H^n)^m}{\left[1 + (rx^{1-mn})^{\frac{1}{m+1}}\right]^{m+1}}\left(\frac{2T_0 x}{T_L} - \frac{2T_0}{T_H} + 1 - x\right) \quad (3.4.6)$$

由式(2.4.4)、式(3.4.5)和式(3.4.6)消去x,可得σ、E与ε的最优关系分别为

$$\sigma = \frac{\alpha F\left[T_L^n\left(1+\frac{1}{\varepsilon}\right)^n - T_H^n\right]^m}{\left\{1 + \left[r\left(1+\frac{1}{\varepsilon}\right)^{mn-1}\right]^{\frac{1}{m+1}}\right\}^{m+1}}\left[\frac{1}{T_H} - \frac{\varepsilon}{T_L(1+\varepsilon)}\right] \quad (3.4.7)$$

$$E = \frac{\alpha F\left[T_L^n\left(1+\frac{1}{\varepsilon}\right)^n - T_H^n\right]^m}{\left\{1 + \left[r\left(1+\frac{1}{\varepsilon}\right)^{mn-1}\right]^{\frac{1}{m+1}}\right\}^{m+1}}\left[\frac{2T_0\varepsilon}{T_L(1+\varepsilon)} - \frac{2T_0}{T_H} + \frac{1}{1+\varepsilon}\right] \quad (3.4.8)$$

式(3.4.7)和式(3.4.8)是本节的主要结果。E目标值最大时对应的制冷率、㶲输出率和熵产率分别为R_E、$(A/\tau)_E$和σ_E,但是由于E目标值、熵产率表达式的复杂性,很难得到R_E、$(A/\tau)_E$和σ_E的解析式,只能得到数值解。

3.4.2 传热规律对性能的影响

(1)当$m=1$时,传热规律成为广义辐射传热规律,式(3.4.7)和式(3.4.8)就变为

$$\sigma = \frac{\alpha F\left[T_L^n\left(1+\frac{1}{\varepsilon}\right)^n - T_H^n\right]}{\left\{1+\left[r\left(1+\frac{1}{\varepsilon}\right)^{n-1}\right]^{\frac{1}{2}}\right\}^2}\left[\frac{1}{T_H} - \frac{\varepsilon}{T_L(1+\varepsilon)}\right] \quad (3.4.9)$$

$$E = \frac{\alpha F\left[T_L^n\left(1+\frac{1}{\varepsilon}\right)^n - T_H^n\right]}{\left\{1+\left[r\left(1+\frac{1}{\varepsilon}\right)^{n-1}\right]^{\frac{1}{2}}\right\}^2}\left[\frac{2T_0\varepsilon}{T_L(1+\varepsilon)} - \frac{2T_0}{T_H} + \frac{1}{1+\varepsilon}\right] \quad (3.4.10)$$

式(3.4.9)和式(3.4.10)即广义辐射传热规律下内可逆卡诺制冷机熵产率、E 目标值与制冷系数的最优关系式[81,136]。式(3.4.9)和式(3.4.10)表明，σ 是 ε 的单调递减函数，E 与 ε 的最优曲线为类抛物线型。

若 $n=1$，则式(3.4.9)和式(3.4.10)为文献[24]、[109]的结果；若 $n=-1$，则式(3.4.9)和式(3.4.10)为线性唯象传热规律下内可逆卡诺制冷机熵产率、E 目标值与制冷系数的最优关系式[81,109,136]；若 $n=4$，则式(3.4.9)和式(3.4.10)为辐射传热规律下内可逆卡诺制冷机熵产率、E 目标值与制冷系数的最优关系式[81,136]。

(2) 当 $n=1$ 时，传热规律成为广义对流传热规律，式(3.4.7)和式(3.4.8)就变为

$$\sigma = \frac{\alpha F\left[T_L\left(1+\frac{1}{\varepsilon}\right) - T_H\right]^m}{\left\{1+\left[r\left(1+\frac{1}{\varepsilon}\right)^{m-1}\right]^{\frac{1}{m+1}}\right\}^{m+1}}\left[\frac{1}{T_H} - \frac{\varepsilon}{T_L(1+\varepsilon)}\right] \quad (3.4.11)$$

$$E = \frac{\alpha F\left[T_L\left(1+\frac{1}{\varepsilon}\right) - T_H\right]^m}{\left\{1+\left[r\left(1+\frac{1}{\varepsilon}\right)^{m-1}\right]^{\frac{1}{m+1}}\right\}^{m+1}}\left[\frac{2T_0\varepsilon}{T_L(1+\varepsilon)} - \frac{2T_0}{T_H} + \frac{1}{1+\varepsilon}\right] \quad (3.4.12)$$

式(3.4.11)和式(3.4.12)即广义对流传热规律下内可逆卡诺制冷机熵产率、E 目标值与制冷系数的最优关系式[81,136]。式(3.4.11)和式(3.4.12)表明，σ 是 ε 的单调递减函数，E 与 ε 的最优曲线为类抛物线型。

若 $m=1$，则式(3.4.11)和式(3.4.12)为文献[24]、[109]的结果；若 $m=1.25$，则式(3.4.11)和式(3.4.12)为 Dulong-Petit 传热规律下内可逆卡诺制冷机熵产率、E 目标值与制冷系数的最优关系式[81,137]。

3.4.3 数值算例与分析

计算中取 $T_H=300\text{K}$、$T_L=260\text{K}$、$T_0=290\text{K}$、$\alpha F=4\text{W/K}^{mn}$ 和 $\alpha=\beta$（$r=1$）。无量纲㶲输出率和无量纲制冷率分别定义为循环任一㶲输出率(A/τ)和任一制冷率(R)与最大㶲输出率((A/τ)$_{\max}$)和最大制冷率($R_{\max}$)之比。无量纲熵产率定义为循环任一熵产率(σ)与 ε 趋向于零时的最小熵产率($\sigma_{\min,\varepsilon\to 0}$)之比。

图 3.4.1 给出了 $n=4$ 且 $m=1.25$ 时内可逆卡诺制冷机 E 目标值、㶲输出率、熵产率和制冷率等与制冷系数的最优关系。图 3.4.2 给出了此时 E 目标值与制冷率的最优关系。由图 3.4.1 可知，㶲输出率、熵产率和制冷率随着制冷系数的增加而减少，E 目标值与制冷系数的最优关系呈类抛物线型，图中点 1、2 和 3 分别为 E 目标值最大时对应的无量纲制冷率($R_E/R_{\max}$)、无量纲㶲输出率((A/τ)$_E$/(A/τ)$_{\max}$)和无量纲熵产率($\sigma_E/\sigma_{\min,\varepsilon\to 0}$)，$\varepsilon_E$ 为 E 目标值最大时对应的制冷系数。计算结果表明，E 目标值最大时对应的制冷系数、无量纲制冷率、无量纲㶲输出率和无量纲熵产率分别为 $\varepsilon_E=4.12$、$R_E/R_{\max}=0.0565$、$(A/\tau)_E/(A/\tau)_{\max}=0.0049$ 和 $\sigma_E/\sigma_{\min,\varepsilon\to 0}=0.0001$。为比较所选点的性能，任选一工作点，如 $(A/\tau)/(A/\tau)_{\max}=0.0054$ 时，相应的制冷系数为 4，无量纲制冷率为 $R/R_{\max}=0.0623$，无量纲熵产率为 $\sigma/\sigma_{\min,\varepsilon\to 0}=0.00012$，将此时的结果与 E 目标值最大时的结果进行比较，可知生态学优化使㶲输出率和制冷率降低约 9.3%，制冷系数增加 3%，熵产率降低约 16.7%。

由以上分析可知，以 E 为最大目标值的生态学优化以牺牲小部分㶲输出率为代价，使得循环的熵产率大为降低，并且循环的制冷系数有所增加。因此，生态

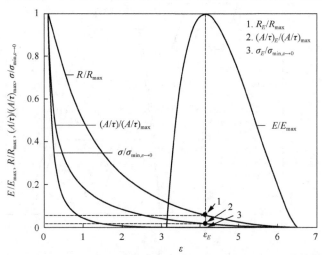

图 3.4.1 $n=4$ 且 $m=1.25$ 时内可逆卡诺制冷机 E-ε、σ-ε、(A/τ)-ε 和 R-ε 的最优关系

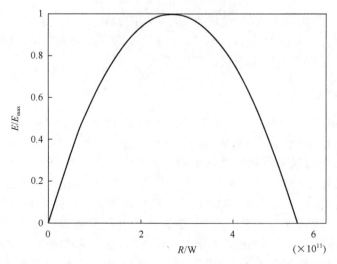

图 3.4.2　$n=4$ 且 $m=1.25$ 时内可逆卡诺制冷机 E-R 最优关系

学目标函数不仅反映了㶲输出率和熵产率之间的最佳折中,而且反映了制冷率与制冷系数之间的最佳折中。生态学目标函数是制冷机参数选择的一种优化目标,为实际制冷机工作参数选择的准则[94,95]提供了一个工况点,提供了一个考虑长期目标的具有生态学优化意义的最优折中备选方案。

由图 3.4.2 可知,E 目标值与制冷率呈类抛物线型,当给定一个 E 目标值(最大值除外)时,对应有两个制冷率值,制冷机应该工作在制冷率大的一点。

图 3.4.3 给出了不同传热规律下内可逆卡诺制冷机 E 目标值与制冷系数的最优关系,由图 3.4.3 可知,传热规律定量地改变 E 目标值与制冷系数的最优关系。

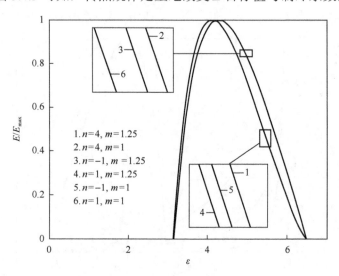

图 3.4.3　不同传热规律下内可逆卡诺制冷机 E-ε 的最优关系

3.5 广义不可逆卡诺制冷机生态学性能优化

3.5.1 最优特性关系

考虑图 2.5.1 所示的广义不可逆卡诺制冷机模型,制冷机的制冷率和制冷系数分别为式(2.5.4)和式(2.5.3),制冷机的熵产率为

$$\sigma = \left(\frac{1}{T_H} - \frac{x}{\Phi T_L}\right)\frac{\alpha fF}{1+f}\left[\frac{T_L^n - T_H^n x^n}{x^n + \left(\frac{rfx}{\Phi}\right)^{\frac{1}{m}}}\right]^m + q\left(\frac{1}{T_L} - \frac{1}{T_H}\right) \quad (3.5.1)$$

将式(2.5.4)和式(3.5.1)代入式(3.4.2)可得

$$E = \frac{\alpha fF}{(1+f)}\left[\frac{T_L^n - T_H^n x^n}{x^n + \left(\frac{rfx}{\Phi}\right)^{\frac{1}{m}}}\right]^m \left(\frac{2T_0 x}{T_L \Phi} - \frac{x}{\Phi} - \frac{2T_0}{T_H} + 1\right) + 2q\left(\frac{T_0}{T_H} - \frac{T_0}{T_L}\right) \quad (3.5.2)$$

式(2.5.4)、式(2.5.3)、式(3.5.1)和式(3.5.2)表明,对于给定的 T_H、T_L、α、β、n、m、q、Φ 和 x,广义不可逆卡诺制冷机的制冷率、制冷系数、熵产率和 E 目标值都是面积比 f 的函数,令 $dR/df=0$、$d\varepsilon/df=0$、$d\sigma/df=0$ 和 $dE/df=0$,均可得最优面积比 $f_{opt} = (\Phi x^{nm-1}/r)^{1/(m+1)}$,因此相应的最优制冷率和最优制冷系数分别为式(2.5.6)和式(2.5.7),相应的最优熵产率和最优 E 目标值分别为

$$\sigma = \left(\frac{1}{T_H} - \frac{x}{\Phi T_L}\right)\frac{\alpha F(T_L^n x^{-n} - T_H^n)^m}{\left[1+\left(\frac{rx^{1-nm}}{\Phi}\right)^{\frac{1}{m+1}}\right]^{m+1}} + q\left(\frac{1}{T_L} - \frac{1}{T_H}\right) \quad (3.5.3)$$

$$E = \frac{\alpha F(T_L^n x^{-n} - T_H^n)^m}{\left[1+\left(\frac{rx^{1-mn}}{\Phi}\right)^{\frac{1}{m+1}}\right]^{m+1}}\left(\frac{2T_0 x}{T_L \Phi} - \frac{x}{\Phi} - \frac{2T_0}{T_H} + 1\right) + 2q\left(\frac{T_0}{T_H} - \frac{T_0}{T_L}\right) \quad (3.5.4)$$

式(3.5.3)和式(3.5.4)是本节的主要结果。E 目标值最大时对应的制冷率、制冷系数和熵产率分别为 R_E、ε_E 和 σ_E。但是,由于制冷率、E 目标值、熵产率表达式的复杂性,很难得到 E_{max}、R_E、ε_E 和 σ_E 的解析式,只能得到数值解。

3.5.2 各种损失对性能的影响

若 $q=0$ 且 $\Phi>1$，则为热阻加内不可逆模型，式(3.5.3)和式(3.5.4)变为

$$\sigma = \left(\frac{1}{T_H} - \frac{x}{\Phi T_L}\right)\frac{\alpha F(T_L^n x^{-n} - T_H^n)^m}{\left[1+\left(\frac{rx^{1-nm}}{\Phi}\right)^{\frac{1}{m+1}}\right]^{m+1}} \tag{3.5.5}$$

$$E = \frac{\alpha F(T_L^n x^{-n} - T_H^n)^m}{\left[1+\left(\frac{rx^{1-nm}}{\Phi}\right)^{\frac{1}{m+1}}\right]^{m+1}}\left(\frac{2T_0 x}{T_L \Phi} - \frac{x}{\Phi} - \frac{2T_0}{T_H} + 1\right) \tag{3.5.6}$$

此时，E 目标值与制冷系数的最优关系呈类抛物线型，熵产率随着制冷系数的增加而减小。

若 $q>0$ 且 $\Phi=1$，则为热阻加热漏模型，式(3.5.3)和式(3.5.4)变为

$$\sigma = \left(\frac{1}{T_H} - \frac{x}{T_L}\right)\frac{\alpha F(T_L^n x^{-n} - T_H^n)^m}{\left[1+(rx^{1-nm})^{\frac{1}{m+1}}\right]^{m+1}} + q\left(\frac{1}{T_L} - \frac{1}{T_H}\right) \tag{3.5.7}$$

$$E = \frac{\alpha F(T_L^n x^{-n} - T_H^n)^m}{\left[1+(rx^{1-nm})^{\frac{1}{m+1}}\right]^{m+1}}\left(\frac{2T_0 x}{T_L} - x - \frac{2T_0}{T_H} + 1\right) + 2q\left(\frac{T_0}{T_H} - \frac{T_0}{T_L}\right) \tag{3.5.8}$$

此时，E 目标值与制冷系数的最优关系呈扭叶型，熵产率与制冷系数的最优关系呈类抛物线型。

若 $q=0$ 且 $\Phi=1$，则为内可逆模型，式(3.5.3)和式(3.5.4)变为式(3.4.5)和式(3.4.6)。此时，E 目标值与制冷系数的最优关系呈类抛物线型，熵产率是制冷系数的单调递减函数。

3.5.3 传热规律对性能的影响

(1) 当 $m=1$ 时，传热规律成为广义辐射传热规律，式(3.5.3)和式(3.5.4)变为

$$\sigma = \left(\frac{1}{T_H} - \frac{x}{\Phi T_L}\right)\frac{\alpha F(T_L^n x^{-n} - T_H^n)}{\left[1+\left(\frac{rx^{1-n}}{\Phi}\right)^{\frac{1}{2}}\right]^2} + q\left(\frac{1}{T_L} - \frac{1}{T_H}\right) \tag{3.5.9}$$

$$E = \frac{\alpha F(T_L^n x^{-n} - T_H^n)}{\left[1 + \left(\frac{rx^{1-n}}{\Phi}\right)^{\frac{1}{2}}\right]^2} \left(\frac{2T_0 x}{T_L \Phi} - \frac{x}{\Phi} - \frac{2T_0}{T_H} + 1\right) + 2q\left(\frac{T_0}{T_H} - \frac{T_0}{T_L}\right) \quad (3.5.10)$$

式(3.5.9)和式(3.5.10)即文献[81]、[136]的结果。

① 若 $n = 1$，则式(3.5.9)和式(3.5.10)变为牛顿传热规律下的结果[81,113,136,137]，即

$$\sigma = \left(\frac{1}{T_H} - \frac{x}{\Phi T_L}\right)\frac{\alpha F(T_L x^{-1} - T_H)}{\left[1 + \left(\frac{r}{\Phi}\right)^{\frac{1}{2}}\right]^2} + q\left(\frac{1}{T_L} - \frac{1}{T_H}\right) \quad (3.5.11)$$

$$E = \frac{\alpha F(T_L x^{-1} - T_H)}{\left[1 + \left(\frac{r}{\Phi}\right)^{\frac{1}{2}}\right]^2} \left(\frac{2T_0 x}{T_L \Phi} - \frac{x}{\Phi} - \frac{2T_0}{T_H} + 1\right) + 2q\left(\frac{T_0}{T_H} - \frac{T_0}{T_L}\right) \quad (3.5.12)$$

② 若 $n = -1$，则式(3.5.9)和式(3.5.10)变为线性唯象传热规律下的结果[81,136]，即

$$\sigma = \left(\frac{1}{T_H} - \frac{x}{\Phi T_L}\right)\frac{\alpha F(T_L^{-1} x - T_H^{-1})}{\left[1 + \left(\frac{rx^2}{\Phi}\right)^{\frac{1}{2}}\right]^2} + q\left(\frac{1}{T_L} - \frac{1}{T_H}\right) \quad (3.5.13)$$

$$E = \frac{\alpha F(T_L^{-1} x - T_H^{-1})}{\left[1 + \left(\frac{rx^2}{\Phi}\right)^{\frac{1}{2}}\right]^2} \left(\frac{2T_0 x}{T_L \Phi} - \frac{x}{\Phi} - \frac{2T_0}{T_H} + 1\right) + 2q\left(\frac{T_0}{T_H} - \frac{T_0}{T_L}\right) \quad (3.5.14)$$

③ 若 $n = 4$，则式(3.5.9)和式(3.5.10)变为辐射传热规律下的结果[81,136]，即

$$\sigma = \left(\frac{1}{T_H} - \frac{x}{\Phi T_L}\right)\frac{\alpha F(T_L^4 x^{-4} - T_H^4)}{\left[1 + \left(\frac{rx^{-3}}{\Phi}\right)^{\frac{1}{2}}\right]^2} + q\left(\frac{1}{T_L} - \frac{1}{T_H}\right) \quad (3.5.15)$$

$$E = \frac{\alpha F(T_L^4 x^{-4} - T_H^4)}{\left[1 + \left(\frac{rx^{-3}}{\Phi}\right)^{\frac{1}{2}}\right]^2} \left(\frac{2T_0 x}{T_L \Phi} - \frac{x}{\Phi} - \frac{2T_0}{T_H} + 1\right) + 2q\left(\frac{T_0}{T_H} - \frac{T_0}{T_L}\right) \quad (3.5.16)$$

(2) 当 $n=1$ 时，传热规律成为广义对流传热规律，式(3.5.3)和式(3.5.4)变为

$$\sigma = \left(\frac{1}{T_H} - \frac{x}{\Phi T_L}\right)\frac{\alpha F\left(T_L x^{-1} - T_H\right)^m}{\left[1 + \left(\frac{rx^{1-m}}{\Phi}\right)^{\frac{1}{m+1}}\right]^{m+1}} + q\left(\frac{1}{T_L} - \frac{1}{T_H}\right) \quad (3.5.17)$$

$$E = \frac{\alpha F\left(T_L x^{-1} - T_H\right)^m}{\left[1 + \left(\frac{rx^{1-m}}{\Phi}\right)^{\frac{1}{m+1}}\right]^{m+1}}\left(\frac{2T_0 x}{T_L \Phi} - \frac{x}{\Phi} - \frac{2T_0}{T_H} + 1\right) + 2q\left(\frac{T_0}{T_H} - \frac{T_0}{T_L}\right) \quad (3.5.18)$$

式(3.5.17)和式(3.5.18)为文献[81]、[137]的结果。

① 若 $m=1$，则式(3.5.17)和式(3.5.18)变为式(3.5.11)和式(3.5.12)。

② 若 $m=1.25$，则式(3.5.17)和式(3.5.18)变为 Dulong-Petit 传热规律下的结果[81,137]，即

$$\sigma = \left(\frac{1}{T_H} - \frac{x}{\Phi T_L}\right)\frac{\alpha F\left(T_L x^{-1} - T_H\right)^{1.25}}{\left[1 + \left(\frac{rx^{-0.25}}{\Phi}\right)^{\frac{4}{9}}\right]^{2.25}} + q\left(\frac{1}{T_L} - \frac{1}{T_H}\right) \quad (3.5.19)$$

$$E = \frac{\alpha F\left(T_L x^{-1} - T_H\right)^{1.25}}{\left[1 + \left(\frac{rx^{-0.25}}{\Phi}\right)^{\frac{4}{9}}\right]^{2.25}}\left(\frac{2T_0 x}{T_L \Phi} - \frac{x}{\Phi} - \frac{2T_0}{T_H} + 1\right) + 2q\left(\frac{T_0}{T_H} - \frac{T_0}{T_L}\right) \quad (3.5.20)$$

3.5.4 数值算例与分析

计算中取 $T_H=300K$、$T_L=260K$、$T_0=290K$、$\alpha F=4W/K^{mn}$、$\alpha=\beta$（$r=1$）和 $q=C_i(T_H^n - T_L^n)^m$，其中 C_i 为旁通热漏热导率。

图 3.5.1 给出了 $n=4$ 且 $m=1.25$ 时广义不可逆卡诺制冷机 E 目标值、制冷率、㶲输出率和熵产率等与制冷系数的最优关系。图中点 1 为 E 目标值最大时对应的无量纲制冷率，点 2 为 E 目标值最大时对应的无量纲㶲输出率，点 3 为 E 目标值最大时对应的无量纲熵产率，ε_E 为 E 目标值最大时对应的制冷系数。

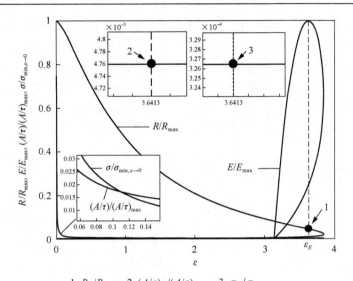

1- R_E/R_{max}；2- $(A/\tau)_E/(A/\tau)_{max}$；3- $\sigma_E/\sigma_{min,\varepsilon\to 0}$

图 3.5.1　$n=4$ 且 $m=1.25$ 时广义不可逆卡诺制冷机 E-ε、
σ-ε、(A/τ)-ε 和 R-ε 的最优关系

由图 3.5.1 可知，E 目标值与制冷系数的最优关系呈扭叶型，制冷率、烟输出率和熵产率等与制冷系数的最优关系相似，都呈类抛物线型。计算结果表明，E 目标值最大时对应的制冷系数、无量纲制冷率、无量纲烟输出率和无量纲熵产率分别为 $\varepsilon_E=3.6413$、$R_E/R_{max}=0.0427$、$(A/\tau)_E/(A/\tau)_{max}=1.9678\times 10^{-4}$ 和 $\sigma_E/\sigma_{min,\varepsilon\to 0}=1.4792\times 10^{-6}$。为比较所选点的性能，任选一工作点，如 $(A/\tau)_E/(A/\tau)_{max}=2.7571\times 10^{-4}$ 时，相应的制冷系数为 3.41，无量纲制冷率为 $R/R_{max}=0.0596$，无量纲熵产率为 $\sigma/\sigma_{min,\varepsilon\to 0}=2.3866\times 10^{-6}$，将此时的结果与 E 目标值最大时的结果进行比较，可知生态学优化使烟输出率降低约 28.63%，制冷率降低约 28.35%，制冷系数增加约 6.86%，熵产率降低约 38.02%。

由以上分析可知，以 E 为最大目标值的生态学优化以牺牲部分烟输出率为代价，使得循环的熵产率大为降低，并且循环的制冷系数有所增加。因此，生态学目标函数不仅反映了烟输出率和熵产率之间的最佳折中，而且反映了制冷率与制冷系数之间的最佳折中。生态学目标函数是制冷机参数选择的一种优化目标，为实际制冷机工作参数选择的准则[94,95]提供了一个工况点，提供了一个考虑长期目标的具有生态学优化意义的最优折中备选方案。

图 3.5.2 和图 3.5.3 给出了 $n=4$ 且 $m=1.25$ 时热漏和内不可逆损失对广义不可逆卡诺制冷机 E 目标值、熵产率与制冷系数最优关系的影响，图中 $E_{max(q=0,\Phi=1)}$ 为内可逆卡诺制冷机的最大 E 目标值，$\sigma_{min(q=0,\Phi=1),\varepsilon\to 0}$ 为内可逆卡诺制冷机 $\varepsilon\to 0$ 时的最小熵产率，分别取 Φ 为 1、1.01、1.02 和 1.03，C_i 为 $0W/K^5$、$0.02W/K^5$、$0.04W/K^5$ 和 $0.06W/K^5$。由图 3.5.2 和图 3.5.3 可以看出，内不可逆损失定量地改

变 E 目标值、熵产率与制冷系数的最优关系，制冷机的最大 E 目标值及其对应的制冷系数和熵产率对应的最大制冷系数随着内不可逆损失的增加而减小。热漏不仅定量而且定性地改变 E 目标值、熵产率与制冷系数的最优关系，若制冷机存在热漏，则 E 目标值与制冷系数的最优关系由无热漏时的类抛物线型变为扭叶型，熵产率与制冷系数的最优关系由无热漏时的单调递减变为类抛物线型，制冷机的最大 E 目标值及其对应的制冷系数和熵产率对应的最大制冷系数随着热漏的增加而减小。

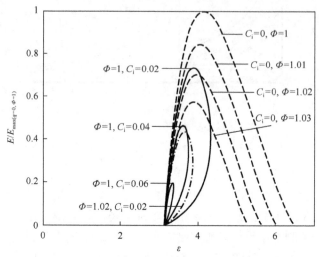

图 3.5.2　$n=4$ 且 $m=1.25$ 时热漏和内不可逆损失对广义不可逆卡诺制冷机 E-ε 最优关系的影响

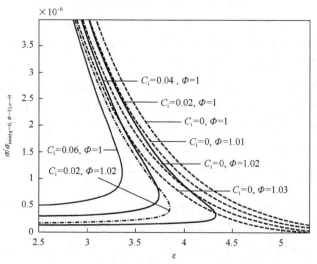

图 3.5.3　$n=4$ 且 $m=1.25$ 时热漏和内不可逆损失对广义不可逆卡诺制冷机 σ-ε 最优关系的影响

图 3.5.4 和图 3.5.5 给出了 $\Phi=1.02$ 和 $C_i=0.02\text{W/K}^{mn}$ 时,不同传热规律下 E 目标值、熵产率与制冷系数的最优关系。由图 3.5.4 和图 3.5.5 可以看出,传热规律定量地改变 E 目标值、熵产率与制冷系数的最优关系。

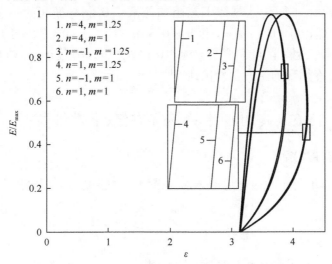

图 3.5.4　$\Phi=1.02$ 和 $C_i=0.02\text{W/K}^{mn}$ 时不同传热规律下广义不可逆卡诺制冷机 $E\text{-}\varepsilon$ 的最优关系

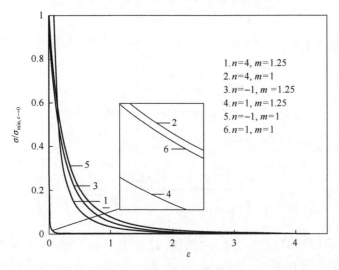

图 3.5.5　$\Phi=1.02$ 和 $C_i=0.02\text{W/K}^{mn}$ 时不同传热规律下广义不可逆卡诺制冷机 $\sigma\text{-}\varepsilon$ 的最优关系

3.5.5　讨论

本节所得结果具有相当的普适性,包含了大量已有文献的结果,如不同传热规律下内可逆卡诺制冷循环的生态学最优性能[24,81,109,113,136,137]（$m=1$、$n\neq 0$、$q=0$、$\Phi=1$ 和 $m\neq 0$、$n=1$、$q=0$、$\Phi=1$），不同传热规律下热阻加内不可逆损失卡诺制冷循环的生态学最优性能（$m=1$、$n\neq 0$、$q=0$、$\Phi>1$ 和 $m\neq 0$、$n=1$、$q=0$、$\Phi>1$），不同传热规律下热阻加热漏卡诺制冷循环的生态学最优性能（$m=1$、$n\neq 0$、$q>0$、$\Phi=1$ 和 $m\neq 0$、$n=1$、$q>0$、$\Phi=1$）及广义辐射 $Q\propto(\Delta T^n)$（$m=1$ 且 $n\neq 0$）和广义对流 $Q\propto(\Delta T)^n$（$m\neq 0$ 且 $n=1$）传热规律下广义不可逆卡诺制冷循环的生态学最优性能[81,136,137]。

3.6 内可逆卡诺热泵生态学性能优化

3.6.1 最优特性关系

考虑图 2.4.1 所示的内可逆卡诺热泵模型，热泵循环的㶲输出率为

$$\frac{A}{\tau}=Q_{\mathrm{H}}\left(1-\frac{T_0}{T_{\mathrm{H}}}\right)-Q_{\mathrm{L}}\left(1-\frac{T_0}{T_{\mathrm{L}}}\right) \qquad (3.6.1)$$

热泵循环的生态学函数为[81,146,152,164,165]

$$E=\pi\left[\left(1-\frac{T_0}{T_{\mathrm{H}}}\right)-\left(1-\frac{1}{\varphi}\right)\left(1-\frac{T_0}{T_{\mathrm{L}}}\right)\right]-T_0\sigma \qquad (3.6.2)$$

热泵的熵产率为

$$\sigma=\frac{\alpha fF}{1+f}\left[\frac{T_{\mathrm{L}}^n-T_{\mathrm{H}}^n x^n}{(rfx)^{\frac{1}{m}}+x^n}\right]^m\left(\frac{1}{T_{\mathrm{H}}}-\frac{x}{T_{\mathrm{L}}}\right) \qquad (3.6.3)$$

将式(2.6.4)和式(3.6.3)代入式(3.6.2)，可得

$$E=\frac{\alpha fF}{1+f}\left[\frac{T_{\mathrm{L}}^n-T_{\mathrm{H}}^n x^n}{(rfx)^{\frac{1}{m}}+x^n}\right]^m\left(\frac{2T_0 x}{T_{\mathrm{L}}}-\frac{2T_0}{T_{\mathrm{H}}}+1-x\right) \qquad (3.6.4)$$

式(3.6.3)和式(3.6.4)表明，对于给定的 T_{H}、T_{L}、α、β、n、m 和 x，σ 和 E 均是面积比 f 的函数，令 $\mathrm{d}\sigma/\mathrm{d}f=0$ 和 $\mathrm{d}E/\mathrm{d}f=0$，均可得最优面积比 $f_{\mathrm{opt}}=(x^{mn-1}/r)^{1/(m+1)}$，则相应的最优熵产率和最优 E 目标值分别为

$$\sigma=\frac{\alpha F(T_{\mathrm{L}}^n x^{-n}-T_{\mathrm{H}}^n)^m}{\left[1+(rx^{1-mn})^{\frac{1}{m+1}}\right]^{m+1}}\left(\frac{1}{T_{\mathrm{H}}}-\frac{x}{T_{\mathrm{L}}}\right) \qquad (3.6.5)$$

$$E = \frac{\alpha F(T_L^n x^{-n} - T_H^n)^m}{\left[1 + (rx^{1-mn})^{\frac{1}{m+1}}\right]^{m+1}} \left(\frac{2T_0 x}{T_L} - \frac{2T_0}{T_H} + 1 - x\right) \qquad (3.6.6)$$

由式(2.6.3)、式(3.6.5)和式(3.6.6)消去 x，可得 σ、E 与 φ 的最优关系分别为

$$\sigma = \frac{\alpha F\left[\dfrac{T_L^n \varphi^n}{(\varphi-1)^n} - T_H^n\right]^m}{\left\{1 + \left[r\left(1-\dfrac{1}{\varphi}\right)^{1-mn}\right]^{\frac{1}{m+1}}\right\}^{m+1}} \left(\frac{1}{T_H} - \frac{\varphi-1}{\varphi T_L}\right) \qquad (3.6.7)$$

$$E = \frac{\alpha F\left[\dfrac{T_L^n \varphi^n}{(\varphi-1)^n} - T_H^n\right]^m}{\left\{1 + \left[r\left(1-\dfrac{1}{\varphi}\right)^{1-mn}\right]^{\frac{1}{m+1}}\right\}^{m+1}} \left[\frac{2T_0(\varphi-1)}{\varphi T_L} - \frac{2T_0}{T_H} + \frac{1}{\varphi}\right] \qquad (3.6.8)$$

式(3.6.7)和式(3.6.8)是本节的主要结果。E 目标值最大时对应的供热率、㶲输出率和熵产率分别为 π_E、$(A/\tau)_E$ 和 σ_E，但是由于 E 目标值、熵产率表达式的复杂性，很难得到 π_E、$(A/\tau)_E$ 和 σ_E 的解析式，只能得到数值解。

3.6.2 传热规律对性能的影响

(1) 当 $m=1$ 时，传热规律成为广义辐射传热规律，式(3.6.7)和式(3.6.8)变为

$$\sigma = \frac{\alpha F\left[\dfrac{T_L^n \varphi^n}{(\varphi-1)^n} - T_H^n\right]}{\left\{1 + \left[r\left(1-\dfrac{1}{\varphi}\right)^{1-n}\right]^{\frac{1}{2}}\right\}^2} \left(\frac{1}{T_H} - \frac{\varphi-1}{\varphi T_L}\right) \qquad (3.6.9)$$

$$E = \frac{\alpha F\left[\dfrac{T_L^n \varphi^n}{(\varphi-1)^n} - T_H^n\right]}{\left\{1 + \left[r\left(1-\dfrac{1}{\varphi}\right)^{1-n}\right]^{\frac{1}{2}}\right\}^2} \left[\frac{2T_0(\varphi-1)}{\varphi T_L} - \frac{2T_0}{T_H} + \frac{1}{\varphi}\right] \qquad (3.6.10)$$

式(3.6.9)和式(3.6.10)即广义辐射传热规律下内可逆卡诺热泵熵产率、E目标值与供热系数的最优关系式[81,164]。式(3.6.9)和式(3.6.10)表明，σ 是 φ 的单调递减函数，E 与 φ 的最优关系曲线为类抛物线型。

若 $n=1$，则式(3.6.9)和式(3.6.10)为文献[146]的结果；若 $n=-1$，则式(3.6.9)和式(3.6.10)为文献[146]的结果；若 $n=4$，则式(3.6.9)和式(3.6.10)为辐射传热规律下内可逆卡诺热泵熵产率、E 目标值与供热系数的最优关系式[81,64]。

(2) 当 $n=1$ 时，传热规律成为广义对流传热规律，式(3.6.7)和式(3.6.8)变为

$$\sigma = \frac{\alpha F\left(\dfrac{T_L \varphi}{\varphi-1} - T_H\right)^m}{\left\{1+\left[r\left(1-\dfrac{1}{\varphi}\right)^{1-m}\right]^{\frac{1}{m+1}}\right\}^{m+1}}\left(\dfrac{1}{T_H} - \dfrac{\varphi-1}{\varphi T_L}\right) \tag{3.6.11}$$

$$E = \frac{\alpha F\left(\dfrac{T_L \varphi}{\varphi-1} - T_H\right)^m}{\left\{1+\left[r\left(1-\dfrac{1}{\varphi}\right)^{1-m}\right]^{\frac{1}{m+1}}\right\}^{m+1}}\left[\dfrac{2T_0(\varphi-1)}{\varphi T_L} - \dfrac{2T_0}{T_H} + \dfrac{1}{\varphi}\right] \tag{3.6.12}$$

式(3.6.11)和式(3.6.12)即广义对流传热规律下内可逆卡诺热泵熵产率、E 目标值与供热系数的最优关系式[81,165]。式(3.6.11)和式(3.6.12)表明，σ 是 φ 的单调递减函数，E 与 φ 的最优关系曲线为类抛物线型。

若 $m=1$，则式(3.6.11)和式(3.6.12)为文献[146]的结果；若 $m=1.25$，则式(3.6.11)和式(3.6.12)为 Dulong-Petit 传热规律下内可逆卡诺热泵熵产率、E 目标值与供热系数的最优关系式[81,165]。

3.6.3 数值算例与分析

计算中取 $T_H=300\text{K}$、$T_L=260\text{K}$、$T_0=300\text{K}$、$\alpha F=4\text{W/K}^{mn}$ 和 $\alpha=\beta$ ($r=1$)。无量纲供热率定义为循环任一供热率 (π) 与最大供热率 ($\pi_{\max}$) 之比。无量纲熵产率定义为循环任一熵产率 (σ) 与 φ 趋向于 1 时的最小熵产率 ($\sigma_{\min,\varphi\to 1}$) 之比。

图 3.6.1 给出了 $n=4$ 且 $m=1.25$ 时内可逆卡诺热泵 E 目标值、㶲输出率、熵产率和供热率等与供热系数的最优关系曲线，图中 φ_E 为 E 目标值最大时对应的供热系数。图 3.6.2 给出了此时 E 目标值与供热率的最优关系曲线。由图 3.6.1 可知，

㶲输出率、熵产率和供热率随着供热系数的增加而减少，E 目标值与供热系数的最优关系呈类抛物线型。计算结果表明，E 目标值最大时对应的供热系数、无量纲供热率、无量纲㶲输出率和无量纲熵产率分别为 φ_E=5.23、$\pi_E/\pi_{\max}$=0.0069、$(A/\tau)_E/(A/\tau)_{\max}$=0.0531 和 $\sigma_E/\sigma_{\min,\varphi\to 1}$=0.00045。为比较所选点的性能，任选一工作点，如 $(A/\tau)/(A/\tau)_{\max}$=0.0633 时，相应的制冷系数为 5.0，无量纲供热率为 $\pi/\pi_{\max}$=0.0073，无量纲熵产率为 $\sigma/\sigma_{\min,\varphi\to 1}$=0.00062，将此时的结果与 E 目标值最大时的结果进行比较，可知生态学优化使㶲输出率降低约 16%，供热率降低约 5.5%，供热系数增加约 5%，熵产率降低约 27.4%。

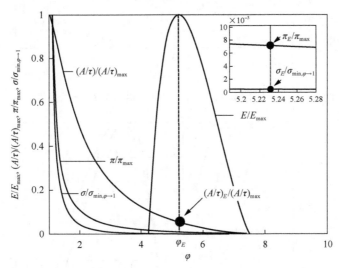

图 3.6.1　$n=4$ 且 $m=1.25$ 时内可逆卡诺热泵 E-φ、σ-φ、(A/τ)-φ 和 π-φ 的最优关系

由以上分析可知，以 E 为最大目标值的生态学优化以牺牲小部分㶲输出率为代价，使得循环的熵产率大为降低，并且循环的供热系数有所增加。因此，生态学目标函数不仅反映了㶲输出率和熵产率之间的最佳折中，而且反映了供热率与供热系数之间的最佳折中。生态学目标函数是热泵参数选择的一种优化目标，为实际热泵工作参数选择的准则[94,95]提供了一个工况点，提供了一个考虑长期目标的具有生态学优化意义的最优折中备选方案。

由图 3.6.2 可知，E 目标值与供热率的最优关系呈类抛物线型。当给定一个 E 目标值(最大值除外)时，对应有两个供热率值，热泵应该工作在供热率大的一点。

图 3.6.3 给出了不同传热规律下内可逆卡诺热泵 E 目标值与供热率的最优关系曲线。由图 3.6.3 可知，传热规律定量地改变 E 目标值与供热率的最优关系。

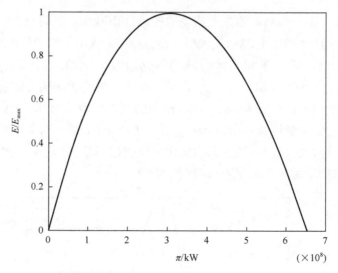

图 3.6.2　$n=4$ 且 $m=1.25$ 时内可逆卡诺热泵 E-π 的最优关系

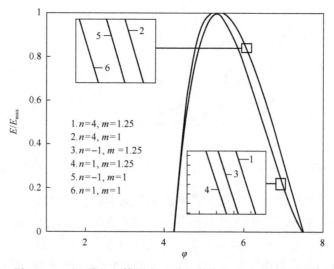

图 3.6.3　不同传热规律下内可逆卡诺热泵 E-φ 的最优关系

3.7　广义不可逆卡诺热泵生态学性能优化

3.7.1　最优特性关系

考虑图 2.5.1 所示的广义不可逆卡诺热泵模型,热泵的供热系数和供热率分别为式(2.7.1)和式(2.7.2),热泵的熵产率为

$$\sigma = \left(\frac{1}{T_H} - \frac{x}{\varPhi T_L}\right)\frac{\alpha fF}{1+f}\left[\frac{T_L^n - T_H^n x^n}{x^n + \left(\frac{rfx}{\varPhi}\right)^{\frac{1}{m}}}\right]^m + q\left(\frac{1}{T_L} - \frac{1}{T_H}\right) \quad (3.7.1)$$

将式(2.7.2)和式(3.6.1)代入式(3.6.2)可得

$$E = \frac{\alpha fF}{(1+f)}\left[\frac{T_L^n - T_H^n x^n}{x^n + \left(\frac{rfx}{\varPhi}\right)^{\frac{1}{m}}}\right]^m \left(\frac{2T_0 x}{T_L \varPhi} - \frac{x}{\varPhi} - \frac{2T_0}{T_H} + 1\right) + 2q\left(\frac{T_0}{T_H} - \frac{T_0}{T_L}\right) \quad (3.7.2)$$

式(2.7.1)、式(2.7.2)、式(3.7.1)和式(3.7.2)表明，对于给定的 T_H、T_L、α、β、n、m、q、$\varPhi$ 和 x，广义不可逆卡诺热泵的供热率、供热系数、熵产率和 E 目标值都是面积比 f 的函数，令 $d\pi/df = 0$、$d\varphi/df = 0$、$d\sigma/df = 0$ 和 $dE/df = 0$，均可得最优面积比 $f_{opt} = (\varPhi x^{nm-1}/r)^{1/(m+1)}$，因此相应的最优供热率和最优供热系数分别为式(2.7.3)和式(2.7.4)，相应的最优熵产率和最优 E 目标值分别为

$$\sigma = \frac{\alpha F(T_L^n x^{-n} - T_H^n)^m}{\left[1 + \left(\frac{rx^{1-nm}}{\varPhi}\right)^{\frac{1}{m+1}}\right]^{m+1}}\left(\frac{1}{T_H} - \frac{x}{\varPhi T_L}\right) + q\left(\frac{1}{T_L} - \frac{1}{T_H}\right) \quad (3.7.3)$$

$$E = \frac{\alpha F(T_L^n x^{-n} - T_H^n)^m}{\left[1 + \left(\frac{rx^{1-nm}}{\varPhi}\right)^{\frac{1}{m+1}}\right]^{m+1}}\left(\frac{2T_0 x}{T_L \varPhi} - \frac{x}{\varPhi} - \frac{2T_0}{T_H} + 1\right) + 2q\left(\frac{T_0}{T_H} - \frac{T_0}{T_L}\right) \quad (3.7.4)$$

式(3.7.3)和式(3.7.4)是本节的主要结果。由式(2.7.4)、式(3.7.3)和式(3.7.4)可知，熵产率与供热系数的最优关系呈类抛物线型，E 目标值与供热系数的最优关系呈扭叶型。E 目标值最大时对应的供热率、㶲输出率和熵产率分别为 π_E、$(A/\tau)_E$ 和 σ_E，但是由于 E 目标值、熵产率表达式的复杂性，很难得到 π_E、$(A/\tau)_E$ 和 σ_E 的解析式，只能得到数值解。

3.7.2 各种损失对性能的影响

若 $q = 0$ 且 $\varPhi > 1$，则为热阻加内不可逆模型，式(3.7.3)和式(3.7.4)变为

$$\sigma = \frac{\alpha F(T_L^n x^{-n} - T_H^n)^m}{\left[1+\left(\frac{rx^{1-nm}}{\Phi}\right)^{\frac{1}{m+1}}\right]^{m+1}}\left(\frac{1}{T_H} - \frac{x}{\Phi T_L}\right) \tag{3.7.5}$$

$$E = \frac{\alpha F(T_L^n x^{-n} - T_H^n)^m}{\left[1+\left(\frac{rx^{1-nm}}{\Phi}\right)^{\frac{1}{m+1}}\right]^{m+1}}\left(\frac{2T_0 x}{T_L \Phi} - \frac{x}{\Phi} - \frac{2T_0}{T_H} + 1\right) \tag{3.7.6}$$

此时，E 目标值与供热系数的最优关系呈类抛物线型，熵产率随着供热系数的增加而减小。

若 $q > 0$ 且 $\Phi = 1$，则为热阻加热漏模型，式(3.7.3)和式(3.7.4)变为

$$\sigma = \frac{\alpha F(T_L^n x^{-n} - T_H^n)^m}{\left[1+(rx^{1-nm})^{\frac{1}{m+1}}\right]^{m+1}}\left(\frac{1}{T_H} - \frac{x}{T_L}\right) + q\left(\frac{1}{T_L} - \frac{1}{T_H}\right) \tag{3.7.7}$$

$$E = \frac{\alpha F(T_L^n x^{-n} - T_H^n)^m}{\left[1+(rx^{1-nm})^{\frac{1}{m+1}}\right]^{m+1}}\left(\frac{2T_0 x}{T_L} - x - \frac{2T_0}{T_H} + 1\right) + 2q\left(\frac{T_0}{T_H} - \frac{T_0}{T_L}\right) \tag{3.7.8}$$

此时，E 目标值与供热系数的最优关系呈扭叶型，熵产率与供热系数的最优关系呈类抛物线型。

若 $q = 0$ 且 $\Phi = 1$，则为内可逆模型，式(3.7.3)和式(3.7.4)变为式(3.6.3)和式(3.6.4)。此时，E 目标值与供热系数的最优关系呈类抛物线型，熵产率是供热系数的单调递减函数。

3.7.3 传热规律对性能的影响

(1) 当 $m = 1$ 时，传热规律成为广义辐射传热规律，式(3.7.3)和式(3.7.4)变为

$$\sigma = \frac{\alpha F(T_L^n x^{-n} - T_H^n)}{\left[1+\left(\frac{rx^{1-n}}{\Phi}\right)^{\frac{1}{2}}\right]^2}\left(\frac{1}{T_H} - \frac{x}{\Phi T_L}\right) + q\left(\frac{1}{T_L} - \frac{1}{T_H}\right) \tag{3.7.9}$$

$$E = \frac{\alpha F(T_L^n x^{-n} - T_H^n)}{\left[1+\left(\dfrac{rx^{1-n}}{\Phi}\right)^{\frac{1}{2}}\right]^2}\left(\frac{2T_0 x}{T_L \Phi} - \frac{x}{\Phi} - \frac{2T_0}{T_H} + 1\right) + 2q\left(\frac{T_0}{T_H} - \frac{T_0}{T_L}\right) \qquad (3.7.10)$$

式(3.7.9)和式(3.7.10)即文献[81]、[164]的结果。

① 若 $n=1$，则式(3.7.9)和式(3.7.10)变为牛顿传热规律下的结果[81,152,164,165]，即

$$\sigma = \frac{\alpha F(T_L x^{-1} - T_H)}{\left[1+\left(\dfrac{r}{\Phi}\right)^{\frac{1}{2}}\right]^2}\left(\frac{1}{T_H} - \frac{x}{\Phi T_L}\right) + q\left(\frac{1}{T_L} - \frac{1}{T_H}\right) \qquad (3.7.11)$$

$$E = \frac{\alpha F(T_L x^{-1} - T_H)}{\left[1+\left(\dfrac{r}{\Phi}\right)^{\frac{1}{2}}\right]^2}\left(\frac{2T_0 x}{T_L \Phi} - \frac{x}{\Phi} - \frac{2T_0}{T_H} + 1\right) + 2q\left(\frac{T_0}{T_H} - \frac{T_0}{T_L}\right) \qquad (3.7.12)$$

② 若 $n=-1$，则式(3.7.9)和式(3.7.10)变为线性唯象传热规律下的结果[81,164]，即

$$\sigma = \frac{\alpha F(T_L^{-1} x - T_H^{-1})}{\left[1+\left(\dfrac{rx^2}{\Phi}\right)^{\frac{1}{2}}\right]^2}\left(\frac{1}{T_H} - \frac{x}{\Phi T_L}\right) + q\left(\frac{1}{T_L} - \frac{1}{T_H}\right) \qquad (3.7.13)$$

$$E = \frac{\alpha F(T_L^{-1} x - T_H^{-1})}{\left[1+\left(\dfrac{rx^2}{\Phi}\right)^{\frac{1}{2}}\right]^2}\left(\frac{2T_0 x}{T_L \Phi} - \frac{x}{\Phi} - \frac{2T_0}{T_H} + 1\right) + 2q\left(\frac{T_0}{T_H} - \frac{T_0}{T_L}\right) \qquad (3.7.14)$$

③ 若 $n=4$，则式(3.7.9)和式(3.7.10)变为辐射传热规律下的结果[81,164]，即

$$\sigma = \frac{\alpha F(T_L^4 x^{-4} - T_H^4)}{\left[1+\left(\dfrac{rx^{-3}}{\Phi}\right)^{\frac{1}{2}}\right]^2}\left(\frac{1}{T_H} - \frac{x}{\Phi T_L}\right) + q\left(\frac{1}{T_L} - \frac{1}{T_H}\right) \qquad (3.7.15)$$

$$E = \frac{\alpha F(T_L^4 x^{-4} - T_H^4)}{\left[1 + \left(\frac{rx^{-3}}{\Phi}\right)^{\frac{1}{2}}\right]^2} \left(\frac{2T_0 x}{T_L \Phi} - \frac{x}{\Phi} - \frac{2T_0}{T_H} + 1\right) + 2q\left(\frac{T_0}{T_H} - \frac{T_0}{T_L}\right) \quad (3.7.16)$$

(2) 当 $n=1$ 时，传热规律成为广义对流传热规律，则式(3.7.3)和式(3.7.4)变为

$$\sigma = \frac{\alpha F(T_L x^{-1} - T_H)^m}{\left[1 + \left(\frac{rx^{1-m}}{\Phi}\right)^{\frac{1}{m+1}}\right]^{m+1}} \left(\frac{1}{T_H} - \frac{x}{\Phi T_L}\right) + q\left(\frac{1}{T_L} - \frac{1}{T_H}\right) \quad (3.7.17)$$

$$E = \frac{\alpha F(T_L x^{-1} - T_H)^m}{\left[1 + \left(\frac{rx^{1-m}}{\Phi}\right)^{\frac{1}{m+1}}\right]^{m+1}} \left(\frac{2T_0 x}{T_L \Phi} - \frac{x}{\Phi} - \frac{2T_0}{T_H} + 1\right) + 2q\left(\frac{T_0}{T_H} - \frac{T_0}{T_L}\right) \quad (3.7.18)$$

式(3.5.17)和式(3.5.18)为文献[81]、[165]的结果。

① 若 $m=1$，则式(3.7.17)和式(3.7.18)变为式(3.7.11)和式(3.7.12)。

② 若 $m=1.25$，则式(3.7.17)和式(3.7.18)变为 Dulong-Petit 传热规律下的结果[81,165]，即

$$\sigma = \frac{\alpha F(T_L x^{-1} - T_H)^{1.25}}{\left[1 + \left(\frac{rx^{-0.25}}{\Phi}\right)^{\frac{4}{9}}\right]^{2.25}} \left(\frac{1}{T_H} - \frac{x}{\Phi T_L}\right) + q\left(\frac{1}{T_L} - \frac{1}{T_H}\right) \quad (3.7.19)$$

$$E = \frac{\alpha F(T_L x^{-1} - T_H)^{1.25}}{\left[1 + \left(\frac{rx^{-0.25}}{\Phi}\right)^{\frac{4}{9}}\right]^{2.25}} \left(\frac{2T_0 x}{T_L \Phi} - \frac{x}{\Phi} - \frac{2T_0}{T_H} + 1\right) + 2q\left(\frac{T_0}{T_H} - \frac{T_0}{T_L}\right) \quad (3.7.20)$$

3.7.4 数值算例与分析

计算中取 $T_H = 300K$、$T_L = 260K$、$T_0 = 300K$、$\alpha F = 4W/K^{mn}$、$\alpha = \beta(r=1)$ 和 $q = C_i(T_H^n - T_L^n)^m$，其中 C_i 为旁通热漏热导率。

图 3.7.1 给出了 $n=4$ 且 $m=1.25$ 时广义不可逆卡诺热泵 E 目标值、供热率、㶲输出率和熵产率等与供热系数的最优关系曲线。由图 3.7.1 可知，E 目标值与供热系数的最优关系曲线呈扭叶型，㶲输出率、熵产率和供热率等与供热系数的最优关系相似，都呈类抛物线型。计算结果表明，E 目标值最大时对应的供热系数、无量纲㶲输出率、无量纲熵产率和无量纲供热率分别为 $\varphi_E=4.6989$、$(A/\tau)_E/(A/\tau)_{\max}=0.0384$、$\sigma_E/\sigma_{\min,\varphi\to 1}=4.3711\times 10^{-6}$ 和 $\pi_E/\pi_{\max}=4.7565\times 10^{-5}$。

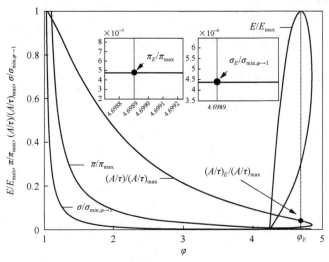

图 3.7.1　$n=4$ 且 $m=1.25$ 时广义不可逆卡诺热泵 E-φ、σ-φ、(A/τ)-φ 和 π-φ 的最优关系

为比较所选点的性能，任选一工作点，如 $(A/\tau)/(A/\tau)_{\max}=0.0427$ 时，相应的供热系数为 4.6413，无量纲供热率为 $\pi/\pi_{\max}=5.3109\times 10^{-5}$，无量纲熵产率为 $\sigma/\sigma_{\min,\varepsilon\to 1}=5.0428\times 10^{-6}$，将此时的结果与 E 目标值最大时的结果进行比较，可知生态学优化使㶲输出率降低约 10.07%，供热率降低约 10.44%，供热系数增加约 1.24%，熵产率降低约 13.32%。由以上分析可知，以 E 为最大目标值的生态学优化以牺牲部分㶲输出率为代价，使得循环的熵产率大为降低，并且循环的供热系数有所增加。因此，生态学目标函数不仅反映了㶲输出率和熵产率之间的最佳折中，而且反映了供热率与供热系数之间的最佳折中。生态学目标函数是热泵参数选择的一种优化目标，为实际热泵工作参数选择的准则[94,95]提供了一个工况点，提供了一个考虑长期目标的具有生态学优化意义的最优折中备选方案。

图 3.7.2 和图 3.7.3 给出了 $n=4$ 且 $m=1.25$ 时热漏和内不可逆损失对 E 目标值、熵产率与供热系数最优关系的影响，图中 $E_{\max(q=0,\Phi=1)}$ 为内可逆卡诺热泵的最大 E 目标值，$\sigma_{\min(q=0,\Phi=1),\varphi\to 1}$ 为内可逆卡诺热泵 $\varphi\to 1$ 时的最小熵产率，分别取 Φ 为 1、1.01、1.02 和 1.03，C_i 为 0W/K⁵、0.02W/K⁵、0.04W/K⁵ 和 0.06W/K⁵。

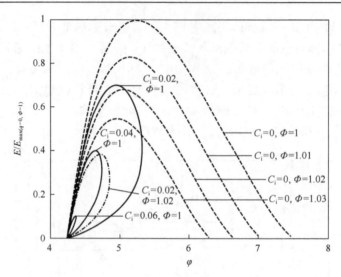

图 3.7.2 $n=4$ 且 $m=1.25$ 时热漏和内不可逆损失对广义
不可逆卡诺热泵 $E\text{-}\varphi$ 最优关系的影响

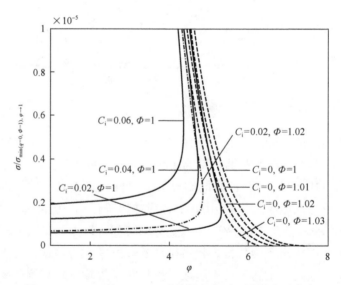

图 3.7.3 $n=4$ 且 $m=1.25$ 时热漏和内不可逆损失对广义
不可逆卡诺热泵 $\sigma\text{-}\varphi$ 最优关系的影响

由图 3.7.2 和图 3.7.3 可以看出，内不可逆损失定量地改变 E 目标值、熵产率与供热系数的最优关系，热泵的最大 E 目标值及其对应的供热系数和熵产率对应的最大供热系数随着内不可逆损失的增加而减小。热漏不仅定量而且定性地改变 E 目标值、熵产率与供热系数的最优关系，若热泵存在热漏，则 E 目标值与供热系数的最优关系由无热漏时的类抛物线型变为扭叶型，熵产率与供热系数的最优关系由无热漏时的单调递减变为类抛物线型，热泵的最大 E 目标值及其对应的供热系数和熵产率对应的最大供热系数随着热漏的增加而减小。

图 3.7.4 和图 3.7.5 给出了 $\Phi = 1.02$ 和 $C_i = 0.02 \text{W/K}^{mn}$ 时不同传热规律下广义不可逆卡诺热泵 E 目标值、熵产率与供热系数的最优关系。由图 3.7.4 和图 3.7.5 可以看出，传热规律定量地改变 E 目标值、熵产率与供热系数的最优关系。

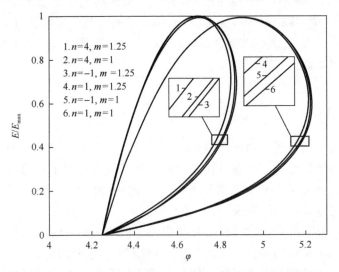

图 3.7.4　$\Phi = 1.02$ 和 $C_i = 0.02 \text{W/K}^{mn}$ 时不同传热规律下广义不可逆卡诺热泵 $E\text{-}\varphi$ 的最优关系

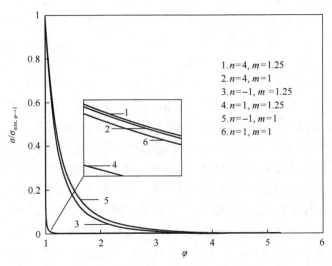

图 3.7.5　$\Phi = 1.02$ 和 $C_i = 0.02 \text{W/K}^{mn}$ 时不同传热规律下广义不可逆卡诺热泵 $\sigma\text{-}\varphi$ 的最优关系

3.7.5 讨论

本节所得结果具有相当的普适性,包含了大量已有文献的结果,如不同传热规律下内可逆卡诺热泵循环的生态学最优性能[81,146,152,164,165]($m=1$、$n\neq0$、$q=0$、$\Phi=1$和$m\neq0$、$n=1$、$q=0$、$\Phi=1$),不同传热规律下热阻加内不可逆损失卡诺热泵循环的生态学最优性能($m=1$、$n\neq0$、$q=0$、$\Phi>1$和$m\neq0$、$n=1$、$q=0$、$\Phi>1$),不同传热规律下热阻加热漏卡诺热泵循环的生态学最优性能($m=1$、$n\neq0$、$q>0$、$\Phi=1$和$m\neq0$、$n=1$、$q>0$、$\Phi=1$)及广义辐射$Q\propto(\Delta T^n)$($m=1$且$n\neq0$)和广义对流$Q\propto(\Delta T)^n$($m\neq0$且$n=1$)传热规律下广义不可逆卡诺热泵循环的生态学最优性能[81,164,165]。

3.8 小　　结

本章研究一类普适传热规律$Q\propto(\Delta T^n)^m$下正、反向卡诺循环的生态学最优性能,通过数值计算对不同传热规律下内可逆和广义不可逆卡诺热机、制冷机和热泵及不同损失情况下广义不可逆卡诺热机、制冷机和热泵生态学最优性能的变化规律进行了比较分析,结果表明:

(1)普适传热规律下,内可逆卡诺热机、制冷机和热泵生态学目标值与热效率、制冷系数和供热系数的最优关系均呈类抛物线型;热机输出功率最大时对应的热效率小于生态学目标值最大时对应的热效率,熵产率与热效率呈单调递减关系,生态学目标值最大时对应的熵产率远小于输出功率最大时对应的熵产率,输出功率最大时对应的生态学目标值小于零,此时热机㶲损率大于输出功率;制冷机和热泵㶲输出率、熵产率与制冷系数、供热系数呈单调递减关系;热机、制冷机和热泵生态学目标值与输出功率、制冷率和供热率呈类抛物线型,当给定一个生态学目标值(最大值除外)时,对应有两个输出功率、制冷率和供热率值,热机、制冷机和热泵应该工作在相应输出功率、制冷率和供热率大的点;传热规律定量地改变生态学目标值与热效率、制冷系数和供热系数的最优关系。

(2)普适传热规律下,广义不可逆卡诺热机、制冷机和热泵生态学目标值与热效率、制冷系数和供热系数的最优关系均呈扭叶型;热机输出功率最大时对应的热效率小于生态学目标值最大时对应的热效率,熵产率与热效率的最优关系呈类抛物线型,生态学目标值最大时对应的熵产率远小于输出功率最大时对应的熵产率,输出功率最大时对应的生态学目标值小于零,此时热机㶲损率大于输出功率;制冷机和热泵㶲输出率、熵产率与制冷系数、供热系数的最优关系呈类抛物线型;传热规律和内不可逆损失定量地改变热机、制冷机和热泵生态学目标值、熵产率与热效率、制冷系数和供热系数的最优关系,热机、制冷机和热泵的最大E目标值及其对应的热效率、制冷系数和供热系数及熵产率对应的最大热效率、最大制冷系数和最大供热系数均随内不可逆损失的增加而减小；热漏不仅定量而且定性地改变热机、制冷机和热泵生态学目标值、熵产率与热效率、制冷系数和供热系数的最优关系，若热机、制冷机和热泵存在热漏，则生态学目标值与热效率、制冷系数和供热系数的最优关系由无热漏时的类抛物线型变为扭叶型，熵产率与热效率、制冷系数和供热系数的最优关系由无热漏时的单调递减变为类抛物线型，热机、制冷机和热泵的最大 E 目标值及其对应的热效率、制冷系数和供热系数及熵产率对应的最大热效率、最大制冷系数和最大供热系数随着热漏的增加而减小。

(3) 生态学目标函数不仅反映了㶲输出率和熵产率之间的最佳折中，而且反映了输出功率与热效率、制冷率与制冷系数、供热率与供热系数之间的最佳折中；生态学目标函数是热机、制冷机和热泵参数选择的一种优化目标，为实际热机、制冷机和热泵工作参数选择的准则提供了一个工况点，提供了一个考虑长期目标的具有生态学优化意义的最优折中备选方案。

(4) 所得结果具有相当的普适性，包含大量已有文献的结果，是卡诺型理论热机、制冷机和热泵循环分析结果的集成。

第4章 两热源正、反向卡诺循环㶲经济性能优化

4.1 引 言

利用不同目标分析、优化循环的性能,成为近年来有限时间热力学领域一项十分活跃的研究工作。20世纪90年代,陈林根等提出了将有限时间热力学与热经济学[34-37]相结合,建立有限时间㶲经济分析法[38-41],该方法定义利润率为热力循环输出功(㶲)的收益率与热力循环输入㶲(功)的成本率之差,输出(输入)㶲等价于相同条件下热力循环的可逆功。在此基础上,陈林根等导出了内可逆卡诺热机的有限时间㶲经济性能界限、优化关系和参数优化准则[39-41]。一些文献讨论了牛顿传热规律下内可逆和不可逆卡诺热机[39-50]、制冷机[48,114,115]和热泵[48,154,155]的有限时间㶲经济最优性能。

但是,实际热机、制冷机和热泵中工质与热源间的传热并非都服从牛顿定律。一些文献研究了传热规律对内可逆和不可逆卡诺热机[48,84-86]、制冷机[48,140]和热泵[48,166]有限时间㶲经济最优性能的影响。本章将在此基础上进一步研究普适传热规律$Q \propto (\Delta T^n)^m$下正、反向卡诺循环的有限时间㶲经济最优性能,获得更为普适的结果,包括大量文献的结论。

4.2 内可逆卡诺热机㶲经济性能优化

4.2.1 最优特性关系

考虑图2.2.1所示的内可逆卡诺热机模型,热机的㶲输入率为

$$A = Q_H \left(1 - \frac{T_0}{T_H}\right) - Q_L \left(1 - \frac{T_0}{T_L}\right) = Q_H \eta_H - Q_L \eta_L \tag{4.2.1}$$

式中,$\eta_H = 1 - T_0/T_H$和$\eta_L = 1 - T_0/T_L$分别为高、低温热源的卡诺系数。热机的利润率为

$$\Pi = \psi_1 P - \psi_2 A \tag{4.2.2}$$

式中,P为热机输出功率;A为循环㶲输入率;ψ_1为输出功率价格;ψ_2为㶲输入率价格。

将式(2.2.4)、式(2.2.7)和式(4.2.1)代入式(4.2.2)可得

$$\Pi = \frac{\psi_1 \alpha f F(T_H^n - T_L^n x^{-n})^m}{(1+f)\left[(x^{1-mn}fr)^{\frac{1}{m}}+1\right]^m}\left[1-x-\frac{\psi_2}{\psi_1}(\eta_H - x\eta_L)\right] \quad (4.2.3)$$

式(4.2.3)表明,对应给定的 T_H、T_L、T_0、α、β、n、m 和 x,内可逆卡诺热机的利润率是面积比 f 的函数,令 $d\Pi/df=0$,可得最优面积比为 $f_{opt}=(x^{nm-1}/r)^{1/(m+1)}$,因此相应的最优利润率为

$$\Pi = \frac{\psi_1 \alpha F(T_H^n - T_L^n x^{-n})^m}{\left[1+(x^{1-mn}r)^{\frac{1}{m+1}}\right]^{m+1}}\left[1-x-\frac{\psi_2}{\psi_1}(\eta_H - x\eta_L)\right] \quad (4.2.4)$$

由式(2.2.8)和式(4.2.4)消去 x 可得

$$\Pi = \frac{\psi_1 \alpha F[T_H^n - T_L^n(1-\eta)^{-n}]^m}{\left\{1+\left[(1-\eta)^{1-mn}r\right]^{\frac{1}{m+1}}\right\}^{m+1}}\left\{\eta-\frac{\psi_2}{\psi_1}[\eta_H - \eta_L(1-\eta)]\right\} \quad (4.2.5)$$

式(4.2.5)就是普适传热规律下内可逆卡诺热机利润率与热效率的最优关系。式(4.2.4)表明,Π 对工质温比 x 有极值,令 $d\Pi/dx=0$ 可求得利润率的最大值 Π_{max} 及相应的最佳温比 x_{opt}、最大利润率 Π_{max} 所对应的最优热效率 η_{opt},η_{opt} 即内可逆卡诺热机的有限时间烟经济性能界限。

4.2.2 传热规律和价格比对性能的影响

(1)当 $m=1$ 时,传热规律成为广义辐射传热规律,式(4.2.5)变为

$$\Pi = \frac{\psi_1 \alpha F[T_H^n - T_L^n(1-\eta)^{-n}]}{\left\{1+\left[(1-\eta)^{1-n}r\right]^{\frac{1}{2}}\right\}^2}\left\{\eta-\frac{\psi_2}{\psi_1}[\eta_H - \eta_L(1-\eta)]\right\} \quad (4.2.6)$$

式(4.2.6)即文献[85]的结果。此时利润率与热效率的最优关系为类抛物线型。

若 $n=1$,则式(4.2.6)为文献[39]~[41]、[46]、[47]的结果;若 $n=-1$,则式(4.2.6)为文献[84]的结果;若 $n=4$,则式(4.2.6)为辐射传热规律下内可逆卡诺热机利润率与热效率的最优关系式[85]。

(2)当 $n=1$ 时,传热规律成为广义对流传热规律,式(4.2.5)变为

$$\Pi = \frac{\psi_1 \alpha F[T_H - T_L(1-\eta)^{-1}]^m}{\left\{1 + \left[(1-\eta)^{1-m} r\right]^{\frac{1}{m+1}}\right\}^{m+1}} \left\{\eta - \frac{\psi_2}{\psi_1}[\eta_H - \eta_L(1-\eta)]\right\} \tag{4.2.7}$$

式(4.2.7)即文献[86]的结果。此时，利润率与热效率的最优关系为类抛物线型。

若 $m=1$，则式(4.2.7)文献[39]～[41]、[46]、[47]的结果；若 $m=1.25$，则式(4.2.7)为Dulong-Petit传热规律下内可逆卡诺热机利润率与热效率的最优关系式[86]。

(3) 由式(4.2.4)可以看出，除了 T_H、T_L 和 T_0 之外，㶲输入率的价格与输出功率的价格比 ψ_2/ψ_1 对内可逆卡诺热机的利润率和有限时间㶲经济性能界限也产生较大影响。为了保证热机盈利，一单位价值的㶲输入率必须至少有一单位价值的功率输出，即要求 $0 < \psi_2/\psi_1 < 1$。

若输出功率的价格远大于㶲输入率的价格，即 $\psi_2/\psi_1 \to 0$，则式(4.2.4)变为

$$\Pi = \frac{\psi_1 \alpha F(T_H^n - T_L^n x^{-n})^m}{\left[1 + (x^{1-mn} r)^{\frac{1}{m+1}}\right]^{m+1}} (1-x) = \psi_1 P \tag{4.2.8}$$

即有限时间㶲经济性能界限与有限时间热力学性能界限重合。式中，P 即式(2.2.10)所示最优输出功率。

若输出功率价格接近于㶲输入率价格，即 $\psi_2/\psi_1 \to 1$，则式(4.2.4)变为

$$\Pi = \frac{\psi_1 \alpha F(T_H^n - T_L^n x^{-n})^m}{\left[1 + (x^{1-mn} r)^{\frac{1}{m+1}}\right]^{m+1}} [1 - x - (\eta_H - x\eta_L)] = -\psi_1 T_0 \sigma \tag{4.2.9}$$

式中，σ 为循环熵产率，即有限时间㶲经济性能界限与经典热力学界限重合。

由此看出，价格比对内可逆卡诺热机的有限时间㶲经济性能界限有较大的影响，普适传热规律下内可逆热机的有限时间㶲经济性能界限介于有限时间热力学性能界限和经典热力学界限之间，并通过价格比与两者建立联系。

4.2.3 数值算例与分析

计算中取 $T_H = 1000\text{K}$、$T_L = 400\text{K}$、$T_0 = 300\text{K}$、$\alpha = \beta(r=1)$、$\alpha F = 4\text{W/K}^{mn}$ 和 $\psi_1 = 1000$ 元/W。

图4.2.1给出了 $\psi_2/\psi_1 = 0.3$ 时传热规律对内可逆卡诺热机利润率与热效率最优关系的影响。无量纲利润率定义为循环任一利润率(Π)与循环最大利润率($\Pi_{\max}$)之比。图4.2.1表明，内可逆卡诺热机的利润率与热效率的最优关系呈类抛物线型，

传热规律定量地改变 Π-η 的关系，当 $n>0$ 时，传热指数 mn 的值越大，内可逆卡诺热机的有限时间㶲经济性能界限越小；当 $n<0$ 时，传热指数 mn 的绝对值越大，内可逆卡诺热机的有限时间㶲经济性能界限越小。这是因为传热指数 mn 绝对值增大时，输出功率对温度相当敏感，所以适当降低工质温比，虽然牺牲一部分热效率，但是能增大换热器与工质间的温差以此换取输出功率以指数倍增长，从而使利润率达到最大。

图 4.2.2 给出了 $n=4$ 且 $m=1.25$ 时价格比对内可逆卡诺热机利润率与热效率最优关系的影响，图中 $\Pi_{\max,\psi_2/\psi_1=0}$ 为 $\psi_2/\psi_1=0$ 时热机的最大利润率。图 4.2.2 表

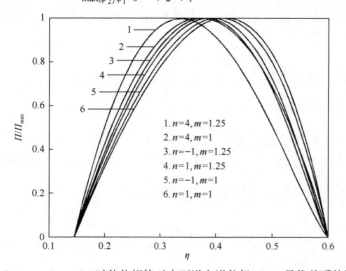

图 4.2.1 $\psi_2/\psi_1=0.3$ 时传热规律对内可逆卡诺热机 Π-η 最优关系的影响

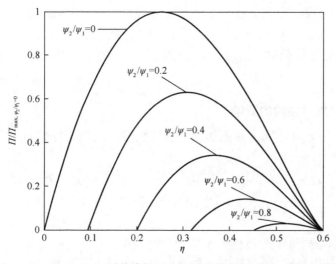

图 4.2.2 $n=4$ 且 $m=1.25$ 时价格比对内可逆卡诺热机 Π-η 最优关系的影响

明,价格比对利润率与热效率的最优关系有很大影响,当价格比 $\psi_2/\psi_1=0$ 时,利润率与热效率的最优关系曲线就和输出功率与热效率的最优关系曲线重合;当 $0<\psi_2/\psi_1<1$ 时,价格比定量地改变利润率与热效率的最优关系,价格比越大,热机的最大利润率越小,有限时间㶲经济性能界限则越大。

4.3 广义不可逆卡诺热机㶲经济性能优化

4.3.1 最优特性关系

考虑图 2.3.1 所示的广义不可逆卡诺热机模型。将式(2.3.5)、式(2.3.8)和式(4.2.1)代入式(4.2.2)可得

$$\Pi = \frac{\psi_1 \alpha F f (T_H^n - T_L^n x^{-n})^m}{(1+f)\left[1+(\Phi x r f)^{\frac{1}{m}} x^{-n}\right]^m}\left[1-\Phi x - \frac{\psi_2}{\psi_1}(\eta_H - \Phi x \eta_L)\right] - \psi_2 q(\eta_H - \eta_L) \quad (4.3.1)$$

式(4.3.1)表明,对应给定的 T_H、T_L、T_0、α、β、n、m 和 x,广义不可逆卡诺热机的利润率是面积比 f 的函数,令 $\mathrm{d}\Pi/\mathrm{d}f = 0$,可得最优面积比为 $f_{\text{opt}} = \left[x^{mn-1}/(\Phi r)\right]^{1/(m+1)}$,因此相应的最优利润率为

$$\Pi = \frac{\psi_1 \alpha F (T_H^n - T_L^n x^{-n})^m}{\left[1+(\Phi r x^{1-mn})^{\frac{1}{m+1}}\right]^{m+1}}\left[1-\Phi x - \frac{\psi_2}{\psi_1}(\eta_H - \Phi x \eta_L)\right] - \psi_2 q(\eta_H - \eta_L) \quad (4.3.2)$$

由式(4.3.2)看出,Π 对工质温比 x 有极值,令 $\mathrm{d}\Pi/\mathrm{d}x = 0$,可求得利润率的最大值 $\Pi_{\max}$ 及相应的最佳温比 x_{opt},将 x_{opt} 代入式(2.3.12)可得最大利润率 $\Pi_{\max}$ 所对应的最优热效率 η_{opt},η_{opt} 即广义不可逆卡诺热机的有限时间㶲经济性能界限。

4.3.2 各种损失对性能的影响

若 $q=0$ 且 $\Phi>1$,则为热阻加内不可逆模型,式(4.3.2)变为

$$\Pi = \frac{\psi_1 \alpha F (T_H^n - T_L^n x^{-n})^m}{\left[1+(\Phi r x^{1-mn})^{\frac{1}{m+1}}\right]^{m+1}}\left[1-\Phi x - \frac{\psi_2}{\psi_1}(\eta_H - \Phi x \eta_L)\right] \quad (4.3.3)$$

此时,利润率与热效率的最优关系呈类抛物线型。

若 $q>0$ 且 $\Phi=1$,则为热阻加热漏模型,式(4.3.2)变为

$$\Pi = \frac{\psi_1 \alpha F(T_H^n - T_L^n x^{-n})^m}{\left[1 + (rx^{1-mn})^{\frac{1}{m+1}}\right]^{m+1}} \left[1 - x - \frac{\psi_2}{\psi_1}(\eta_H - x\eta_L)\right] - \psi_2 q(\eta_H - \eta_L) \quad (4.3.4)$$

此时,利润率与热效率的最优关系呈扭叶型。

若 $q=0$ 且 $\Phi=1$,则为内可逆模型,式(4.3.2)变为式(4.2.4),此时利润率与热效率的最优关系呈类抛物线型。

4.3.3 传热规律对性能的影响

当 $m=1$ 时,传热规律成为广义辐射传热规律,式(4.3.2)变为

$$\Pi = \frac{\psi_1 \alpha F(T_H^n - T_L^n x^{-n})}{\left[1 + (\Phi rx^{1-n})^{\frac{1}{2}}\right]^2} \left[1 - \Phi x - \frac{\psi_2}{\psi_1}(\eta_H - \Phi x\eta_L)\right] - \psi_2 q(\eta_H - \eta_L) \quad (4.3.5)$$

式(4.3.5)即文献[48]的结果。若 $n=1$,则式(4.3.5)为文献[49]、[50]的结果;若 $n=-1$,则式(4.3.5)为线性唯象传热规律下广义不可逆卡诺热机利润率与热效率的最优关系式[48];若 $n=4$,则式(4.3.5)为辐射传热规律下广义不可逆卡诺热机利润率与热效率的最优关系式[48]。

当 $n=1$ 时,传热规律成为广义对流传热规律,式(4.3.2)变为

$$\Pi = \frac{\psi_1 \alpha F\left(T_H - \frac{T_L}{x}\right)^m}{\left[1 + (\Phi rx^{1-m})^{\frac{1}{m+1}}\right]^{m+1}} \left[1 - \Phi x - \frac{\psi_2}{\psi_1}(\eta_H - \Phi x\eta_L)\right] - \psi_2 q(\eta_H - \eta_L) \quad (4.3.6)$$

式(4.3.6)为文献[48]的结果。若 $m=1$,则式(4.3.6)为文献[49]、[50]的结果;若 $m=1.25$,则式(4.3.6)为 Dulong-Petit 传热规律下广义不可逆卡诺热机利润率与热效率的最优关系式[48]。

4.3.4 价格比对利润率和㶲经济性能界限影响

由式(4.3.2)可以看出,除了 T_H、T_L 和 T_0 之外,㶲输入率的价格与输出功率的价格比对广义不可逆卡诺热机的利润率和有限时间㶲经济性能界限也产生较大影响。为了保证热机盈利,一单位价值的㶲输入率必须至少有一单位价值的功率输出,即要求 $0 < \psi_2/\psi_1 < 1$。

若输出功率的价格远大于㶲输入率的价格,即 $\psi_2/\psi_1 \to 0$,则式(4.3.2)变为

$$\varPi = \frac{\psi_1 \alpha F(T_H^n - T_L^n x^{-n})^m}{\left[1 + (\varPhi r x^{1-mn})^{\frac{1}{m+1}}\right]^{m+1}} (1 - \varPhi x) = \psi_1 P \tag{4.3.7}$$

即有限时间㶲经济性能界限与有限时间热力学性能界限重合。式中 P 即式(2.3.11)所示的最优输出功率。

若输出功率的价格接近于㶲输入率的价格,即 $\psi_2/\psi_1 \to 1$,则式(4.3.2)变为

$$\varPi = \frac{\psi_1 \alpha F(T_H^n - T_L^n x^{-n})^m}{\left[1 + (\varPhi r x^{1-mn})^{\frac{1}{m+1}}\right]^{m+1}} (1 - \varPhi x - \eta_H + \varPhi x \eta_L) - \psi_1 q(\eta_H - \eta_L) = -\psi_1 T_0 \sigma \tag{4.3.8}$$

由式(4.3.8)可以看出,最大利润率目标已转化为最小熵产率目标,当循环内可逆时,$\eta_{opt} = \eta_C = 1 - T_L/T_H$,即有限时间㶲经济性能界限与经典热力学界限重合。

由此看出,价格比对广义不可逆卡诺热机的有限时间㶲经济性能界限有较大的影响,普适传热规律下广义不可逆卡诺热机的有限时间㶲经济性能界限介于有限时间热力学性能界限和经典热力学界限之间,并通过价格比与两者建立联系。

4.3.5 数值算例与分析

计算中取 $T_H = 1000\text{K}$、$T_L = 400\text{K}$、$T_0 = 300\text{K}$、$\alpha F = 4\text{W/K}^{mn}$、$\alpha = \beta(r=1)$、$\psi_1 = 1000\text{元/W}$ 和 $q = C_i(T_H^n - T_L^n)^m$,其中 C_i 为旁通热漏热导率。

图 4.3.1 给出了 $\psi_2/\psi_1 = 0.3$、$n = 4$ 且 $m = 1.25$ 时热漏和内不可逆损失对广义不可逆卡诺热机利润率与热效率最优关系的影响,图中 $\varPi_{\max(q=0,\varPhi=1)}$ 为内可逆卡诺

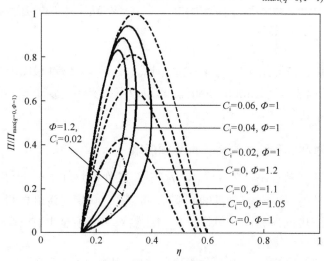

图 4.3.1 $\psi_2/\psi_1 = 0.3$、$n = 4$ 且 $m = 1.25$ 时热漏和内不可逆损失对广义不可逆卡诺热机 $\varPi$-η 最优关系的影响

热机的最大利润率,分别取 $\varPhi$ 为 1、1.05、1.1 和 1.2,C_i 为 0W/K^5、0.02W/K^5、0.04W/K^5 和 0.06W/K^5。由图 4.3.1 可以看出,内不可逆损失定量地改变利润率与热效率的最优关系,热机最大利润率和有限时间焾经济性能界限随着内不可逆损失的增加而减小。热漏不仅定量而且定性地改变利润率与热效率的最优关系,若热机存在热漏,则利润率与热效率的最优关系由无热漏时的类抛物线型变为扭叶型,热机最大利润率和有限时间焾经济性能界限随着热漏的增加而减小。

图 4.3.2 给出了 $\psi_2/\psi_1=0.3$、$\varPhi=1.2$ 和 $C_i=0.02$W/K^{mn} 时不同传热规律对广义不可逆卡诺热机利润率与热效率最优关系的影响。由图 4.3.2 可以看出,传热规律定量地改变利润率与热效率的最优关系,当 $n>0$ 时,传热指数 nm 的值越大,广义不可逆卡诺热机的有限时间焾经济性能界限越小;当 $n<0$ 时,传热指数 nm 的绝对值越大,广义不可逆卡诺热机的有限时间焾经济性能界限越小。

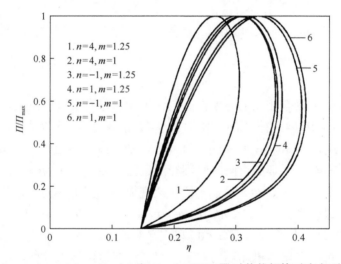

图 4.3.2　$\psi_2/\psi_1=0.3$、$\varPhi=1.2$ 和 $C_i=0.02$W/K^{mn} 时传热规律对广义不可逆卡诺热机 $\varPi$-η 最优关系的影响

图 4.3.3 给出了 $n=4$ 且 $m=1.25$ 时价格比对广义不可逆卡诺热机利润率与热效率最优关系的影响,图中 $\varPi_{\max,\psi_2/\psi_1=0}$ 为 $\psi_2/\psi_1=0$ 时的最大利润率。由图 4.3.3 可知,价格比对利润率与制冷系数的最优关系有很大影响,当 $\psi_2/\psi_1=0$ 时,利润率与热效率的最优关系曲线就和输出功率与热效率的最优关系曲线重合;当 $0<\psi_2/\psi_1<1$ 时,价格比定量地改变利润率与热效率的最优关系,价格比越大,热机的最大利润率越小,有限时间焾经济性能界限则越大。

因此,在对广义不可逆卡诺热机进行利润率目标优化时,必须综合考虑热阻、热漏、内不可逆损失及传热规律等因素的影响。

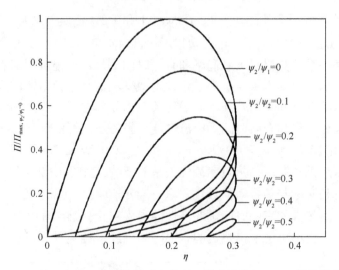

图 4.3.3 $n=4$ 且 $m=1.25$ 时价格比对广义不可逆卡诺热机 Π-η 最优关系的影响

4.3.6 讨论

本节所得结果具有相当的普遍性，包含了大量已有文献的结果，如不同传热规律下内可逆卡诺热机循环的有限时间㶲经济最优性能[39-41,43-48,84-86]（$m=1$、$n\neq 0$、$q=0$、$\Phi=1$ 和 $m\neq 0$、$n=1$、$q=0$、$\Phi=1$），不同传热规律下热阻加内不可逆损失卡诺热机循环的有限时间㶲经济最优性能（$m=1$、$n\neq 0$、$q=0$、$\Phi>1$ 和 $m\neq 0$、$n=1$、$q=0$、$\Phi>1$），不同传热规律下热阻加热漏卡诺热机循环的有限时间㶲经济最优性能（$m=1$、$n\neq 0$、$q>0$、$\Phi=1$ 和 $m\neq 0$、$n=1$、$q>0$、$\Phi=1$）及广义辐射 $Q\propto(\Delta T^n)$（$m=1$ 且 $n\neq 0$）和广义对流 $Q\propto(\Delta T)^n$（$m\neq 0$ 且 $n=1$）传热规律下广义不可逆卡诺热机循环的有限时间㶲经济最优性能[48-50]。

4.4 内可逆卡诺制冷机㶲经济性能优化

4.4.1 最优特性关系

考虑图 2.4.1 所示的内可逆卡诺制冷机模型，制冷机的冷量㶲输出率为

$$A = Q_L\left(\frac{T_0}{T_L}-1\right) - Q_H\left(\frac{T_0}{T_H}-1\right) = Q_L\eta_L - Q_H\eta_H \quad (4.4.1)$$

制冷机的利润率为

$$\Pi = \psi_1 A - \psi_2 P \quad (4.4.2)$$

式中，ψ_1 为制冷机冷量㶲输出率价格；ψ_2 为输入功率价格；A 为循环冷量㶲输出率；P 为输入功率。

将式(2.4.3)、式(2.4.5)和式(4.4.1)代入式(4.4.2)可得

$$\Pi = \frac{\psi_1 x \alpha f F}{(1+f)} \left[\frac{T_L^n - T_H^n x^n}{(rfx)^{\frac{1}{m}} + x^n} \right]^m \left[\eta_L - \frac{\eta_H}{x} - \frac{\psi_2}{\psi_1} \left(\frac{1}{x} - 1 \right) \right] \quad (4.4.3)$$

式(4.4.3)表明，对应给定的 T_H、T_L、T_0、α、β、n、m 和 x，内可逆卡诺制冷机的利润率是面积比 f 的函数，令 $d\Pi/df = 0$，可得最优面积比为 $f_{opt} = (x^{nm-1}/r)^{1/(m+1)}$，因此相应的最优利润率为

$$\Pi = \frac{\psi_1 x \alpha F (T_L^n x^{-n} - T_H^n)^m}{\left[1 + (rx^{1-mn})^{\frac{1}{m+1}} \right]^{m+1}} \left[\eta_L - \frac{\eta_H}{x} - \frac{\psi_2}{\psi_1} \left(\frac{1}{x} - 1 \right) \right] \quad (4.4.4)$$

由式(2.4.4)和式(4.4.4)消去 x 可得

$$\Pi = \frac{\psi_1 \dfrac{\varepsilon \alpha F}{1+\varepsilon} \left[T_L^n \left(1+\dfrac{1}{\varepsilon}\right)^n - T_H^n \right]^m}{\left\{ 1 + r^{\frac{1}{m+1}} \left(\dfrac{\varepsilon}{1+\varepsilon} \right)^{\frac{1-mn}{m+1}} \right\}^{m+1}} \left[\eta_L - \eta_H \left(1 + \frac{1}{\varepsilon} \right) - \frac{\psi_2}{\varepsilon \psi_1} \right] \quad (4.4.5)$$

式(4.4.5)就是普适传热规律下内可逆卡诺制冷机利润率与制冷系数的最优关系。式(4.4.5)表明，Π 对工质温比 x 有极值，令 $d\Pi/dx = 0$，可求得利润率的最大值 Π_{max} 及相应的最优温比 x_{opt}、最大利润率 Π_{max} 所对应的最优制冷系数 ε_{opt}，ε_{opt} 即内可逆卡诺制冷机的有限时间㶲经济性能界限。

4.4.2 传热规律与价格比对性能的影响

(1) 当 $m=1$ 时，传热规律成为广义辐射传热规律，式(4.4.5)变为

$$\Pi = \frac{\psi_1 \dfrac{\varepsilon \alpha F}{1+\varepsilon} \left[T_L^n \left(1+\dfrac{1}{\varepsilon}\right)^n - T_H^n \right]}{\left\{ 1 + r^{\frac{1}{2}} \left(\dfrac{\varepsilon}{1+\varepsilon} \right)^{\frac{1-n}{2}} \right\}^{2}} \left[\eta_L - \eta_H \left(1 + \frac{1}{\varepsilon} \right) - \frac{\psi_2}{\varepsilon \psi_1} \right] \quad (4.4.6)$$

式(4.4.6)即文献[48]、[140]的结果。此时，利润率与制冷系数的最优关系呈类抛物线型。

若 $n=1$，则式(4.4.6)为文献[114]的结果；若 $n=-1$，则式(4.4.6)为线性唯象传热规律下内可逆卡诺制冷机利润率与制冷系数的最优关系式[48,140]；若 $n=4$，则式(4.4.6)为辐射传热规律下内可逆卡诺制冷机利润率与制冷系数的最优关系式[48,140]。

(2) 当 $n=1$ 时，传热规律成为广义对流传热规律，式(4.4.5)变为

$$\Pi = \frac{\psi_1\left(\frac{\varepsilon\alpha F}{1+\varepsilon}\right)\left[T_L\left(1+\frac{1}{\varepsilon}\right)-T_H\right]^m}{\left\{1+r^{\frac{1}{m+1}}\left(\frac{\varepsilon}{1+\varepsilon}\right)^{\frac{1-m}{m+1}}\right\}^{m+1}}\left[\eta_L-\eta_H\left(1+\frac{1}{\varepsilon}\right)-\frac{\psi_2}{\varepsilon\psi_1}\right] \quad (4.4.7)$$

式(4.4.7)即文献[48]的结果。此时，利润率与制冷系数的最优关系呈类抛物线型。

若 $m=1$，则式(4.4.7)为文献[114]的结果；若 $m=1.25$，则式(4.4.7)为 Dulong-Petit 传热规律下内可逆卡诺制冷机利润率与制冷系数的最优关系式[48]。

(3) 由式(4.4.4)可以看出，除了 T_H、T_L 和 T_0 之外，输入功率的价格与冷量㶲输出率的价格比 ψ_2/ψ_1 对内可逆卡诺制冷机的利润率和有限时间㶲经济性能界限也产生较大影响。为了保证制冷机盈利，一单位价值的功率输入必须至少有一单位价值的冷量㶲输出率，即要求 $0<\psi_2/\psi_1<1$。

若制冷机冷量㶲输出率的价格远大于输入功率的价格，即 $\psi_2/\psi_1 \to 0$，则式(4.4.5)变为

$$\Pi = \frac{\psi_1 x\alpha F(T_L^n x^{-n}-T_H^n)^m}{\left[1+(rx^{1-mn})^{\frac{1}{m+1}}\right]^{m+1}}\left(\eta_L-\frac{\eta_H}{x}\right) \quad (4.4.8)$$

若 $T_H \to T_0$，则式(4.4.8)变为

$$\Pi = \psi_1\eta_L Q_L = \psi_1\eta_L R \quad (4.4.9)$$

即有限时间㶲经济性能界限与有限时间热力学性能界限重合。式中，R 即式(2.4.6)所示的最优制冷率。

若制冷机冷量㶲输出率的价格接近于输入功率的价格，即 $\psi_2/\psi_1 \to 1$，则式(4.4.5)变为

$$\varPi = \frac{\psi_1 x\alpha F(T_L^n x^{-n} - T_H^n)^m}{\left[1+(rx^{1-mn})^{\frac{1}{m+1}}\right]^{m+1}}\left(\eta_L - \frac{\eta_H}{x} - \frac{1}{x} + 1\right) = -\psi_1 T_0 \sigma \tag{4.4.10}$$

即有限时间烟经济性能界限与经典热力学界限重合。

由此看出，价格比对内可逆卡诺制冷机的有限时间烟经济性能界限有较大的影响，普适传热规律下内可逆卡诺制冷机的有限时间烟经济性能界限介于有限时间热力学性能界限和经典热力学界限之间，并通过价格比与两者建立联系。

4.4.3 数值算例与分析

计算中取 $T_H = 300\text{K}$、$T_L = 260\text{K}$、$T_0 = 290\text{K}$、$\alpha = \beta$ ($r = 1$)、$\alpha F = 4\text{W/K}^{mn}$ 和 $\psi_1 = 1000\text{元/W}$。

图 4.4.1 给出了 $\psi_2/\psi_1 = 0.3$ 时不同传热规律对内可逆卡诺制冷机利润率与制冷系数最优关系的影响。图 4.4.1 表明，不同传热规律下内可逆卡诺制冷机利润率与制冷系数的最优关系均为类抛物线型，传热规律定量地改变利润率与制冷系数的最优关系。

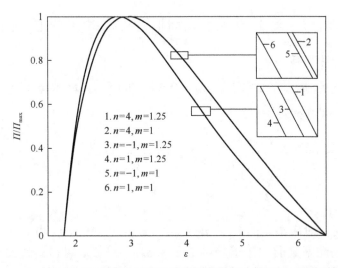

图 4.4.1　$\psi_2/\psi_1 = 0.3$ 时不同传热规律对内可逆卡诺制冷机 $\varPi$-ε 最优关系的影响

图 4.4.2 给出了 $n=4$ 且 $m=1.25$ 时价格比对内可逆卡诺制冷机利润率与制冷系数最优关系的影响，图中 $\varPi_{\max,\psi_2/\psi_1=0.2}$ 为 $\psi_2/\psi_1 = 0.2$ 时的最大利润率。由图 4.4.2 可以看出，价格比对利润率与制冷系数的最优关系有很大影响，当 $\psi_2/\psi_1 = 0$ 时（图 4.4.2 中的曲线 1），利润率与制冷系数的最优关系曲线和制冷率与制冷系数的最优关系曲线重合；当 $0 < \psi_2/\psi_1 < 1$ 时，价格比定量地改变利润率与制冷系数的最

优关系,价格比越大,制冷机的最大利润率越小,有限时间㶲经济性能界限则越大。

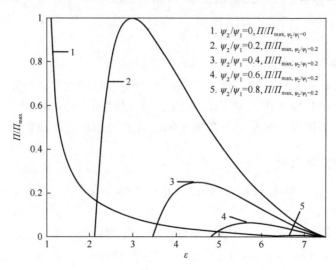

图 4.4.2　$n=4$ 且 $m=1.25$ 时价格比对内可逆卡诺制冷机 Π-ε 最优关系的影响

4.5　广义不可逆卡诺制冷机㶲经济性能优化

4.5.1　最优特性关系

考虑图 2.5.1 所示的广义不可逆卡诺制冷机模型。将式(2.5.2)、式(2.5.4)和式(4.4.1)代入式(4.4.2)可得

$$\Pi = \frac{\psi_1 \alpha f F(T_L^n - T_H^n x^n)^m}{(1+f)\left[x^n + \left(\frac{xfr}{\Phi}\right)^{\frac{1}{m}}\right]^m}\left[\frac{x}{\Phi}\eta_L - \eta_H - \frac{\psi_2}{\psi_1}\left(1-\frac{x}{\Phi}\right)\right] - \psi_1 q(\eta_L - \eta_H) \quad (4.5.1)$$

式(4.5.1)表明,对应给定的 T_H、T_L、T_0、α、β、n、m 和 x,广义不可逆卡诺制冷机的利润率是面积比 f 的函数,令 $d\Pi/df = 0$,可得最优面积比为 $f_{opt} = (\Phi x^{mn-1}/r)^{1/(m+1)}$,因此相应的最优利润率为

$$\Pi = \frac{\psi_1 \alpha F(T_L^n x^{-n} - T_H^n)^m}{\left[1+\left(\frac{rx^{1-nm}}{\Phi}\right)^{\frac{1}{m+1}}\right]^{m+1}}\left[\frac{x}{\Phi}\eta_L - \eta_H - \frac{\psi_2}{\psi_1}\left(1-\frac{x}{\Phi}\right)\right] - \psi_1 q(\eta_L - \eta_H) \quad (4.5.2)$$

由式(2.5.7)和式(4.5.2)可得广义不可逆卡诺制冷机最优利润率与制冷系数的

关系。由式(4.5.2)看出，利润率 Π 对工质温比 x 有极值，令 $d\Pi/dx=0$，可求得利润率的最大值 $\Pi_{\max}$ 及相应的最优温比 x_{opt}，将 x_{opt} 代入式(2.5.7)可得最大利润率 $\Pi_{\max}$ 所对应的最优制冷系数 ε_{opt}，ε_{opt} 即广义不可逆卡诺制冷机的有限时间㶲经济性能界限。

4.5.2 各种损失对性能的影响

若 $q=0$ 且 $\Phi>1$，则为热阻加内不可逆模型，式(4.5.2)变为

$$\Pi = \frac{\psi_1 \alpha F(T_L^n x^{-n} - T_H^n)^m}{\left[1+\left(\dfrac{rx^{1-nm}}{\Phi}\right)^{\frac{1}{m+1}}\right]^{m+1}} \left[\frac{x}{\Phi}\eta_L - \eta_H - \frac{\psi_2}{\psi_1}\left(1-\frac{x}{\Phi}\right)\right] \quad (4.5.3)$$

此时，利润率与制冷系数的最优关系呈类抛物线型。

若 $q>0$ 且 $\Phi=1$，则为热阻加热漏模型，式(4.5.2)变为

$$\Pi = \frac{\psi_1 \alpha F(T_L^n x^{-n} - T_H^n)^m}{\left[1+(rx^{1-nm})^{\frac{1}{m+1}}\right]^{m+1}} \left[x\eta_L - \eta_H - \frac{\psi_2}{\psi_1}(1-x)\right] - \psi_1 q(\eta_L - \eta_H) \quad (4.5.4)$$

此时，利润率与制冷系数的最优关系呈扭叶型。

若 $q=0$ 且 $\Phi=1$，则为内可逆模型，式(4.5.2)变为式(4.4.4)，此时利润率与制冷系数的最优关系呈类抛物线型。

4.5.3 传热规律对性能的影响

当 $m=1$ 时，传热规律成为广义辐射传热规律，式(4.5.2)变为

$$\Pi = \frac{\psi_1 \alpha F(T_L^n x^{-n} - T_H^n)}{\left[1+\left(\dfrac{rx^{1-nm}}{\Phi}\right)^{\frac{1}{2}}\right]^2} \left[\frac{x}{\Phi}\eta_L - \eta_H - \frac{\psi_2}{\psi_1}\left(1-\frac{x}{\Phi}\right)\right] - \psi_1 q(\eta_L - \eta_H) \quad (4.5.5)$$

式(4.5.5)即文献[48]的结果。若 $n=1$，则式(4.5.5)为文献[48]、[115]的结果；若 $n=-1$，则式(4.5.5)为线性唯象传热规律下广义不可逆卡诺制冷机利润率与制冷系数的最优关系式[48]；若 $n=4$，则式(4.5.5)为辐射传热规律下广义不可逆卡诺制冷机利润率与制冷系数的最优关系式[48]。

当 $n=1$ 时，传热规律成为广义对流传热规律，式(4.5.2)变为

$$\Pi = \frac{\psi_1 \alpha F \left(\dfrac{T_L}{x} - T_H\right)^m}{\left[1 + \left(\dfrac{rx^{1-m}}{\Phi}\right)^{\frac{1}{m+1}}\right]^{m+1}} \left[\dfrac{x}{\Phi}\eta_L - \eta_H - \dfrac{\psi_2}{\psi_1}\left(1 - \dfrac{x}{\Phi}\right)\right] - \psi_1 q(\eta_L - \eta_H) \quad (4.5.6)$$

式 (4.5.6) 为文献[48]的结果。若 $m=1$，则式 (4.5.6) 为文献[48]、[115]的结果；若 $m=1.25$，则式 (4.5.6) 为 Dulong-Petit 传热规律下广义不可逆卡诺制冷机利润率与制冷系数的最优关系式[48]。

4.5.4 价格比对利润率和㶲经济性能界限的影响

由式 (4.5.2) 可以看出，除了 T_H、T_L 和 T_0 之外，输入功率的价格与冷量㶲输出率的价格比对广义不可逆卡诺制冷机的利润率和有限时间㶲经济性能界限也产生较大影响。为了保证制冷机盈利，一单位价值的功率输入必须至少有一单位价值的冷量㶲输出率，即要求 $0 < \psi_2/\psi_1 < 1$。

若制冷机冷量㶲输出率的价格远大于输入功率的价格，即 $\psi_2/\psi_1 \to 0$，则式 (4.5.2) 变为

$$\Pi = \frac{\psi_1 \alpha F (T_L^n x^{-n} - T_H^n)^m}{\left[1 + \left(\dfrac{rx^{1-nm}}{\Phi}\right)^{\frac{1}{m+1}}\right]^{m+1}} \left(\dfrac{x}{\Phi}\eta_L - \eta_H\right) - \psi_1 q(\eta_L - \eta_H) \quad (4.5.7)$$

若 $T_H \to T_0$，则式 (4.5.7) 成为 $\Pi = \psi_1 \eta_L R$，此时有限时间㶲经济性能界限与有限时间热力学性能界限重合。式中，R 即式 (2.5.6) 所示的最优制冷率。

若制冷机冷量㶲输出率的价格接近于输入功率的价格，即 $\psi_2/\psi_1 \to 1$，则式 (4.5.2) 变为

$$\Pi = \frac{\psi_1 \alpha F (T_L^n x^{-n} - T_H^n)^m}{\left[1 + \left(\dfrac{rx^{1-nm}}{\Phi}\right)^{\frac{1}{m+1}}\right]^{m+1}} \left[\dfrac{x}{\Phi}\eta_L - \eta_H - \left(1 - \dfrac{x}{\Phi}\right)\right] - \psi_1 q(\eta_L - \eta_H) = -\psi_1 T_0 \sigma \quad (4.5.8)$$

由式 (4.5.8) 可以看出，最大利润率目标已转化为最小熵产率目标，当循环为内可逆时，$\varepsilon_{opt} = \varepsilon_C = T_L/(T_H - T_L)$，即有限时间㶲经济性能界限与经典热力学界限重合。

由此看出，价格比对广义不可逆卡诺制冷机的有限时间㶲经济性能界限有较大的影响，普适传热规律下广义不可逆卡诺制冷机的有限时间㶲经济性能界限

介于有限时间热力学性能界限和经典热力学性能界限之间，并通过价格比与两者建立联系。

4.5.5 数值算例与分析

计算中取 $T_H = 300K$、$T_L = 260K$、$T_0 = 290K$、$\alpha = \beta$ ($r = 1$)、$\alpha F = 4\text{W/K}^{mn}$、$\psi_1 = 1000\,元/\text{W}$ 和 $q = C_i(T_H^n - T_L^n)^m$，其中 C_i 为旁通热漏热导率。

图 4.5.1 给出了 $\psi_2/\psi_1 = 0.3$、$n=4$ 且 $m=1.25$ 时热漏和内不可逆损失对广义不可逆卡诺制冷机利润率与制冷系数最优关系的影响，图中 $\Pi_{\max(q=0,\Phi=1)}$ 为内可逆制冷机的最大利润率，分别取 Φ 为 1、1.05、1.1 和 1.2，C_i 为 0W/K^5、0.02W/K^5、0.04W/K^5 和 0.06W/K^5。由图 4.5.1 可以看出，内不可逆损失定量地改变利润率与制冷系数的最优关系，制冷机最大利润率和有限时间㶲经济性能界限随着内不可逆损失的增加而减小。热漏不仅定量而且定性地改变利润率与制冷系数的最优关系，若制冷机存在热漏，则利润率与制冷系数的最优关系由无热漏时的类抛物线型变为扭叶型，制冷机最大利润率和有限时间㶲经济性能界限随着热漏的增加而减小。

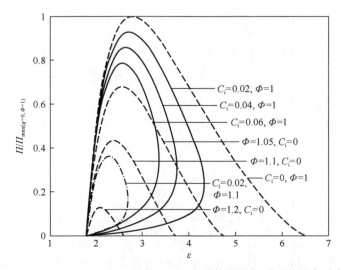

图 4.5.1 $\psi_2/\psi_1 = 0.3$、$n=4$ 且 $m=1.25$ 时热漏和内不可逆损失对广义不可逆卡诺制冷机 Π-ε 最优关系的影响

图 4.5.2 给出了 $\psi_2/\psi_1 = 0.3$、$\Phi = 1.2$ 和 $C_i = 0.02\text{W/K}$ 时不同传热规律对广义不可逆卡诺制冷机利润率与制冷系数最优关系的影响。由图 4.5.2 可以看出，传热规律定量地改变利润率与制冷系数的最优关系。

图 4.5.3 给出了 $n=4$ 且 $m=1.25$ 时价格比对广义不可逆卡诺制冷机利润率与制冷系数最优关系的影响。图 4.5.3 表明，价格比对利润率与制冷系数的最优关系有

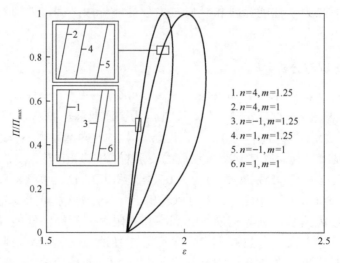

图 4.5.2　$\psi_2/\psi_1=0.3$、$\Phi=1.2$ 和 $C_i=0.02\text{W/K}$ 时传热规律对广义不可逆卡诺制冷机 Π-ε 最优关系的影响

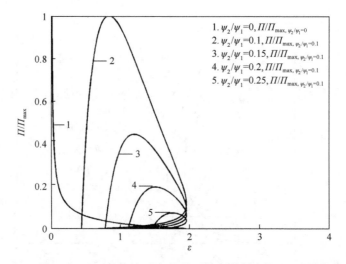

图 4.5.3　$n=4$ 且 $m=1.25$ 时价格比对广义不可逆卡诺制冷机 Π-ε 最优关系的影响

很大影响，当 $\psi_2/\psi_1=0$ 时（图 4.5.3 中的曲线 1），利润率与制冷系数的最优关系曲线就和制冷率与制冷系数的最优关系曲线重合；当 $0<\psi_2/\psi_1<1$ 时，价格比定量地改变利润率与制冷系数的最优关系，价格比越大，制冷机的最大利润率越小，有限时间烟经济性能界限则越大。

因此，在对广义不可逆卡诺制冷机进行利润率目标优化时，必须综合考虑热阻、热漏、内不可逆损失及传热规律等因素的影响。

4.5.6 讨论

本节所得结果具有相当的普遍性，包含了已有文献的结果，如不同传热规律下内可逆制冷循环有限时间㶲经济最优性能[48,114,115]（$m=1$、$n\neq 0$、$q=0$、$\Phi=1$和$m\neq 0$、$n=1$、$q=0$、$\Phi=1$），不同传热规律下热阻加内不可逆损失制冷循环有限时间㶲经济最优性能（$m=1$、$n\neq 0$、$q=0$、$\Phi>1$和$m\neq 0$、$n=1$、$q=0$、$\Phi>1$），不同传热规律下热阻加热漏制冷循环有限时间㶲经济最优性能（$m=1$、$n\neq 0$、$q>0$、$\Phi=1$和$m\neq 0$、$n=1$、$q>0$、$\Phi=1$）及广义辐射$Q\propto(\Delta T^n)$（$m=1$且$n\neq 0$）和广义对流$Q\propto(\Delta T)^n$（$m\neq 0$且$n=1$）传热规律下不可逆卡诺制冷循环有限时间㶲经济最优性能[48,115]。

4.6 内可逆卡诺热泵㶲经济性能优化

4.6.1 最优特性关系

考虑图 2.4.1 所示的内可逆卡诺热泵模型，热泵的㶲输出率为

$$A=Q_H\left(1-\frac{T_0}{T_H}\right)-Q_L\left(1-\frac{T_0}{T_L}\right)=Q_H\eta_H-Q_L\eta_L \tag{4.6.1}$$

热泵的利润率为

$$\Pi=\psi_1 A-\psi_2 P \tag{4.6.2}$$

式中，ψ_1 为热泵㶲输出率价格；ψ_2 为输入功率价格；P 为热泵输入功率。将式(2.4.3)、式(2.6.4)和式(4.6.1)代入式(4.6.2)可得

$$\Pi=\frac{\psi_1\alpha fF(T_L^n-T_H^n x^n)^m}{(1+f)[(frx)^{\frac{1}{m}}+x^n]^m}\left[\eta_H-\eta_L x-\frac{\psi_2}{\psi_1}(1-x)\right] \tag{4.6.3}$$

式(4.6.3)表明，对应给定的 T_H、T_L、T_0、α、β、n、m 和 x，内可逆卡诺热泵的利润率是面积比 f 的函数，令 $d\Pi/df=0$，可得最优面积比为 $f_{opt}=(x^{nm-1}/r)^{1/(m+1)}$，因此相应的最优利润率为

$$\Pi=\frac{\psi_1\alpha F(T_L^n x^{-n}-T_H^n)^m}{\left[1+(rx^{1-mn})^{\frac{1}{m+1}}\right]^{m+1}}\left[\eta_H-\eta_L x-\frac{\psi_2}{\psi_1}(1-x)\right] \tag{4.6.4}$$

由式(2.6.3)和式(4.6.4)消去 x 可得利润率与供热系数的最优关系为

$$\Pi = \frac{\psi_1 \alpha F \left[\dfrac{T_L^n \varphi^n}{(\varphi-1)^n} - T_H^n \right]^m}{\left\{ 1 + \left[\dfrac{r\varphi^{mn-1}}{(\varphi-1)^{mn-1}} \right]^{\frac{1}{m+1}} \right\}^{m+1}} \left[\eta_H - \frac{\eta_L(\varphi-1)}{\varphi} - \frac{\psi_2}{\varphi\psi_1} \right] \quad (4.6.5)$$

式(4.6.5)就是普适传热规律下内可逆卡诺热泵利润率与供热系数的最优关系。式(4.6.5)表明，Π对工质温比x有极值，令$d\Pi/dx=0$，可求得利润率的最大值Π_{max}及相应的最优温比x_{opt}、最大利润率Π_{max}所对应的最优供热系数φ_{opt}，φ_{opt}即内可逆卡诺热泵的有限时间㶲经济性能界限。

4.6.2 传热规律和价格比对性能的影响

(1) 当$m=1$时，传热规律成为广义辐射传热规律，式(4.6.5)变为

$$\Pi = \frac{\psi_1 \alpha F \left[\dfrac{T_L^n \varphi^n}{(\varphi-1)^n} - T_H^n \right]}{\left\{ 1 + \left[\dfrac{r\varphi^{n-1}}{(\varphi-1)^{n-1}} \right]^{\frac{1}{2}} \right\}^2} \left[\eta_H - \frac{\eta_L(\varphi-1)}{\varphi} - \frac{\psi_2}{\varphi\psi_1} \right] \quad (4.6.6)$$

式(4.6.6)即文献[48]、[166]的结果。此时，利润率与供热系数的最优关系呈类抛物线型。

若$n=1$，则式(4.6.6)为文献[154]的结果；若$n=-1$，则式(4.6.6)为线性唯象传热规律下内可逆卡诺热泵利润率与供热系数的最优关系式[48,166]；若$n=4$，则式(4.6.6)为辐射传热规律下内可逆卡诺热泵利润率与供热系数的最优关系式[48,166]。

(2) 当$n=1$时，传热规律成为广义对流传热规律，式(4.6.5)变为

$$\Pi = \frac{\psi_1 \alpha F \left(\dfrac{T_L \varphi}{\varphi-1} - T_H \right)^m}{\left\{ 1 + \left[\dfrac{r\varphi^{m-1}}{(\varphi-1)^{m-1}} \right]^{\frac{1}{m+1}} \right\}^{m+1}} \left[\eta_H - \frac{\eta_L(\varphi-1)}{\varphi} - \frac{\psi_2}{\varphi\psi_1} \right] \quad (4.6.7)$$

式(4.6.7)即文献[48]的结果。此时，利润率与供热系数的最优关系呈类抛物线型。

若 $m=1$，则式(4.6.7)为文献[154]的结果；若 $m=1.25$，则式(4.6.7)为 Dulong-Petit 传热规律下内可逆卡诺热泵利润率与供热系数的最优关系式[48]。

(3) 由式(4.6.4)可以看出，除了 T_H、T_L 和 T_0 之外，输入功率的价格与㶲输出率的价格比 ψ_2/ψ_1 对内可逆卡诺热泵的利润率和有限时间㶲经济性能界限也产生较大影响。为了保证热泵盈利，一单位价值的功率输入必须至少有一单位价值的㶲输出率，即要求 $0<\psi_2/\psi_1<1$。

若热泵㶲输出率的价格远大于输入功率的价格，即 $\psi_2/\psi_1 \to 0$，则式(4.6.4)变为

$$\Pi = \frac{\psi_1 \alpha F(T_L^n x^{-n} - T_H^n)^m}{\left[1+(rx^{1-mn})^{\frac{1}{m+1}}\right]^{m+1}}(\eta_H - \eta_L x) \quad (4.6.8)$$

若 $T_L \to T_0$，则式(4.6.8)变为

$$\Pi = \psi_1 \eta_H Q_H = \psi_1 \eta_H \pi \quad (4.6.9)$$

即有限时间㶲经济性能界限与有限时间热力学性能界限重合。式中，π 即式(2.6.5)所示的最优供热率。

若输入功率的价格接近于㶲输出率的价格，即 $\psi_2/\psi_1 \to 1$，则式(4.6.4)变为

$$\Pi = \frac{\psi_1 \alpha F(T_L^n x^{-n} - T_H^n)^m}{\left[1+(rx^{1-mn})^{\frac{1}{m+1}}\right]^{m+1}}(\eta_H - \eta_L x - 1 + x) = -\psi_1 T_0 \sigma \quad (4.6.10)$$

即有限时间㶲经济性能界限与经典热力学界限重合。

由此看出，价格比对内可逆卡诺热泵的有限时间㶲经济性能界限有较大的影响，普适传热规律下内可逆卡诺热泵的有限时间㶲经济性能界限介于有限时间热力学性能界限和经典热力学性能界限之间，并通过价格比与两者建立联系。

4.6.3 数值算例与分析

计算中取 $T_H=300K$、$T_L=260K$、$T_0=290K$、$\alpha=\beta(r=1)$、$\alpha F=4W/K^{mn}$ 和 $\psi_1=1000元/W$。

图 4.6.1 给出了 $\psi_2/\psi_1=0.3$ 时不同传热规律对内可逆卡诺热泵利润率与供热系数最优关系的影响。由图 4.6.1 可以看出，不同传热规律下，内可逆卡诺热泵的利润率与供热系数的最优关系均为类抛物线型，传热规律定量地改变利润率与供热系数的最优关系。

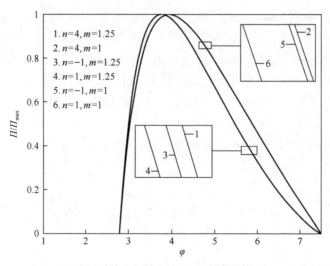

图 4.6.1 $\psi_2/\psi_1 = 0.3$ 时不同传热规律对内可逆卡诺热泵 Π-φ 最优关系的影响

图 4.6.2 给出了 $n=4$ 且 $m=1.25$ 时价格比对内可逆卡诺热泵利润率与供热系数最优关系的影响。图 4.6.2 表明，价格比对利润率与供热系数的最优关系有很大影响，当 $\psi_2/\psi_1 = 0$ 时(图 4.6.2 中的曲线 1)，利润率与供热系数的最优关系曲线和供热率与供热系数的最优关系曲线重合；当 $0 < \psi_2/\psi_1 < 1$ 时，价格比定量地改变利润率与供热系数的最优关系，价格比越大，热泵的最大利润率越小，有限时间烟经济性能界限则越大。

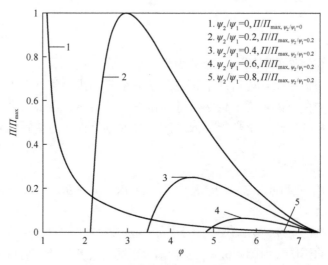

图 4.6.2 $n=4$ 且 $m=1.25$ 时价格比对内可逆卡诺热泵 Π-φ 最优关系的影响

4.7 广义不可逆卡诺热泵㶲经济性能优化

4.7.1 最优特性关系

考虑图 2.5.1 所示的广义不可逆卡诺热泵模型。将式(2.5.2)、式(2.7.2)和式(4.6.1)代入式(4.6.2)可得

$$\Pi = \frac{\psi_1 \alpha f F}{1+f} \left[\frac{T_L^n - T_H^n x^n}{x^n + \left(\frac{rfx}{\Phi}\right)^{\frac{1}{m}}} \right]^m \left[\eta_H - \frac{x}{\Phi} \eta_L - \frac{\psi_2}{\psi_1}\left(1 - \frac{x}{\Phi}\right) \right] - \psi_1 q \left(\eta_H - \frac{x}{\Phi} \eta_L \right) \quad (4.7.1)$$

式(4.7.1)表明，对应给定的 T_H、T_L、T_0、α、β、n、m 和 x，广义不可逆卡诺热泵的利润率是面积比 f 的函数，令 $d\Pi/df = 0$，可得最优面积比为 $f_{opt} = (\Phi x^{nm-1}/r)^{1/(m+1)}$，因此相应的最优利润率为

$$\Pi = \frac{\psi_1 \alpha F (T_L^n x^{-n} - T_H^n)^m}{\left[1 + \left(\frac{rx^{1-mn}}{\Phi}\right)^{\frac{1}{m+1}}\right]^{m+1}} \left[\eta_H - \frac{x}{\Phi} \eta_L - \frac{\psi_2}{\psi_1}\left(1 - \frac{x}{\Phi}\right) \right] - \psi_1 q (\eta_H - \eta_L) \quad (4.7.2)$$

由式(2.7.4)和式(4.7.2)可得利润率与供热系数的最优关系。由式(4.7.2)看出，利润率 Π 对工质温比 x 有极值，令 $d\Pi/dx = 0$，可求得利润率的最大值 Π_{max} 及相应的最优温比 x_{opt}，将 x_{opt} 代入式(2.7.4)可得最大利润率 Π_{max} 所对应的最优供热系数 φ_{opt}，φ_{opt} 即广义不可逆卡诺热泵的有限时间㶲经济性能界限。

4.7.2 各种损失对性能的影响

若 $q = 0$ 且 $\Phi > 1$，则为热阻加内不可逆模型，式(4.7.2)变为

$$\Pi = \frac{\psi_1 \alpha F (T_L^n x^{-n} - T_H^n)^m}{\left[1 + \left(\frac{rx^{1-mn}}{\Phi}\right)^{\frac{1}{m+1}}\right]^{m+1}} \left[\eta_H - \frac{x}{\Phi} \eta_L - \frac{\psi_2}{\psi_1}\left(1 - \frac{x}{\Phi}\right) \right] \quad (4.7.3)$$

此时，利润率与供热系数的最优关系呈类抛物线型。

若 $q > 0$ 且 $\Phi = 1$，则为热阻加热漏模型，式(4.7.2)变为

$$\Pi = \frac{\psi_1 \alpha F (T_L^n x^{-n} - T_H^n)^m}{\left[1 + (rx^{1-mn})^{\frac{1}{m+1}}\right]^{m+1}} \left[\eta_H - x\eta_L - \frac{\psi_2}{\psi_1}(1-x)\right] - \psi_1 q(\eta_H - \eta_L) \quad (4.7.4)$$

此时，利润率与供热系数的最优关系呈扭叶型。

若 $q=0$ 且 $\Phi=1$，则为内可逆模型，式(4.7.2)变为式(4.6.4)，此时利润率与供热系数的最优关系呈类抛物线型。

4.7.3 传热规律对性能的影响

当 $m=1$ 时，传热规律成为广义辐射传热规律，式(4.7.2)变为

$$\Pi = \frac{\psi_1 \alpha F (T_L^n x^{-n} - T_H^n)}{\left[1 + \left(\frac{rx^{1-n}}{\Phi}\right)^{\frac{1}{2}}\right]^2} \left[\eta_H - \frac{x}{\Phi}\eta_L - \frac{\psi_2}{\psi_1}\left(1 - \frac{x}{\Phi}\right)\right] - \psi_1 q(\eta_H - \eta_L) \quad (4.7.5)$$

式(4.7.5)即文献[48]的结果。若 $n=1$，则式(4.7.5)为文献[48]、[155]的结果；若 $n=-1$，则式(4.7.5)为线性唯象传热规律下广义不可逆卡诺热泵利润率与供热系数的最优关系式[48]；若 $n=4$，则式(4.7.5)为辐射传热规律下广义不可逆卡诺热泵利润率与供热系数的最优关系式[48]。

当 $n=1$ 时，传热规律成为广义对流传热规律，式(4.7.2)变为

$$\Pi = \frac{\psi_1 \alpha F \left(\frac{T_L}{x} - T_H\right)^m}{\left[1 + \left(\frac{rx^{1-m}}{\Phi}\right)^{\frac{1}{m+1}}\right]^{m+1}} \left[\eta_H - \frac{x}{\Phi}\eta_L - \frac{\psi_2}{\psi_1}\left(1 - \frac{x}{\Phi}\right)\right] - \psi_1 q(\eta_H - \eta_L) \quad (4.7.6)$$

式(4.7.6)为文献[48]的结果。若 $m=1$，则式(4.7.6)为文献[48]、[155]的结果；若 $m=1.25$，则式(4.7.6)为 Dulong-Petit 传热规律下广义不可逆卡诺热泵利润率与供热系数的最优关系式[48]。

4.7.4 价格比对利润率和㶲经济性能界限的影响

由式(4.7.2)可知，除了 T_H、T_L 和 T_0 之外，输入功率的价格与㶲输出率的价格比对广义不可逆热泵的利润率和有限时间㶲经济性能界限也产生较大影响。为了保证热泵盈利，一单位价值的功率输入必须至少有一单位价值的㶲输出率，即要求 $0 < \psi_2/\psi_1 < 1$。

若热泵㶲输出率的价格远大于输入功率的价格，即 $\psi_2/\psi_1 \to 0$，则式(4.7.2)变为

$$\Pi = \frac{\psi_1 \alpha F(T_L^n x^{-n} - T_H^n)^m}{\left[1 + \left(\frac{rx^{1-mn}}{\Phi}\right)^{\frac{1}{m+1}}\right]^{m+1}} \left(\eta_H - \frac{x}{\Phi}\eta_L\right) - \psi_1 q(\eta_H - \eta_L) \qquad (4.7.7)$$

若 $T_L \to T_0$，则式(4.7.7)成为 $\Pi = \psi_1 \eta_H \pi$，即有限时间㶲经济性能界限与有限时间热力学性能界限重合。式中，π 即式(2.7.3)所示的最优供热率。

若输入功率的价格接近于㶲输出率的价格，即 $\psi_2/\psi_1 \to 1$，则式(4.7.2)变为

$$\Pi = \frac{\psi_1 \alpha F(T_L^n x^{-n} - T_H^n)^m}{\left[1 + \left(\frac{rx^{1-mn}}{\Phi}\right)^{\frac{1}{m+1}}\right]^{m+1}} \left[\eta_H - \frac{x}{\Phi}\eta_L - \left(1 - \frac{x}{\Phi}\right)\right] - \psi_1 q(\eta_H - \eta_L) = -\psi_1 T_0 \sigma \qquad (4.7.8)$$

由式(4.7.8)可以看出，最大利润率目标已转化为最小熵产率目标，当循环内可逆时，$\varphi_{opt} = \varphi_C = T_H/(T_H - T_L)$，即有限时间㶲经济性能界限与经典热力学界限重合。

由此看出，价格比对广义不可逆卡诺热泵的有限时间㶲经济性能界限有较大的影响，普适传热规律下广义不可逆卡诺热泵的有限时间㶲经济性能界限介于有限时间热力学性能界限和经典热力学性能界限之间，并通过价格比与两者建立联系。

4.7.5 数值算例与分析

计算中取 $T_H = 300\text{K}$、$T_L = 260\text{K}$、$T_0 = 290\text{K}$、$\alpha = \beta(r=1)$、$\alpha F = 4\text{W/K}^{mn}$、$\psi_1 = 1000$元/W 和 $q = C_i(T_H^n - T_L^n)^m$，其中 C_i 为旁通热漏热导率。

图 4.7.1 给出了 $\psi_2/\psi_1 = 0.3$、$n = 4$ 且 $m = 1.25$ 时热漏和内不可逆损失对利润率与供热系数最优关系的影响，图中 $\Pi_{\max(q=0,\Phi=1)}$ 为内可逆卡诺热泵的最大利润率，分别取 Φ 为 1、1.05、1.1 和 1.2，C_i 为 0W/K⁵、0.02W/K⁵、0.04W/K⁵ 和 0.06W/K⁵。由图 4.7.1 可以看出，内不可逆损失定量地改变利润率与供热系数的最优关系，热泵最大利润率和有限时间㶲经济性能界限随着内不可逆损失的增加而减小。热漏不仅定量而且定性地改变利润率与供热系数的最优关系，若热泵存在热漏，则利润率与供热系数的最优关系由无热漏时的类抛物线型变为扭叶型，热泵最大利润率和有限时间㶲经济性能界限随着热漏的增加而减小。

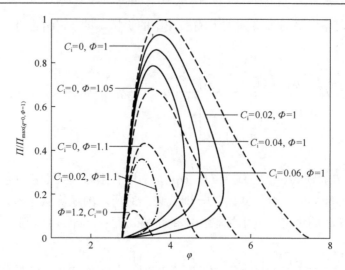

图 4.7.1　$\psi_2/\psi_1=0.3$、$n=4$ 且 $m=1.25$ 时热漏和内不可逆损失对广义不可逆卡诺热泵 $\Pi\text{-}\varphi$ 最优关系的影响

图 4.7.2 给出了 $\psi_2/\psi_1=0.3$、$\Phi=1.2$ 和 $C_i=0.02\text{W/K}$ 时传热规律对广义不可逆卡诺热泵利润率与供热系数最优关系的影响。由图 4.7.2 可以看出，传热规律定量地改变利润率与供热系数的最优关系。

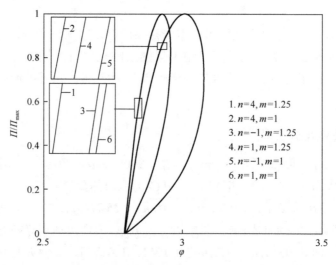

图 4.7.2　$\psi_2/\psi_1=0.3$、$\Phi=1.2$ 和 $C_i=0.02\text{W/K}$ 时传热规律对广义不可逆卡诺热泵 $\Pi\text{-}\varphi$ 最优关系的影响

图 4.7.3 给出了 $n=4$ 且 $m=1.25$ 时价格比对广义不可逆卡诺热泵利润率与供热系数最优关系的影响。图 4.7.3 表明，价格比对利润率与供热系数的关系有很大影响，当 $\psi_2/\psi_1=0$ 时(图 4.7.3 中的曲线 1)，利润率与供热系数的最优关系曲线

和供热率与供热系数的最优关系曲线重合；当 $0<\psi_2/\psi_1<1$ 时，价格比定量地改变利润率与供热系数的最优关系，价格比越大，热泵的最大利润率越小，有限时间烟经济性能界限则越大。

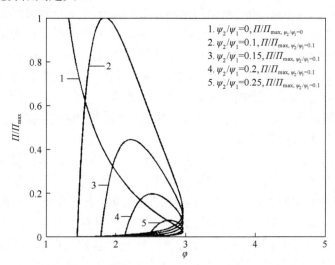

图 4.7.3 $n=4$ 且 $m=1.25$ 时价格比对广义不可逆卡诺热泵 Π-φ 最优关系的影响

因此，在对广义不可逆卡诺热泵进行利润率目标优化时，必须综合考虑热阻、热漏、内不可逆损失及传热规律等因素的影响。

4.7.6 讨论

本节所得结果具有相当的普遍性，包含了已有文献的结果，如不同传热规律下内可逆卡诺热泵循环有限时间烟经济最优性能[48,154,166]（$m=1$、$n\neq0$、$q=0$、$\Phi=1$ 和 $m\neq0$、$n=1$、$q=0$、$\Phi=1$），不同传热规律下热阻加内不可逆损失热泵循环有限时间烟经济最优性能（$m=1$、$n\neq0$、$q=0$、$\Phi>1$ 和 $m\neq0$、$n=1$、$q=0$、$\Phi>1$），不同传热规律下热阻加热漏热泵循环有限时间烟经济最优性能（$m=1$、$n\neq0$、$q>0$、$\Phi=1$ 和 $m\neq0$、$n=1$、$q>0$、$\Phi=1$）及广义辐射 $Q\propto(\Delta T^n)$（$m=1$ 且 $n\neq0$）和广义对流 $Q\propto(\Delta T)^n$（$m\neq0$ 且 $n=1$）传热规律下不可逆卡诺热泵循环有限时间烟经济最优性能[48,155]。

4.8 小　　结

本章研究一类复杂传热规律 $Q\propto(\Delta T^n)^m$ 下正、反向卡诺循环的有限时间烟经济最优性能，通过数值计算对不同价格比、不同传热规律下内可逆和广义不可逆卡诺热机、制冷机和热泵及不同损失情况下广义不可逆卡诺热机、制冷机和热泵有限时间㶲经济最优性能的变化规律进行了比较分析，结果表明：

(1) 普适传热规律下，内可逆卡诺热机、制冷机和热泵利润率与热效率、制冷系数和供热系数的最优关系均呈类抛物线型；价格比对内可逆卡诺热机、制冷机和热泵利润率与热效率、制冷系数和供热系数的最优关系及有限时间㶲经济性能界限均有较大的影响，有限时间㶲经济性能界限介于有限时间热力学性能界限和经典热力学性能界限之间，并通过价格比与两者建立联系；当 $0<\psi_2/\psi_1<1$ 时，价格比定量地改变利润率与热效率、制冷系数和供热系数的最优关系，价格比越大，内可逆卡诺热机、制冷机和热泵的最大利润率越小，有限时间㶲经济性能界限越大；传热规律定量地改变内可逆卡诺热机、制冷机和热泵的利润率与热效率、制冷系数和供热系数的最优关系。

(2) 普适传热规律下，广义不可逆卡诺热机、制冷机和热泵利润率与热效率、制冷系数和供热系数的最优关系均呈扭叶型；价格比对广义不可逆卡诺热机、制冷机和热泵利润率与热效率、制冷系数和供热系数的最优关系及有限时间㶲经济性能界限均有较大的影响，有限时间㶲经济性能界限介于有限时间热力学性能界限和经典热力学性能界限之间，并通过价格比与两者建立联系；当 $0<\psi_2/\psi_1<1$ 时，价格比定量地改变利润率与热效率、制冷系数和供热系数的最优关系，价格比越大，广义不可逆卡诺热机、制冷机和热泵的最大利润率越小，有限时间㶲经济性能界限越大；内不可逆损失定量地改变热机、制冷机和热泵利润率与热效率、制冷系数和供热系数的最优关系，热机、制冷机和热泵的最大利润率及有限时间㶲经济性能界限均随内不可逆损失的增加而减小；热漏不仅定量而且定性地改变热机、制冷机和热泵利润率与热效率、制冷系数和供热系数的最优关系，若热机、制冷机和热泵存在热漏，则利润率与热效率、制冷系数和供热系数的最优关系由无热漏时的类抛物线型变为扭叶型，热机、制冷机和热泵的最大利润率及有限时间㶲经济性能界限随着热漏的增加而减小；传热规律定量地改变广义不可逆卡诺热机、制冷机和热泵的利润率与热效率、制冷系数和供热系数的最优关系。

(3) 所得结果具有相当的普遍性，包含大量已有文献的结果，是卡诺型理论热机、制冷机和热泵循环分析结果的集成。

第5章 两热源正、反向热力循环构型优化

5.1 引　　言

有限时间热力学研究的一个基本问题是确定给定热力过程的目标极值及其相互之间的关系，另一个基本问题是求出给定最优目标时与其最优值对应的最优热力过程，即最优构型。牛顿传热规律下内可逆恒温热源热机的最优构型是CA热机[4]，变温热源热机的最优构型是热源与工质温度均随时间呈指数变化的广义内可逆卡诺热机[179,180]。Rubin[173,174]研究了牛顿传热规律下考虑不同约束时内可逆恒温热源热机的最优构型，得出给定循环周期时输出功率最大和给定输入能时热效率最大的最优构型分别为六分支循环和八分支循环，并把这个结果扩展到给定压比的一类热机，得出输出功率最大时的最优构型为八分支循环。Tsirlin等[202]研究了牛顿传热规律下，包含若干不同温度的热源、有限热容子系统和能量变换器的复杂系统的最优温度和最大输出功率问题。实际传热过程并不总是服从牛顿传热规律，大量文献表明[70,183,185-191,193-195]，传热规律对热力循环的最优构型和最优性能有很大影响，因此研究传热规律对热力循环最优构型的影响很有必要。

本章首先以文献[173]、[174]的模型为基础，考虑工质与热源之间的传热服从线性唯象传热规律，求出给定周期内输出功率最大时循环的最优构型；然后以文献[202]为基础，考虑系统内部传热服从线性唯象传热规律，求出该复杂系统的最优构型及最大输出功率；最后研究普适传热规律 $Q \propto (\Delta T^n)^m$ 下变温热源往复式内可逆热机和制冷机的最优构型及该传热规律下热漏对热机和制冷机最优构型的影响。由于计算的复杂性，目前情况下暂未得到普适传热规律下内可逆恒温热源热机和复杂系统的最优构型。

5.2　内可逆热机输出功率最大时的构型优化

5.2.1　热机模型

热机模型由下列条件定义。
(1) 热机是内可逆的。
(2) 工质的热导率为 g，其值可取下列区域中的任意值：

$$0 \leqslant g \leqslant g_0 \tag{5.2.1}$$

(3) 传热规律为线性唯象传热规律，热流率 q 为

$$q = g(T_W^{-1} - T_R^{-1}) \tag{5.2.2}$$

式中，T_W 为工质的绝对温度；T_R 为热源温度，为恒值，且有

$$T_L \leqslant T_R \leqslant T_H \tag{5.2.3}$$

式中，T_L 为热源温度的最低值；T_H 为热源温度的最高值。

(4) 每循环的输出功 W 为

$$W = \int_0^\tau P\dot{V} \mathrm{d}t \tag{5.2.4}$$

式中，P 为工质的压力；V 为工质的体积；$\dot{V}$ 为体积的时间导数；τ 为循环的周期。此时工质为理想气体，引入理想气体的热力学第一定律方程：

$$c_V \dot{T}_W + \frac{c_V(\gamma-1)T_W \dot{V}}{V} = q \tag{5.2.5}$$

式中，c_V 为定容比热容；γ 为比热比；$\dot{T}_W$ 为工质温度的时间导数。

将式(5.2.2)代入式(5.2.5)并定义一些新变量，有

$$\dot{T}_W = -CT_W + \bar{g}(T_W^{-1} - T_R^{-1}) \tag{5.2.6}$$

$$\dot{\bar{V}} = C \tag{5.2.7}$$

$$\bar{V} = (\gamma-1)\ln\left(\frac{V}{V_0}\right) \tag{5.2.8}$$

式中，$\bar{g} = g/c_V$；V_0 为参考容积，为常数；C 为汽缸容积的变化率。通过这些变量，式(5.2.4)变为

$$W = c_V \int_0^\tau CT_W \mathrm{d}t \tag{5.2.9}$$

显然，求出 $\bar{V}$ 和 C 这两个变量是为了更有利于用最优控制理论求解所面临的问题。进一步有

$$Q = c_V \int_0^\tau g(T_W^{-1} - T_R^{-1})\theta(T_W^{-1} - T_R^{-1}) \mathrm{d}t \tag{5.2.10}$$

式中，$\theta(x)$ 为赫维赛德阶跃函数，当 $x>0$ 时有 $\theta=1$，当 $x<0$ 时有 $\theta=0$；Q 为输入能量。

此时所求的问题就变为求出输出功率最大时的 $\bar{g}(t)$、$T_R(t)$ 和 $C(t)$，为了保证 C 有物理意义，必须将其限制为

$$-C_m \leqslant C \leqslant C_M \tag{5.2.11}$$

式中，C_m 和 C_M 为任意正数，由这一模型就可得到输出功率最大时的最优循环。

5.2.2 最优构型的优化过程

因为周期 τ 固定，所以输出功率最大也就是式(5.2.9)最大，由式(5.2.6)、式(5.2.7)和式(5.2.9)构造哈密顿函数(此时 T_W 和 $\bar{V}$ 为状态变量；T_R、$\bar{g}$ 和 C 为控制变量)为

$$H = CT_W + \lambda_1 F_1 + \lambda_2 F_2 \tag{5.2.12}$$

$$F_1 = -CT_W + \bar{g}(T_W^{-1} - T_R^{-1}) \tag{5.2.13}$$

$$F_2 = C \tag{5.2.14}$$

取 W/c_V 为性能指标，可以方便地把式(5.2.12)化为

$$H = [(1-\lambda_1)T_W + \lambda_2]C + \lambda_1 \bar{g}(T_W^{-1} - T_R^{-1}) \tag{5.2.15}$$

对应于协态变量的方程为

$$\dot{\lambda}_1 = -\frac{\partial H}{\partial T_W} = -C(1-\lambda_1) + \bar{g}\lambda_1 T_W^{-2} \tag{5.2.16}$$

$$\dot{\lambda}_2 = -\frac{\partial H}{\partial \bar{V}} = 0 \tag{5.2.17}$$

$$\frac{g_0}{c_V} = \bar{g}_0 \tag{5.2.18}$$

下面用最大值理论进行求解。

1. 最大值理论应用

定义

$$\Delta H = H[x'^*(t), u'^*(t), \lambda'^*(t)] - H[x'^*(t), u', \lambda'^*(t)] \tag{5.2.19}$$

式中，u' 为容许解；"*"表示最优值。

对于一个最大值，需要 $\Delta H \geq 0$，故有

$$\Delta H = [(1-\lambda_1^*)T_W^* + \lambda_2^*](C^* - C) + \lambda_1^*[\bar{g}^*(T_W^{*-1} - T_R^{*-1}) - \bar{g}(T_W^{*-1} - T_R^{*-1})] \geq 0 \quad (5.2.20)$$

式中，$0 \leq \bar{g} \leq g_0/c_V = \bar{g}_0$；$T_L \leq T_R \leq T_H$；$-C_m \leq C \leq C_M$。

下面分别针对各种情况求得最优解，进而根据这些最优解得到内可逆循环的最优构型。

首先，假定 $\bar{g} = \bar{g}^*$ 和 $T_R = T_R^*$，则式(5.2.20)的第二项为零，为了保证 $\Delta H \geq 0$，需要

$$C = \begin{cases} C_M, & (1-\lambda_1^*)T_W^* + \lambda_2^* > 0 \\ -C_m, & (1-\lambda_1^*)T_W^* + \lambda_2^* < 0 \\ \text{不确定}, & (1-\lambda_1^*)T_W^* + \lambda_2^* = 0 \end{cases} \quad (5.2.21)$$

最后一种情况对应于奇异控制情况，针对本问题，不难得到对应于策略 C^* 的奇异部分是常数。

其次，假定 $C = C^*$ 和 $T_R = T_R^*$，则式(5.2.20)变为

$$\Delta H = \lambda_1^*(T_W^{*-1} - T_R^{*-1})(\bar{g}^* - \bar{g}) \geq 0 \quad (5.2.22)$$

对应的，需要

$$\bar{g}^* = \begin{cases} \bar{g}_0, & \lambda_1^*(T_W^{*-1} - T_R^{*-1}) > 0 \\ 0, & \lambda_1^*(T_W^{*-1} - T_R^{*-1}) < 0 \\ \text{不确定}, & \lambda_1^*(T_W^{*-1} - T_R^{*-1}) = 0 \end{cases} \quad (5.2.23)$$

最后一种情况仍对应于奇异控制情况，此时这种情况很容易消除。首先，如果在有限的时间间隔内 $\lambda_1^* = 0$，那么由式(5.2.16)可得 $C^* = 0$，并由此可得 $H^* = 0$，但是应有一个最优解对应于 $H^* > 0$，由于 H^* 是一个常数，在有限时间间隔内不可能有 $\lambda_1^* = 0$。其次，假定在有限时间间隔内 $T_R = T_W^*$，则 $C = C_M$ 或 $C = -C_m$，否则又有 $H^* = 0$。在整个有限时间间隔内 $\lambda_1^* \neq 0$，又由 $T_R^* = T_W^* \geq T_L$，可得唯一可能的情况是 $\bar{g}^* = 0$，这一情况包含在式(5.2.23)内。

最后假定 $C = C^*$ 和 $\bar{g} = \bar{g}^*$，则式(5.2.20)变为

$$\Delta H = \lambda_1^*\bar{g}^*(T_R^{-1} - T_R^{*-1}) \geq 0 \quad (5.2.24)$$

因为 $\bar{g}^*$ 是非负数，所以有

$$T_R^* = \begin{cases} T_H, & \lambda_1^* > 0 \\ T_L, & \lambda_1^* < 0 \end{cases} \tag{5.2.25}$$

前面已经证明 $\lambda_1^* = 0$ 的奇异情况应予以排除。如果 $\bar{g}^* = 0$ 且 $\Delta H = 0$，那么此时热源与热机无关，热源温度也就成为无关的量了。

2. 最优解

现在可以得到各种可能的最优解，并由此解求解正则方程得到最优策略。下面所有的函数都是最优的，为方便起见，去掉符号上的"*"号。

(1) $\bar{g} = 0$、$C = C_M$ 或 $C = -C_m$。此时有

$$\begin{cases} T_W(t) = T_W(t_0)\exp[-C(t-t_0)] \\ \bar{V}(t) = \bar{V}(t_0) + C(t-t_0) \\ \lambda_1(t) = 1 - [1-\lambda_1(t_0)]\exp[C(t-t_0)] \\ \lambda_2 = 常数 \end{cases} \tag{5.2.26}$$

$$H = \{[1-\lambda_1(t)]T_W + \lambda_2\}C = \{[1-\lambda_1(t_0)]T_W(t_0) + \lambda_2\}C \tag{5.2.27}$$

与所需要的一致，H 为常数；C 的值由式(5.2.21)确定；t_0 为分支的起始时间。

(2) $\bar{g} = \bar{g}_0$、$T_R = T_H$ 或 $T_R = T_L$ 和 $C = C_M$ 或 $C = -C_m$。此时

$$\begin{cases} \dot{T}_W = -CT_W + \bar{g}(T_W^{-1} - T_R^{-1}) \\ \dot{\lambda}_1 = -\dfrac{\partial H}{\partial T_W} = -C(1-\lambda_1) + \bar{g}T_W^{-2}\lambda_1 \\ \bar{V}(t) = \bar{V}(t_0) + C(t-t_0) \\ \lambda_2(t) = 常数 \end{cases} \tag{5.2.28}$$

式中，t_0 为分支的起始时间；C 由式(5.2.21)确定；T_R 由式(5.2.25)确定。

在以上计算中，T_W 和 λ_1 的两个微分方程很难求出解析解，造成计算复杂，下面给出求解此类问题数值解的具体方法。

(3) $\bar{g} = \bar{g}_0$、$T_R = T_H$ 或 $T_R = T_L$ 和 $(1-\lambda_1)T_W + \lambda_2 = 0$。此时

$$\begin{cases} T_W = T_r, \ \bar{V}(t) = \bar{V}(t_0) + C_r(t-t_0) \\ C_r = \dfrac{\bar{g}_0(T_R - T_W)}{T_W^2 T_R} \\ \lambda_1(t) = \dfrac{T_R - T_W}{2T_R - T_W} \\ \lambda_2(t) = -\dfrac{T_R T_W}{2T_R - T_W} \end{cases} \tag{5.2.29}$$

式中，T_r 为常数。

这是一种还未做分析的奇异情况。对 $(1-\lambda_1)T_W + \lambda_2 = 0$ 求微分并用正则方程消去时间的导数很容易证明 C、T_W 和 λ_1 必须都为常数。

式(5.2.29)使用下标 r 对应 R，即如果 $T_R = T_H$，那么 r = h，如果 $T_R = T_L$，那么 r = l，式(5.2.25)确定了 T_R 的值。由式(5.2.29)可见，如果 $T_R = T_H$，$\lambda_{1h} > 0$，那么有 $T_H > T_h$，如果 $T_R = T_L$，$\lambda_{1l} < 0$，那么有 $T_L < T_l$，这就导出 $C_h > 0$ 和 $C_l < 0$，容易证明

$$H = \frac{\bar{g}_0(T_R - T_r)^2}{T_r T_R (2T_R - T_r)} \tag{5.2.30}$$

为正。注意，在条件(3)应用到所得解时，在整个循环中均为常数的 λ_2 为负值。

下面将会看到两个等温分支是最优策略的一部分，由此及 λ_2 和 H 为常数，可得

$$T_l = \frac{4T_H T_L}{3T_H + T_L} \tag{5.2.31}$$

$$T_h = \frac{4T_H T_L}{T_H + 3T_L} \tag{5.2.32}$$

因此，有八个相异的最优解，用 $1^\pm$、$2_H^\pm$、$2_L^\pm$、3_H 和 3_L 表示，其中正号对应于 $C = C_M$，负号对应于 $C = -C_m$，H 和 L 对应于 T_R 的下标。

为了确定实际最优策略，必须考察常数 H 及一对最优解间转换点（或称开关）处状态变量和协态变量的连续性。

3. 转换点

在最优控制理论中，状态变量空间中状态变量变化不连续的面称为转换面。有关本问题的转换汇总于表 5.2.1。

首先看到，表 5.2.1 中(1)和(3)之间的转换是不允许的，因为 $(1-\lambda_1)T_W + \lambda_2$ 是连续的且在情况(3)下为零，但式(5.2.27)表明，当 t 从①情况到达转换时间时 H 需要为零。

(1)和(2)之间的转换在 $\lambda_1 = 0$ 时是允许的，这可通过比较式(5.2.27)和式(5.2.15)得到。注意，λ_1 可以在某一时刻为零，但并不是在整个时间间隔内都为零，在这个转换过程中因为 H 不等于零，所以 C 必须保持不变。

表 5.2.1　转换点

情况	(1)	(2)	(3)
(1)	①	②	①
(2)	②	②或③	③
(3)	①	③	①

注：①表示禁止的转换；②表示允许的转换：$\Delta C = 0$，$\lambda_1 = 0$；③表示允许的转换：$\Delta T_R = 0$，$(1-\lambda_1)T_W + \lambda_2 = 0$。

在 $(1-\lambda_1)T_W + \lambda_2$ 为零的瞬间允许在(2)和(3)之间转换，由于在转换瞬间 T_R 的变化需要 $\lambda_1 = 0$，因此在这个转换时 T_R 必须为常数。对于情况(2)，$\lambda_1 \neq 0$，因为其连续性这一转换点消失。

如果在 1^+ 和 1^- 之间有转换点，那么式(5.2.21)需要 $(1-\lambda_1)T_W + \lambda_2$ 为零，而此时式(5.2.27)会得到 $H=0$。考虑 1^+ 和 1^- 之间不可能有转换点，同样，由于 λ_1 的连续性，在 3_H 和 3_L 之间也不可能有转换点。但在情况(2)下，$T_R = T_H$ 和 $T_R = T_L$ 之间可能有转换，此时 C 保持为常数，λ_1 在转换瞬间通过 0。在 $-C_m$ 和 C_M 之间也可能有转换，此时 T_R 不变，$(1-\lambda_1)T_W + \lambda_2$ 为零。但是，T_R 和 C 不可能连续变化，因为此时要求 $H=0$。

与牛顿传热规律下系统最优构型一样[173]，在最优策略中等温和绝热分支之间不允许有转换点。事实上，最优策略中没有绝热分支。

4. 最优控制和策略

因为本书研究的是自激系统，即相对时间平移时，系统保持不变，所以可顺着最优策略取任意一点作为起始点。假定从 3_H 分支开始，即 $0 \leqslant t \leqslant t_1$ 时从 $T_R = T_H$、$T_W = T_h$ 开始，唯一允许的转换是到 2_H^+ 分支，即 $T_R = T_H$、$C = C_M$。当 $t_1 < t \leqslant t_2$ 时 λ_1 减小，而 $(1-\lambda_1)T_W + \lambda_2$ 从零开始增加，因此唯一的转换发生在 λ_1 为零的 t_2，并且得到 2_L^+ 分支。本来有可能转换到绝热分支 1^+，但已经指出这是不能发生的。

从 t_2 到 t_3，λ_1 继续减小，$(1-\lambda_1)T_W + \lambda_2$ 也是减小直至为零，此时就有另一转换。在 t_3 时得到一等温分支 3_L 并一直延续到 t_4，此时转换到 2_L^-。沿着这一分支 $(1-\lambda_1)T_W + \lambda_2$ 从零开始减小，而 λ_1 则增加直至在 t_5 时为零。这时，转换到 2_H^- 分支直到循环的终点 $t_6 = \tau$ 时，$(1-\lambda_1)T_W + \lambda_2$ 重新回到零为止。同样，在 2_L^- 和 2_H^- 两个分支之间可以有绝热分支，但这不是最优分支的一部分。

这样，整个最优控制问题的解就可以写出来了。因为 λ_2 在整个循环内是常量，所以只记一次。为方便起见，定义以下量：

$$C_h = \frac{\bar{g}_0 (T_H - T_L)(T_H + 3T_L)}{16 T_H^2 T_L^2} \tag{5.2.33}$$

$$C_l = \frac{\bar{g}_0 (T_L - T_H)(3T_H + T_L)}{16 T_H^2 T_L^2} \tag{5.2.34}$$

将各个分支的工质温度分别定义为 $T_W^{(1)}$、$T_W^{(2)}$、$T_W^{(3)}$、$T_W^{(4)}$、$T_W^{(5)}$ 和 $T_W^{(6)}$，将各分支的协态变量 λ_1 分别定义为 $\lambda_1^{(1)}$、$\lambda_1^{(2)}$、$\lambda_1^{(3)}$、$\lambda_1^{(4)}$、$\lambda_1^{(5)}$ 和 $\lambda_1^{(6)}$。

针对 $0 \leqslant t \leqslant t_1$，有

$$\begin{cases} T_W^{(1)} = T_h = \dfrac{4 T_H T_L}{T_H + 3 T_L} \\ \bar{V} = C_h t, \quad T_R = T_H \\ \lambda_1^{(1)} = \dfrac{T_H - T_L}{2(T_H + T_L)} \\ \lambda_2 = -\dfrac{2 T_H T_L}{T_H + T_L} \end{cases} \tag{5.2.35}$$

针对 $t_1 \leqslant t \leqslant t_2$，将 $T_W^{(2)}(t)$ 在 t_1 处泰勒展开，得

$$T_W^{(2)}(t) = T_W^{(2)}(t_1) + \dot{T}_W^{(2)}(t_1)(t - t_1) + o(t - t_1) \tag{5.2.36}$$

去掉 $(t - t_1)$ 的高阶无穷小 $o(t - t_1)$，则

$$T_W^{(2)}(t) \approx T_W^{(2)}(t_1) + \dot{T}_W^{(2)}(t_1)(t - t_1) \tag{5.2.37}$$

由 $T_W(t)$ 的连续性，有 $T_W^{(2)}(t_1) = T_W^{(1)}(t_1)$。又由

$$\dot{T}_W^{(2)}(t) = -C_M T_W^{(2)}(t) + \bar{g}_0 \left[T_W^{(2)-1}(t) - T_H^{-1} \right] \tag{5.2.38}$$

得

$$\dot{T}_W^{(2)}(t_1) = -C_M T_W^{(2)}(t_1) + \bar{g}_0 \left[T_W^{(2)-1}(t_1) - T_H^{-1} \right] = -C_M T_W^{(1)}(t_1) + \bar{g}_0 \left[T_W^{(1)-1}(t_1) - T_H^{-1} \right] \tag{5.2.39}$$

故

$$\begin{aligned} T_W^{(2)}(t) &\approx T_W^{(1)}(t_1) + [\bar{g}_0 (T_W^{(1)-1}(t_1) - T_H^{-1}) - C_M T_W^{(1)}(t_1)](t - t_1) \\ &= \frac{4 T_H T_L}{T_H + 3 T_L} + \left[\bar{g}_0 \left(\frac{T_H + 3 T_L}{4 T_H T_L} - \frac{1}{T_H} \right) - C_M \frac{4 T_H T_L}{T_H + 3 T_L} \right](t - t_1) \end{aligned} \tag{5.2.40}$$

将 $\lambda_1^{(2)}(t)$ 在 t_1 处泰勒展开，得

$$\lambda_1^{(2)}(t) = \lambda_1^{(2)}(t_1) + \dot{\lambda}_1^{(2)}(t_1)(t-t_1) + o(t-t_1) \quad (5.2.41)$$

去掉 $(t-t_1)$ 的高阶无穷小 $o(t-t_1)$，则

$$\lambda_1^{(2)}(t) \approx \lambda_1^{(2)}(t_1) + \dot{\lambda}_1^{(2)}(t_1)(t-t_1) \quad (5.2.42)$$

由 $\lambda_1(t)$ 的连续性，有 $\lambda_1^{(2)}(t_1) = \lambda_1^{(1)}(t_1)$。又由

$$\dot{\lambda}_1^{(2)}(t) = -C_M[1-\lambda_1^{(2)}(t)] + \overline{g}_0 T_W^{(2)-2}(t)\lambda_1^{(2)}(t) \quad (5.2.43)$$

得

$$\begin{aligned}\lambda_1^{(2)}(t) &\approx \lambda_1^{(1)}(t) + \{-C_M[1-\lambda_1^{(1)}(t_1)] + \overline{g}_0 T_W^{(2)-2}(t_1)\lambda_1^{(1)}(t_1)\}(t-t_1) \\ &= \frac{T_H - T_L}{2(T_H + T_L)} + \left\{\frac{\overline{g}_0(T_H - T_L)(T_H + 3T_L)^2}{32 T_H^2 T_L^2 (T_H + T_L)} - C_M\left[1 - \frac{T_H - T_L}{2(T_H + T_L)}\right]\right\}(t-t_1)\end{aligned} \quad (5.2.44)$$

故针对 $t_1 \leqslant t \leqslant t_2$，分支的工质温度、对数体积和协态变量分别为

$$\begin{cases} T_W^{(2)}(t) = \dfrac{4T_H T_L}{T_H + 3T_L} + \left[\overline{g}_0\left(\dfrac{T_H + 3T_L}{4T_H T_L} - \dfrac{1}{T_H}\right) - C_M \dfrac{4T_H T_L}{T_H + 3T_L}\right](t-t_1) \\ \overline{V} = C_M(t-t_1) + C_h t_1 \\ \lambda_1^{(2)}(t) = \dfrac{T_H - T_L}{2(T_H + T_L)} + \left\{\dfrac{\overline{g}_0 (T_H + 3T_L)^2 (T_H - T_L)}{32 T_H^2 T_L^2 (T_H + T_L)} - C_M\left[1 - \dfrac{T_H - T_L}{2(T_H + T_L)}\right]\right\}(t-t_1) \end{cases}$$

$$(5.2.45)$$

同理，针对 $t_2 \leqslant t \leqslant t_3$，有

$$\begin{cases} T_W^{(3)}(t) = T_W^{(2)}(t_2) + \left\{\overline{g}_0\left[T_W^{(2)-1}(t_2) - T_L^{-1}\right] - C_M T_W^{(2)}(t_2)\right\}(t-t_2) \\ \overline{V} = C_M(t-t_1) + C_h t_1 \\ \lambda_1^{(3)}(t) = \lambda_1^{(2)}(t_2) + \left\{\overline{g}_0 T_W^{(2)-2}(t_2)\lambda_1^{(2)}(t_2) - C_M\left[1 - \lambda_1^{(2)}(t_2)\right]\right\}(t-t_2) \end{cases} \quad (5.2.46)$$

其中，t_2 时工质的温度和协态变量分别为

$$T_W^{(2)}(t_2) = \frac{4T_H T_L}{T_H + 3T_L} + \left[\overline{g}_0\left(\frac{T_H + 3T_L}{4T_H T_L} - \frac{1}{T_H}\right) - C_M \frac{4T_H T_L}{T_H + 3T_L}\right](t_2 - t_1) \quad (5.2.47)$$

$$\lambda_1^{(2)}(t_2) = \frac{T_H - T_L}{2(T_H + T_L)} + \left\{ \frac{\overline{g}_0(T_H - T_L)(T_H + 3T_L)^2}{32T_H^2 T_L^2(T_H + T_L)} - C_M \left[1 - \frac{T_H - T_L}{2(T_H + T_L)}\right] \right\}(t_2 - t_1)$$

(5.2.48)

针对 $t_3 \leqslant t \leqslant t_4$，有

$$\begin{cases} T_W^{(4)} = T_1 = \dfrac{4T_H T_L}{3T_H + T_L} \\ \overline{V} = C_1(t - t_3) + C_M(t_3 - t_1) + C_h t_1 \\ T_R = T_L \\ \lambda_1^{(4)} = \dfrac{T_L - T_H}{2(T_H + T_L)} \end{cases}$$

(5.2.49)

针对 $t_4 \leqslant t \leqslant t_5$，分支的工质温度、对数体积和协态变量分别为

$$\begin{cases} T_W^{(5)}(t) = \dfrac{4T_H T_L}{3T_H + T_L} + \left[C_m \dfrac{4T_H T_L}{3T_H + T_L} + \overline{g}_0 \left(\dfrac{3T_H + T_L}{4T_H T_L} - \dfrac{1}{T_L} \right) \right](t - t_4) \\ \overline{V} = C_1(t_4 - t_3) + C_M(t_3 - t_1) + C_h t_1 - C_m(t - t_4) \\ \lambda_1^{(5)}(t) = \dfrac{T_L - T_H}{2(T_H + T_L)} + \left\{ C_m \left[1 - \dfrac{T_L - T_H}{2(T_H + T_L)}\right] + \overline{g}_0 \dfrac{(3T_H + T_L)^2(T_L - T_H)}{32T_H^2 T_L^2(T_H + T_L)} \right\}(t - t_4) \end{cases}$$

(5.2.50)

针对 $t_5 \leqslant t \leqslant t_6 = \tau$，分支的工质温度、对数体积和协态变量分别为

$$\begin{cases} T_W^{(6)}(t) = T_W^{(5)}(t_5) + \left\{ C_m T_W^{(5)}(t_5) + \overline{g}_0 \left[T_W^{(5)-1}(t_5) - T_H^{-1} \right] \right\}(t - t_5) \\ \overline{V} = C_M(t_3 - t_1) + C_h t_1 + C_1(t_4 - t_3) - C_m(t - t_4) \\ \lambda_1^{(6)} = \lambda_1^{(5)}(t_5) + \left\{ C_m \left[1 - \lambda_1^{(5)}(t_5)\right] + \overline{g}_0 T_W^{(5)-2}(t_5) \lambda_1^{(5)}(t_5) \right\}(t - t_5) \end{cases}$$

(5.2.51)

其中，t_5 时工质的温度和协态变量分别为

$$T_W^{(5)}(t_5) = \frac{4T_H T_L}{3T_H + T_L} + \left[\overline{g}_0 \left(\frac{3T_H + T_L}{4T_H T_L} - \frac{1}{T_L} \right) - C_M \frac{4T_H T_L}{3T_H + T_L} \right](t_5 - t_4) \quad (5.2.52)$$

$$\lambda_1^{(5)}(t_5) = \frac{T_L - T_H}{2(T_H + T_L)} + \left\{ \frac{\overline{g}_0(T_L - T_H)(3T_H + T_L)^2}{32T_H^2 T_L^2(T_H + T_L)} + C_m \left[1 - \frac{T_L - T_H}{2(T_H + T_L)}\right] \right\}(t_5 - t_4)$$

(5.2.53)

第 5 章 两热源正、反向热力循环构型优化

由 λ_1 在 t_6 连续可得

$$\frac{T_H - T_L}{2(T_H + T_L)} = \lambda_1^{(5)}(t_5) + \{\bar{g}_0 T_W^{(5)-2}(t_5)\lambda_1^{(5)}(t_5) + C_m[1 - \lambda_1^{(5)}(t_5)]\}(t_6 - t_5) \quad (5.2.54)$$

又根据转换点条件 $\lambda_1^{(2)}(t_2) = 0$ 和 $\lambda_1^{(5)}(t_5) = 0$ 得 2_H^+ 和 2_L^- 分支的过程时间分别为

$$t_2 - t_1 = \frac{\dfrac{T_H - T_L}{2(T_H + T_L)}}{\dfrac{\bar{g}_0(T_H - T_L)(T_H + 3T_L)^2}{32T_H^2 T_L^2(T_H + T_L)} - C_M\left[1 - \dfrac{T_H - T_L}{2(T_H + T_L)}\right]} \quad (5.2.55)$$

$$t_5 - t_4 = \frac{\dfrac{T_L - T_H}{2(T_H + T_L)}}{\dfrac{\bar{g}_0(T_L - T_H)(3T_H + T_L)^2}{32T_H^2 T_L^2(T_H + T_L)} + C_m\left[1 - \dfrac{T_L - T_H}{2(T_H + T_L)}\right]} \quad (5.2.56)$$

同理，将 $\lambda_1^{(5)}(t_5) = 0$ 代入式 (5.2.54) 可得

$$t_6 - t_5 = \frac{T_H - T_L}{2C_m(T_H + T_L)} \quad (5.2.57)$$

将式 (5.2.55) 和式 (5.2.56) 分别代入式 (5.2.47) 和式 (5.2.52) 可得工质在 t_2 和 t_5 时的温度分别为

$$T_W^{(2)}(t_2) = \frac{4T_H T_L}{T_H + 3T_L} + \left[\bar{g}_0\left(\frac{T_H + 3T_L}{4T_H T_L} - \frac{1}{T_H}\right) - \frac{4C_M T_H T_L}{T_H + 3T_L}\right]$$

$$\cdot \frac{\dfrac{T_H - T_L}{2(T_H + T_L)}}{\dfrac{\bar{g}_0(T_H - T_L)(T_H + 3T_L)}{32T_H^2 T_L^2(T_H + T_L)} - C_M\left[1 - \dfrac{T_H - T_L}{2(T_H + T_L)}\right]} \quad (5.2.58)$$

$$T_W^{(5)}(t_5) = \frac{4T_H T_L}{3T_H + T_L} + \left[\bar{g}_0\left(\frac{3T_H + T_L}{4T_H T_L} - \frac{1}{T_L}\right) - \frac{4C_M T_H T_L}{3T_H + T_L}\right]$$

$$\cdot \frac{\dfrac{T_L - T_H}{2(T_H + T_L)}}{\dfrac{\bar{g}_0(T_L - T_H)(3T_H + T_L)}{32T_H^2 T_L^2(T_H + T_L)} + C_M\left[1 - \dfrac{T_L - T_H}{2(T_H + T_L)}\right]} \quad (5.2.59)$$

由 λ_1 在 t_3 连续并根据 $\lambda_1^{(2)}(t_2) = 0$ 可得

$$t_3 - t_2 = \frac{T_H - T_L}{2C_M(T_H + T_L)} \tag{5.2.60}$$

又由总循环时间一定可得

$$t_1 + (t_4 - t_3) = \tau - (t_6 - t_5) - (t_5 - t_4) - (t_3 - t_2) - (t_2 - t_1) \tag{5.2.61}$$

由 $\overline{V}$ 的端部条件 $\overline{V}(0) = \overline{V}(\tau) = 0$ 可得

$$C_M(t_3 - t_1) + C_h t_1 + C_l(t_4 - t_3) - C_m(t_6 - t_4) = 0 \tag{5.2.62}$$

将 $t_2 - t_1$、$t_3 - t_2$、$t_5 - t_4$ 和 $t_6 - t_5$ 的表达式代入式(5.2.60)和式(5.2.61)可得

$$t_4 - t_3 = \frac{(C_M - C_h)(t_3 - t_1) - (C_h + C_m)(t_6 - t_4) + C_h}{C_h - C_l} \tag{5.2.63}$$

$$t_1 = \tau - (t_6 - t_5) - (t_5 - t_4) - (t_4 - t_3) - (t_3 - t_2) - (t_2 - t_1) \tag{5.2.64}$$

最后将所得结果代入式(5.2.9)和式(5.2.10)可得到最大输出功 W 和所需输入的能量 Q，循环的输出功率为 $P = W/\tau$，循环热效率为 $\eta = W/Q$。

5.2.3 数值算例与分析

取 $T_L = 400\text{K}$、$\overline{g}_0 = 10^7$、$\tau = 1\text{s}$ 和 $c_V = 5\text{J}/(\text{kg}\cdot\text{K})$，工质质量为 1kg。根据上述公式可得到相应的值。表 5.2.2～表 5.2.4 分别给出了 T_H 和 C_M、C_m 及 $\overline{g}_0$ 变化时各分支的过程时间、各转换点处状态变量的值和相应的最大输出功率 P、所需输入的能量 Q 和循环热效率 η。

表 5.2.2 T_H 变化时各对应值（$\overline{g}_0 = 10^7, C_M = 8, C_m = 38$）

	$T_H = 1200\text{K}$			$T_H = 1000\text{K}$			$T_H = 800\text{K}$		
i	过程时间 $(t_{i+1} - t_i)/\text{s}$	工质温度 $T_W(t_i)/\text{K}$	容积比 $\overline{V}(t_i)$	过程时间 $(t_{i+1} - t_i)/\text{s}$	工质温度 $T_W(t_i)/\text{K}$	容积比 $\overline{V}(t_i)$	过程时间 $(t_{i+1} - t_i)/\text{s}$	工质温度 $T_W(t_i)/\text{K}$	容积比 $\overline{V}(t_i)$
0	0.4724	800.00	0.0000	0.4842	727.27	0.0000	0.4996	640.00	0.0000
1	0.1194	800.00	2.4602	0.0959	727.27	2.4968	0.0642	640.00	2.4394
2	0.0313	533.33	3.4154	0.0268	528.93	3.2640	0.0208	512.00	2.9527
3	0.3636	480.00	3.6654	0.3816	470.59	3.4783	0.4065	457.14	3.1193
4	0.0068	480.00	0.5092	0.0059	470.59	0.4376	0.0046	457.14	0.3409
5	0.0066	576.00	0.2500	0.0056	553.63	0.2143	0.0044	522.45	0.1667
P	4538.95W			3611.52W			2426.35W		
Q	14573.05J			12640.56J			10016.90J		
η	31.15%			28.57%			24.22%		

表 5.2.3 C_M、C_m 变化时各对应值($T_H = 1000K, \bar{g}_0 = 10^7$)

i	$C_M = 28, C_m = 58$			$C_M = 18, C_m = 48$			$C_M = 8, C_m = 38$		
	过程时间 $(t_{i+1}-t_i)$/s	工质温度 $T_W(t_i)$/K	容积比 $\bar{V}(t_i)$	过程时间 $(t_{i+1}-t_i)$/s	工质温度 $T_W(t_i)$/K	容积比 $\bar{V}(t_i)$	过程时间 $(t_{i+1}-t_i)$/s	工质温度 $T_W(t_i)$/K	容积比 $\bar{V}(t_i)$
0	0.5810	727.27	0.0000	0.5686	727.27	0.0000	0.4842	727.27	0.0000
1	0.0119	727.27	2.9957	0.0212	727.27	2.9320	0.0959	727.27	2.4968
2	0.0077	528.93	3.3300	0.0119	528.93	3.3142	0.0268	528.93	3.2640
3	0.3922	470.59	3.5443	0.3894	470.59	3.5285	0.3816	470.59	3.4783
4	0.0035	470.59	0.4189	0.0044	470.59	0.4259	0.0059	470.59	0.4376
5	0.0037	553.63	0.2143	0.0045	5..53.63	0.2143	0.0056	553.63	0.2143
P	3914.77W			3869.37W			3611.52W		
Q	11720.00J			11862.32J			12640.56J		
η	33.40%			32.62%			28.57%		

表 5.2.4 $\bar{g}_0$ 变化时各对应值($T_H = 1000K, C_M = 8, C_m = 38$)

i	$\bar{g}_0 = 1.2 \times 10^7$			$\bar{g}_0 = 10^7$			$\bar{g}_0 = 0.8 \times 10^7$		
	过程时间 $(t_{i+1}-t_i)$/s	工质温度 $T_W(t_i)$/K	容积比 $\bar{V}(t_i)$	过程时间 $(t_{i+1}-t_i)$/s	工质温度 $T_W(t_i)$/K	容积比 $\bar{V}(t_i)$	过程时间 $(t_{i+1}-t_i)$/s	工质温度 $T_W(t_i)$/K	容积比 $\bar{V}(t_i)$
0	0.4309	727.27	0.0000	0.4842	727.27	0.0000	0.5079	727.27	0.0000
1	0.1505	727.27	2.6660	0.0959	727.27	2.4968	0.0704	727.27	2.0951
2	0.0268	528.93	3.8698	0.0268	528.93	3.2640	0.0268	528.93	2.6582
3	0.3800	470.59	4.0841	0.3816	470.59	3.4783	0.3837	470.59	2.8725
4	0.0062	470.59	0.4501	0.0059	470.59	0.4376	0.0056	470.59	0.4263
5	0.0056	553.63	0.2143	0.0056	553.63	0.2143	0.0056	553.63	0.2143
P	4169.98W			3611.52W			2937.59W		
Q	15906.97J			12640.56J			9863.30J		
η	26.21%			28.57%			29.78%		

由以上计算可知，随着 T_H 的减小，最大功率分支的过程时间减小，输出的最大功率、所需输入的能量和循环热效率都减小。随着 C_M 和 C_m 的减小，最大功率分支的过程时间增加，输出的最大功率减小，所需输入的能量增加，循环热效率减小。随着 $\bar{g}_0$ 的减小，最大功率分支的过程时间减小，输出的最大功率和所需输入的能量减小，循环热效率增加。因此，为获得较大的输出功率应该适当提高热源温度、汽缸容积变化率和热导率。

5.2.4 讨论

(1) 线性唯象传热规律下给定周期的内可逆热机输出功率最大时的最优构型由六个分支组成，其中两个是等温分支，其他四个既不是等温分支也不是绝热分支,因为由其得到了最大输出功率,所以称其为最大功率分支。整个构型中没有绝热分支。

(2) 将本节结果与文献[173]的结果进行比较,可知牛顿传热规律和线性唯象传热规律下循环的最优构型具有以下异同点:两种传热规律下的循环最优构型均由两个等温分支和四个最大功率分支组成,且均不包括绝热分支;两种传热规律下的两个等温分支的温度不同,四个最大功率分支的过程路径也不同;两种传热规律下的最优构型对应各分支的过程时间不相同;由于最优构型的过程路径和时间均不相同,因此输出的最大功率、所需输入的能量和循环热效率均不相同。可见,传热规律对循环最优构型具有较大影响,必须予以研究。

5.3 复杂系统的构型优化

5.3.1 系统模型

考虑如图 5.3.1 所示的稳态复杂热力系统。该系统由 n 个恒温热源、有限热容子系统和一个变换器(热机或制冷机)组成,其中有限热容子系统为 m 个,恒温热

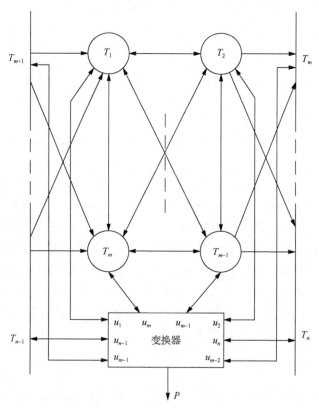

图 5.3.1 稳态复杂热力系统示意图

源为 $n-m$ 个。变换器产生输出功率(若最大输出功率为负,则说明该输出功率为输入系统的最小功率)。假设每个子系统都是内平衡的,所有的不可逆性都发生在子系统的边界。子系统之间及子系统与热源之间都有热交换。第 i 个子系统(或热源)的温度为 T_i,子系统之间的热流率为 $Q_{ij}(T_i, T_j)$,这些热流是由子系统之间的温差引起的。变换器与第 i 个子系统(或热源)接触时的工质温度为 u_i,子系统、热源与变换器之间的热流率记为 $Q_i(T_i, u_i)$。目标是找到使变换器产生最大输出功率 P 的变换器与子系统、热源之间的最优温度 $u_{i,\text{opt}}$。定义进入子系统的热流为正,当 T_i 增加时,Q_{ij} 单调减少,当 T_j 增加时,Q_{ij} 单调增加,如果 $T_i = T_j$,那么 $Q_{ij} = 0$。如果子系统之间没有接触,那么 $Q_{ij} = 0$。

假定 $Q_{ij}(T_i, T_j)$ 是连续可微的,变换器是内可逆的,熵产为零。若子系统、热源和变换器之间的传热服从线性唯象传热规律,则有

$$Q_i = g_i(u_i^{-1} - T_i^{-1}), \quad Q_{ij} = g_{ij}(T_i^{-1} - T_j^{-1}) \tag{5.3.1}$$

式中,g_i 和 g_{ij} 为热导率。因此,系统的最大输出功率问题具有以下形式:

$$P = \sum_{i=1}^{n} g_i(u_i^{-1} - T_i^{-1}) \to \max_{u_i > 0} \tag{5.3.2}$$

由变换器工质的熵平衡可得

$$\sum_{i=1}^{n} \frac{g_i(u_i^{-1} - T_i^{-1})}{u_i} = 0 \tag{5.3.3}$$

由第 i 个子系统的能量平衡可得

$$\sum_{j=1}^{n} g_{ij}(T_i^{-1} - T_j^{-1}) = \alpha_i(u_i^{-1} - T_i^{-1}), \quad i = 1, 2, \cdots, m \tag{5.3.4}$$

将 m 个有限热容子系统分为两类:一类具有自由温度 T_i $(i = 1, 2, \cdots, r)$,可由与之相连的温度 u_i 进行控制,从而得到最大的输出功率 P;另一类具有固定的温度 T_i $(i = r+1, r+2, \cdots, m)$。这两种温度分别称为子系统的自由温度和固定温度。

5.3.2 最优解

建立拉格朗日函数:

$$L = \sum_{i=1}^{n} g_i(u_i^{-1} - T_i^{-1}) - \chi \sum_{i=1}^{m} \frac{g_i(u_i^{-1} - T_i^{-1})}{u_i} - \chi \sum_{i=m+1}^{n} \frac{g_i(u_i^{-1} - T_i^{-1})}{u_i}$$
$$+ \sum_{i=1}^{m} \lambda_i \left[\sum_{j=1}^{n} g_{ij}(T_i^{-1} - T_j^{-1}) - g_i(u_i^{-1} - T_i^{-1}) \right] \quad (5.3.5)$$

式中，χ 和 λ_i 为拉格朗日乘子。由条件 $\partial L/\partial u_i = 0$ 和 $\partial L/\partial T_i = 0$，可得

$$\frac{\partial L}{\partial u_i} = 0 \Rightarrow u_{i,\mathrm{opt}} = \frac{2\chi T_i}{\chi + T_i(1 - \lambda_i)}, \quad i = 1, 2, \cdots, n \quad (5.3.6)$$

$$\frac{\partial L}{\partial T_i} = 0 \Rightarrow g_i\left(1 - \frac{\chi}{u_i} - \lambda_i\right) - \sum_{j=1}^{n}(\lambda_j - \lambda_i)g_{ij} = 0, \quad i = 1, 2, \cdots, r \quad (5.3.7)$$

针对 $j > m$ 有 $\lambda_j = 0$。针对热源，拉格朗日函数的稳态条件为

$$\frac{\partial L}{\partial u_i} = 0 \Rightarrow u_{i,\mathrm{opt}} = \frac{2\chi T_i}{\chi + T_i}, \quad i = m+1, \cdots, n \quad (5.3.8)$$

针对子系统，可得

$$\frac{\partial L}{\partial u_i} = 0 \Rightarrow u_{i,\mathrm{opt}} = \frac{2\chi T_i}{\chi + T_i(1 - \lambda_i)}, \quad i = 1, 2, \cdots, m \quad (5.3.9)$$

1. 只有热源和变换器的系统

若系统只有 n 个恒温热源（$m = 0$）和变换器，则将式(5.3.8)代入式(5.3.3)可得

$$\sum_{i=1}^{n} \frac{g_i\left(\dfrac{\chi + T_i}{2\chi T_i} - \dfrac{1}{T}\right)}{\dfrac{2\chi T_i}{\chi + T_i}} = 0 \quad (5.3.10)$$

将式(5.3.10)化简后可得

$$\sum_{i=1}^{n} \frac{g_i}{4\chi^2} - \sum_{i=1}^{n} \frac{g_i}{4T_i^2} = 0 \quad (5.3.11)$$

解之得

$$\chi = \left(\frac{\displaystyle\sum_{i=1}^{n} g_i}{\displaystyle\sum_{i=1}^{n} \frac{g_i}{T_i^2}} \right)^{\frac{1}{2}} \quad (5.3.12)$$

将式(5.3.12)代入式(5.3.8)可得

$$u_{i,\text{opt}} = \frac{2T_i \left(\dfrac{\sum_{i=1}^{n} g_i}{\sum_{i=1}^{n} g_i T_i^{-2}} \right)^{\frac{1}{2}}}{\left(\dfrac{\sum_{i=1}^{n} g_i}{\sum_{i=1}^{n} g_i T_i^{-2}} \right)^{\frac{1}{2}} + T_i} , \quad i = 1, 2, \cdots, n \quad (5.3.13)$$

将式(5.3.13)代入式(5.3.2)可得变换器产生的最大输出功率为

$$P^* = \sum_{i=1}^{n} g_i \left[\frac{1}{2 \left(\dfrac{\sum_{j=1}^{n} g_j}{\sum_{j=1}^{n} g_j T_j^{-2}} \right)^{\frac{1}{2}}} - \frac{1}{2T_i} \right], \quad i,j = 1, 2, \cdots, n \quad (5.3.14)$$

2. 子系统、热源和变换器组成的系统

设所有子系统温度都是自由的($r=m$),要使变换器产生最大输出功率,该问题可分解成以下三个子问题。

(1) 在热源和变换器熵流σ_r给定的条件下,使热源与变换器之间产生的输出功率$P_\text{r}^*(\sigma_\text{r})$最大,即在

$$\sum_{i=m+1}^{n} \frac{Q_i}{u_i} = \sigma_\text{r} \quad (5.3.15)$$

约束下,使式(5.3.16)最大化:

$$P_\text{r}^*(\sigma_\text{r}) = \sum_{i=m+1}^{n} Q_i \quad (5.3.16)$$

由式(5.3.1)、式(5.3.8)和式(5.3.15)可得

$$u_{i,\text{opt}} = \frac{2T_i \left(\dfrac{\sum_{i=m+1}^{n} g_i}{\sum_{i=m+1}^{n} g_i T_i^{-2} + 4\sigma_r} \right)^{\frac{1}{2}}}{\left(\dfrac{\sum_{i=m+1}^{n} g_i}{\sum_{i=m+1}^{n} g_i T_i^{-2} + 4\sigma_r} \right)^{\frac{1}{2}} + T_i}, \quad i = m+1, m+2, \cdots, n \quad (5.3.17)$$

因此，将式(5.3.17)代入式(5.3.2)可得变换器与热源之间产生的最大输出功率为

$$P_r^*(\sigma_r) = \sum_{i=m+1}^{n} \frac{g_i}{2} \left[\left(\dfrac{\sum_{j=m+1}^{n} g_j}{\sum_{j=m+1}^{n} g_j T_j^{-2} + 4\sigma_r} \right)^{-\frac{1}{2}} - T_i^{-1} \right], \quad i, j = m+1, m+2, \cdots, n \quad (5.3.18)$$

(2) 在子系统和变换器熵流 σ_s 给定的条件下，使子系统与变换器之间产生的输出功率 $P_s^*(\sigma_s)$ 最大，即在

$$\sum_{i=1}^{m} \frac{Q_i}{u_i} = \sigma_s \quad (5.3.19)$$

和式(5.3.4)的约束下，使式(5.3.20)最大化：

$$P_s^*(\sigma_s) = \sum_{i=1}^{m} Q_i \quad (5.3.20)$$

针对子系统的温度，由式(5.3.1)可得

$$\frac{1}{T_i} = \frac{1}{u_i} - \frac{Q_i}{\alpha_i} \quad (5.3.21)$$

式(5.3.4)可以写成一组关于温度 $T_i(i=1,2,\cdots,m)$ 的线性方程：

$$\frac{1}{T_i} \sum_{j=1}^{n} g_{ij} - \sum_{j=1}^{m} \frac{g_{ij}}{T_j} = Q_i + \sum_{j=m+1}^{n} \frac{g_{ij}}{T_j}, \quad i = 1, 2, \cdots, m \quad (5.3.22)$$

这一组线性方程可以写成如下矩阵形式：

$$A(g) \cdot T = C(Q) \tag{5.3.23}$$

式中，$A(g) = -\begin{bmatrix} g_{11} - \overline{g}_1 & g_{12} & \cdots & g_{1m} \\ g_{21} & g_{22} - \overline{g}_2 & \cdots & g_{2m} \\ \vdots & \vdots & & \vdots \\ g_{m1} & g_{m2} & \cdots & g_{mm} - \overline{g}_m \end{bmatrix}$；$\overline{g}_i = \sum_{j=1}^{n} g_{ij}$；$T = \begin{bmatrix} T_1^{-1} \\ T_2^{-1} \\ \vdots \\ T_m^{-1} \end{bmatrix}$；

$C(Q) = \begin{bmatrix} Q_1 + R_1 \\ Q_2 + R_2 \\ \vdots \\ Q_m + R_m \end{bmatrix}$；$R_i = \sum_{j=m+1}^{n} \dfrac{g_{ij}}{T_j}$。

因此，子系统温度的倒数可根据热流 Q_i 和给定的热源温度表示（假定矩阵 A 可逆）为

$$T = A^{-1}C(Q) \tag{5.3.24}$$

$$\frac{1}{T_i(Q)} = b_{i1}(Q_1 + R_1) + b_{i2}(Q_2 + R_2) + \cdots + b_{im}(Q_m + R_m) \tag{5.3.25}$$

式中，$b_{ij}(g)$ 为逆矩阵 A^{-1} 的组成元素。将式(5.3.25)代入式(5.3.21)可得到由 Q_i 表示的 $u_i(Q_i)$。因此，式(5.3.19)可写成以下形式：

$$\sum_{i=1}^{m} Q_i \left(T_i^{-1} + \frac{Q_i}{g_i} \right) = \sigma_s \tag{5.3.26}$$

则式(5.3.20)的拉格朗日函数为

$$L = \sum_{i=1}^{m} Q_i \left(1 - \lambda_s T_i^{-1} - \frac{\lambda_s q_i}{g_i} \right) + \lambda_s \sigma_s \tag{5.3.27}$$

关于 Q_j 的稳态条件为

$$\frac{\partial L}{\partial Q_j} = 0 \Rightarrow \sum_{i=1}^{m} Q_i \lambda_s b_{ij} - 1 + \frac{\lambda_s}{T_j} + \frac{2\lambda_s Q_j}{g_j} = 0, \quad j = 1, 2, \cdots, m \tag{5.3.28}$$

解式(5.3.26)和式(5.3.28)组成的 $m+1$ 元方程组，可得最优的 $Q_i^*(\sigma_s)$ 和 λ_s，将结果代入式(5.3.20)、式(5.3.21)和式(5.3.25)可得最优的 $T_{i,\text{opt}}(\sigma_s)$、$u_{i,\text{opt}}(\sigma_s)$ 和 $P_s^*(\sigma_s)$。

(3) 在变换器工质熵平衡的条件下，使总输出功率 $P(Q_i)$ 最大，即在

$$\sigma_r + \sigma_s = 0 \tag{5.3.29}$$

约束下，使式(5.3.30)最大化：

$$P(Q_i) = P_r^*(\sigma_r) + P_s^*(\sigma_s) \tag{5.3.30}$$

针对系统总的输出功率，有拉格朗日函数

$$L = P_r^*(\sigma_r) + P_s^*(\sigma_s) + \lambda(\sigma_r + \sigma_s) \tag{5.3.31}$$

由关于 σ_r 和 σ_s 的稳态条件可得

$$\frac{\partial P_s^*}{\partial \sigma_s} = \frac{\partial P_r^*}{\partial \sigma_r} \tag{5.3.32}$$

根据式(5.3.29)可知，当满足

$$\sigma_r = -\sigma_s \tag{5.3.33}$$

时，系统的输出功率 $P(q_i)$ 有最大值。

5.3.3 数值算例与分析

在工程应用中，经常利用线性唯象规律来计算干燥、蒸馏和扩散等不可逆过程的物理量，为了说明上述计算步骤，这里给出一个简单的算例。考虑一个复杂系统，该系统有两个热源，两个有限热容子系统和一个变换器，系统结构如图 5.3.2 所示。

热导率矩阵 $A(g)$ 为

$$A(g) = \begin{bmatrix} 0 & 2 \times 10^7 & 4 \times 10^7 & 0 \\ 2 \times 10^7 & 0 & 0 & 2 \times 10^7 \\ 4 \times 10^7 & 0 & 0 & 0 \\ 0 & 2 \times 10^7 & 0 & 0 \end{bmatrix}$$

式中，$i, j = 1, 2$ 表示子系统之间的热交换；$i > 2$ 或 $j > 2$ 表示子系统和热源之间的热交换。子系统、热源与变换器之间的热导率分别为 $g_1 = 10^7 \text{W} \cdot \text{K}$、$g_2 = 2 \times 10^7 \text{W} \cdot \text{K}$、$g_3 = 4 \times 10^7 \text{W} \cdot \text{K}$ 和 $g_4 = 0.9 \times 10^7 \text{W} \cdot \text{K}$，热源温度为 $T_3 = 1000\text{K}$ 和 $T_4 = 300\text{K}$。

首先将数据代入式(5.3.17)和式(5.3.18)可得到关于 σ_r 的 $u_3(\sigma_r)$、$u_4(\sigma_r)$ 和 $P_r^*(\sigma_r)$，然后根据式(5.3.25)、式(5.3.26)和式(5.3.28)可得到关于 σ_s 的 $Q_1(\sigma_s)$、$Q_2(\sigma_s)$ 和 $P_s^*(\sigma_s)$，接着由式(5.3.32)和式(5.3.33)可得到 σ_r 和 σ_s 的值，最后将 σ_r 和

σ_s 代入以上各式,得到子系统和变换器的最优温度分别为 $T_{1,\text{opt}} = 682.98\text{K}$、$T_{2,\text{opt}} = 434.37\text{K}$、$u_{1,\text{opt}} = 608.69\text{K}$、$u_{2,\text{opt}} = 474.07\text{K}$、$u_{3,\text{opt}} = 711.36\text{K}$ 和 $u_{4,\text{opt}} = 388.74\text{K}$。系统总的净输出功率为 $P^* = 7312.6\text{W}$。

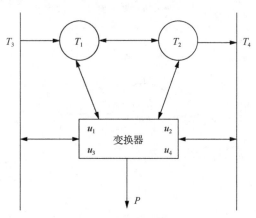

图 5.3.2　两热源热力系统

5.3.4　讨论

线性唯象传热规律是非平衡热力学中常用的形式,非平衡热力学把一切不可逆过程归结为某种广义力推动的结果,在广义力推动下产生广义流,此时温度的倒数差即相应热流的驱动力。本节对线性唯象传热规律下,包含若干不同温度的热源、有限热容子系统和变换器的复杂系统进行了研究,给出了计算变换器的最优温度和子系统最优自由温度及系统最大输出功率的计算方法和步骤,并得到了其解析解。将本节结果与文献[202]比较可知,线性唯象传热规律下,变换器与热源和子系统接触时的最优温度不再是线性传热时与热源温度平方根成正比的关系,而是一种非线性关系;两种传热规律下系统最大输出功率不同。由此可见,热传递规律对循环最优构型具有很大影响,值得进一步研究。本节的计算方法对改善计算实际复杂系统温度分布和能量界限的方法提供了一种途径。

5.4　有限热容高温热源热机循环构型优化

5.4.1　热机模型

图 5.4.1 所示的热机模型满足以下条件:工质与有限热容高温热源和无限热容低温热源交替接触,热机循环周期为给定的时间 τ,高温热源的热容为常数 C,其温度随时间的变化由函数 $T_X(t)$ 表示,初温为 T_H,低温热源温度为常数 T_L。高、低温热源与工质的传热遵循普适传热规律 $Q \propto (\Delta T^n)^m$。工质的吸、放热量分别为

Q_H和Q_L。工质与高、低温热源间接触的转换过程为可逆绝热过程。假设绝热过程时间可忽略不计,即工质温度的变化是不连续的。

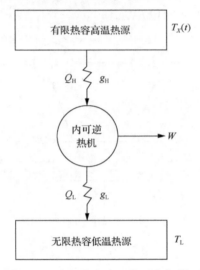

图 5.4.1 有限热容高温热源热机模型

5.4.2 最优构型

设热机与高、低温热源间的传热服从普适传热规律$Q \propto (\Delta T^n)^m$,即

$$Q_H = \int_0^\tau g_H(t)[T_X^n(t) - T^n(t)]^m \mathrm{d}t \tag{5.4.1}$$

$$Q_L = \int_0^\tau g_L(t)[T^n(t) - T_L^n]^m \mathrm{d}t \tag{5.4.2}$$

式中,$g_H(t)$和$g_L(t)$分别为高、低温热源与工质之间的热导率,是高、低温侧换热器的总传热系数与相应的热交换面积的乘积。设$t=0$时工质从高温热源吸热,在$t_1(0<t_1<\tau)$时向低温热源放热,工质在高、低温热源间经过绝热过程转换。因此,有如下关系:

$$g_H(t) = \begin{cases} g_H, & 0 \leqslant t < t_1 \\ 0, & t_1 \leqslant t < \tau \end{cases} \tag{5.4.3}$$

$$g_L(t) = \begin{cases} 0, & 0 \leqslant t < t_1 \\ g_L, & t_1 \leqslant t < \tau \end{cases} \tag{5.4.4}$$

式中,g_H和g_L为常数。

由热力学第一定律可得每循环的输出功为

$$W = \int_0^\tau \{g_H(t)[T_X^n(t) - T^n(t)]^m - g_L(t)[T^n(t) - T_L^n]^m\}dt \qquad (5.4.5)$$

由热力学第二定律可得工质每循环的熵变为

$$\Delta S = \int_0^\tau \frac{1}{T(t)}\{g_H(t)[T_X^n(t) - T^n(t)]^m - g_L(t)[T^n(t) - T_L^n]^m\}dt = 0 \qquad (5.4.6)$$

高温热源热容 C 为常数，故有

$$dQ_H = -CdT_X(t) \qquad (5.4.7)$$

将式(5.4.1)代入式(5.4.7)可得

$$C\dot{T}_X(t) + g_H(t)[T_X^n(t) - T^n(t)]^m = 0 \qquad (5.4.8)$$

式中，$\dot{T}_X(t) = dT_X(t)/dt$。

本节的问题是求出在给定的循环周期 τ 下输出功最大时热机的最优构型。由式(5.4.5)、式(5.4.6)和式(5.4.8)可得变更的拉格朗日函数为

$$\begin{aligned}L = {} & g_H(t)[T_X^n(t) - T^n(t)]^m - g_L(t)[T^n(t) - T_L^n]^m + \lambda\{g_H(t)[T_X^n(t) - T^n(t)]^m \\ & - g_L(t)[T^n(t) - T_L^n]^m\}\frac{1}{T(t)} + \mu(t)\{C\dot{T}_X(t) + g_H(t)[T_X^n(t) - T^n(t)]^m\}\end{aligned} \qquad (5.4.9)$$

式中，λ 为拉格朗日常数；$\mu(t)$ 为时间的函数。在给定时间间隔 $\{0,\tau\}$ 内获得最大功的工质温度变化规律可以通过解欧拉-拉格朗日方程得到，即

$$\frac{\partial L}{\partial T(t)} - \frac{d}{dt}\left[\frac{\partial L}{\partial \dot{T}(t)}\right] = 0 \qquad (5.4.10)$$

$$\frac{\partial L}{\partial T_X(t)} - \frac{d}{dt}\left[\frac{\partial L}{\partial \dot{T}_X(t)}\right] = 0 \qquad (5.4.11)$$

当 $0 \leq t < t_1$ 时，将式(5.4.3)、式(5.4.4)和式(5.4.9)代入式(5.4.10)和式(5.4.11)可得

$$mng_H T_X^{n-1}(t)\{\lambda + [\mu(t)+1]T(t)\}[T_X^n(t) - T^n(t)]^{m-1} = CT(t)\dot{\mu}(t) \qquad (5.4.12)$$

$$\lambda[T_X^n(t) - T^n(t)] + mnT^n(t)\{\lambda + [\mu(t)+1]T(t)\} = 0 \qquad (5.4.13)$$

由式(5.4.13)可得

$$\mu(t) = -\frac{\lambda}{T(t)} - \frac{\lambda[T_X^n(t) - T^n(t)]}{mnT^{n+1}(t)} - 1 \qquad (5.4.14)$$

将式(5.4.14)两边对 t 求导，得

$$\dot{\mu}(t) = \frac{\lambda[-nT(t)T_X^n(t)\dot{T}_X(t) + (n+1)\dot{T}(t)T_X^{n+1}(t) + (mn-1)T^n(t)\dot{T}(t)T_X(t)]}{mnT^{n+2}(t)T_X(t)} \quad (5.4.15)$$

将式(5.4.8)、式(5.4.14)和式(5.4.15)代入式(5.4.12)可得

$$n(m+1)T(t)[T_X^{n-1}(t)\dot{T}_X(t) - T^{n-1}(t)\dot{T}(t)] - (n+1)\dot{T}(t)[T_X^n(t) - T^n(t)] = 0 \quad (5.4.16)$$

解式(5.4.16)可得

$$[T_X^n(t) - T^n(t)]T(t)^{-\frac{n+1}{m+1}} = a(mn) \quad (5.4.17)$$

式中，$a(mn)$ 为与 mn 有关的常数。

同理，当 $t_1 \leq t < \tau$ 时，可解得

$$\lambda T_L^n + \lambda(mn-1)T^n(t) + mnT^{n+1}(t) = 0 \quad (5.4.18)$$

式(5.4.17)和式(5.4.18)是本书的主要结果，表明了工质与高、低温热源接触时两者温度之间的关系。有限热容高温热源温度 $T_X(t)$ 和工质温度 $T(t)$ 的变化规律（即热机循环的最优构型）可通过解式(5.4.8)、式(5.4.17)和式(5.4.18)得到。

5.4.3 传热规律对性能的影响

(1) 当 $n=1$ 时，传热规律成为广义对流传热规律，式(5.4.17)和式(5.4.18)变为

$$[T_X(t) - T(t)][T_X(t) - T(t)]T(t)^{-\frac{2}{m+1}} = a(m), \quad 0 \leq t < t_1 \quad (5.4.19)$$

$$m - \frac{\lambda}{T^2(t)}[T(t) - T_L] + \frac{\lambda}{T(t)}m = 0, \quad t_1 \leq t < \tau \quad (5.4.20)$$

式中，$a(m)$ 为与 m 有关的常数，式(5.4.19)和式(5.4.20)即文献[70]的结果。

① 若进一步有 $m=1$，则式(5.4.19)和式(5.4.20)即牛顿传热规律下的结果，由式(5.4.8)、式(5.4.19)和式(5.4.20)可得

$$T_X(t) = \frac{T(t)}{u}, \quad 0 \leq t < t_1 \quad (5.4.21)$$

$$T(t) = \begin{cases} uT_H \exp\dfrac{g_H t(u-1)}{C}, & 0 \leq t < t_1 \\ vT_L, & t_1 \leq t < \tau \end{cases} \quad (5.4.22)$$

式中，u 和 v 为常数。式(5.4.21)和式(5.4.22)即文献[179]、[180]的结果，此时高

温热源和工质的温度在时间间隔 $\{0, t_1\}$ 内随时间呈指数衰减,而工质与热源温度之比保持为常数。

② 若 $m = 1.25$,则式(5.4.19)和式(5.4.20)即 Dulong-Petit 传热规律下的结果。此时,向低温热源放热的过程仍然是等温过程,高温吸热过程中工质与热源的温度变化比较复杂,满足如下关系:

$$[T_X(t) - T(t)]T(t)^{-\frac{8}{9}} = a_1 \tag{5.4.23}$$

$$C\dot{T}_X(t) = -g_H[T_X(t) - T(t)]^{\frac{5}{4}} \tag{5.4.24}$$

式中,a_1 为常数。

(2) 当 $m = 1$ 时,传热规律为广义辐射传热规律。式(5.4.17)和式(5.4.18)变为

$$[T_X^n(t) - T^n(t)]T(t)^{-\frac{n+1}{2}} = a(n), \quad 0 \leqslant t < t_1 \tag{5.4.25}$$

$$\lambda T_L^n + \lambda(n-1)T^n(t) + nT^{n+1}(t) = 0, \quad t_1 \leqslant t < \tau \tag{5.4.26}$$

式中,$a(n)$ 为与 n 有关的常数,式(5.4.25)和式(5.4.26)即文献[195]的结果。

① 若进一步有 $n = 1$,则式(5.4.25)和式(5.4.26)为牛顿传热规律下的结果,即变为式(5.4.21)和式(5.4.22)。

② 若 $n = 4$,则式(5.4.25)和式(5.4.26)为辐射传热规律下的结果。热源和工质温度变化比较复杂,应满足以下方程:

$$\begin{cases} [T_X^4(t) - T^4(t)]T(t)^{-\frac{5}{2}} = a_2 \\ C\dot{T}_X(t) = -g_H[T_X^4(t) - T^4(t)] \end{cases}, \quad 0 \leqslant t < t_1 \tag{5.4.27}$$

$$\lambda T_L^4 + 3\lambda T^4(t) + 4T^5(t) = 0, \quad t_1 \leqslant t < \tau \tag{5.4.28}$$

式中,a_2 为常数。

③ 若 $n = -1$,则式(5.4.25)和式(5.4.26)为线性唯象传热规律下的结果,由式(5.4.8)、式(5.4.25)和式(5.4.26)可得

$$T(t) = \begin{cases} \dfrac{T_H - \dfrac{g_H a}{C} t}{a\left(T_H - \dfrac{g_H a}{C}\right) + 1}, & 0 \leqslant t < t_1 \\ \dfrac{T_L}{1 - bT_L}, & t_1 \leqslant t < \tau \end{cases} \tag{5.4.29}$$

式中，a 和 b 为常数。式(5.4.29)即文献[193]、[194]的结果。

5.4.4 基本优化关系

根据工质在吸热过程中的熵变

$$dS_X = C \ln\left(1 - \frac{Q_H}{CT_H}\right) \tag{5.4.30}$$

及内可逆循环条件，分别引入高温热源的等效温度

$$\overset{*}{T}_H = -\frac{Q_H}{dS_X} = -\frac{Q_H}{C\ln\left(1-\dfrac{Q_H}{CT_H}\right)} \tag{5.4.31}$$

和工质等效温度

$$\overset{*}{T}_{HC} = \frac{T_{LC} Q_H}{Q_L} \tag{5.4.32}$$

式中，T_{LC} 为工质在放热过程中的温度。由此可得

$$Q_H = g_H (\overset{*}{T}_H^n - \overset{*}{T}_{HC}^n)^m t_1 \tag{5.4.33}$$

$$Q_L = g_L (T_{LC}^n - T_L^n)^m (\tau - t_1) \tag{5.4.34}$$

$$\eta = 1 - \frac{T_{LC}}{\overset{*}{T}_{HC}} \tag{5.4.35}$$

式中，η 为热机循环的热效率。

联立式(5.4.31)～式(5.4.35)，可得热机输出功率为

$$P = g_H \eta \left\{ \frac{\alpha(1-\eta)}{g_L[(1-\eta)^n \overset{*}{T}_{HC}^n - T_L^n]^m} + \frac{1}{(\overset{*}{T}_H^n - \overset{*}{T}_{HC}^n)^m} \right\}^{-1} \tag{5.4.36}$$

由 $\partial P / \partial \overset{*}{T}_{HC} = 0$ 可得

$$\overset{*}{T}_{HC} = \left[\frac{\left(\dfrac{g_H}{g_L}\right)^{\frac{1}{m+1}} \overset{*}{T}_H^n (1-\eta)^{\frac{n+1}{m+1}} + T_L^n}{(1-\eta)^n + \left(\dfrac{g_H}{g_L}\right)^{\frac{1}{m+1}} (1-\eta)^{\frac{n+1}{m+1}}} \right]^{\frac{1}{n}} \tag{5.4.37}$$

将式(5.4.37)代入式(5.4.36)可得

$$P = \frac{g_H \eta \left[T_H^{*n} - \dfrac{T_L^n}{(1-\eta)^n} \right]^m}{\left\{ 1 + \left[\dfrac{g_H}{g_L}(1-\eta)^{1-mn} \right]^{\frac{1}{m+1}} \right\}^{m+1}} \tag{5.4.38}$$

式(5.4.38)是本书的另一个主要结果。它确定了在给定的吸热量 Q_H 下，输出功率与热效率的最优关系。因为式(5.4.37)和式(5.4.38)中的 T_H^* 是 Q_H 的函数，所以只有在 C 趋向无穷大时，它才与 Q_H 无关。若 C 趋向无穷大，则式(5.4.38)就变为普适传热规律 $Q \propto (\Delta T^n)^m$ 下，恒温热源内可逆卡诺热机输出功率与热效率的最优关系，即 2.2 节的结果。

5.4.5 数值算例与分析

计算中取 $T_H = 1000K$、$T_L = 300K$、$g_H = g_L = 4 W/K^{mn}$ 和 $C = 10 J/(kg \cdot K)$。图 5.4.2 给出了不同的 m 和 n 值下，给定吸热量 $Q_H = 1000J$ 时输出功率与热效率的最优关系。由图 5.4.2 可以看出，广义内可逆热机输出功率与热效率的最优关系呈类抛物线型，存在最大的功率输出。当 $n > 0$ 时，传热指数 mn 的值越大，输出功率最大时对应的热效率就越小；当 $n < 0$ 时，传热指数 mn 的绝对值越大，输出功率最大时对应的热效率就越小。

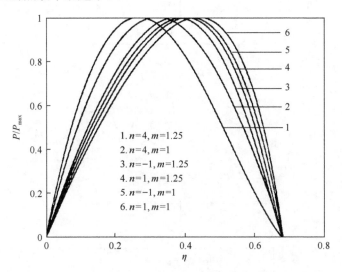

图 5.4.2 不同传热规律下热机输出功率与热效率的最优关系

5.4.6 讨论

(1) 本节所得结果具有相当的普遍性，包含多种传热规律（$n=1$ 且 $m=1$，牛顿传热规律[179,180]；$n=-1$ 且 $m=1$，线性唯象传热规律[193-195]；$n=4$ 且 $m=1$，辐射传热规律[195]；$n=1$ 且 $m=1.25$，Dulong-Petit 传热规律[70]；$n=1$，广义对流传热规律[70]；$m=1$，广义辐射传热规律[195]等）下有限热容高温热源内可逆往复式热机循环的最优构型。

(2) 普适传热规律下，广义内可逆热机输出功率与热效率的最优关系为类抛物线型，存在最大输出功率点，并且当 $n>0$ 时，传热指数 mn 的值越大，最大输出功率对应的热效率就越小；当 $n<0$ 时，传热指数 mn 的绝对值越大，输出功率最大时对应的热效率就越小。

5.4.7 热漏对有限热容高温热源热机构型优化的影响

1. 热机模型

考虑图 5.4.3 所示的热机模型，工质与有限热容高温热源和无限热容低温热源交替接触，热机循环周期为给定的时间 τ，高温热源的热容为常数 C，其温度随时间的变化由函数 $T_X(t)$ 表示，初始温度为 T_H，低温热源温度为常数 T_L。热源与冷源

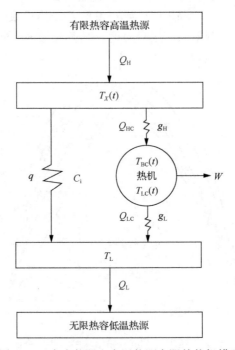

图 5.4.3 存在热漏和高温热源有限的热机模型

间有直接的旁通热漏 q，高、低温热源与工质的传热遵循普适传热规律 $Q \propto (\Delta T^n)^m$。工质的吸、放热量分别为 Q_{HC} 和 Q_{LC}，热机实际吸热量为 Q_H，实际放热量为 Q_L。工质与高、低温热源间接触的转换过程为可逆绝热过程。假设绝热过程时间可忽略不计，即工质温度的变化是不连续的。

2. 最优构型

设热机与高、低温热源间的传热和热源间的热漏均服从普适传热规律 $Q \propto (\Delta T^n)^m$，即

$$Q_{HC} = \int_0^\tau g_H(t)[T_X^n(t) - T^n(t)]^m dt \tag{5.4.39}$$

$$Q_{LC} = \int_0^\tau g_L(t)[T^n(t) - T_L^n]^m dt \tag{5.4.40}$$

$$q = \int_0^\tau C_i(t)[T_X^n(t) - T_L^n(t)]^m dt \tag{5.4.41}$$

$$Q_H = Q_{HC} + q, \quad Q_L = Q_{LC} + q \tag{5.4.42}$$

设 $t=0$ 时工质从高温热源吸热，在 $t_1(0<t_1<\tau)$ 时向低温热源放热，工质在高、低温热源间经过绝热过程转换，针对 $C_i(t)$ 有如下关系：

$$C_i(t) = \begin{cases} C_i, & 0 \leqslant t < t_1 \\ C_i, & t_1 \leqslant t < \tau \end{cases} \tag{5.4.43}$$

式中，C_i 为常数。

将式(5.4.39)、式(5.4.41)和式(5.4.42)代入式(5.4.7)可得

$$C\dot{T}_X(t) + g_H(t)[T_X^n(t) - T^n(t)]^m + C_i(t)[T_X^n(t) - T_L^n(t)]^m = 0 \tag{5.4.44}$$

本节的问题是求出在给定的循环周期 τ 下输出功最大时热机的最优构型。由式(5.4.5)、式(5.4.6)和式(5.4.44)可得变更的拉格朗日函数为

$$\begin{aligned} L = &\, g_H(t)[T_X^n(t) - T^n(t)]^m - g_L(t)[T^n(t) - T_L^n]^m \\ &+ \frac{\lambda\{g_H(t)[T_X^n(t) - T^n(t)]^m - g_L(t)[T^n(t) - T_L^n]^m\}}{T(t)} \\ &+ \mu(t)\{C\dot{T}_X(t) + g_H(t)[T_X^n(t) - T^n(t)]^m + C_i(t)[T_X^n(t) - T_L^n(t)]^m\} \end{aligned} \tag{5.4.45}$$

在给定时间间隔 $\{0,\tau\}$ 内获得最大功的工质温度变化规律可以通过解欧拉-拉格朗日方程(5.4.10)和式(5.4.11)得到。

将式(5.4.3)、式(5.4.4)、式(5.4.43)和式(5.4.45)代入式(5.4.10)和式(5.4.11)可得

$$\lambda[T_X^n(t)-T^n(t)]+mnT^n(t)\{\lambda+[\mu(t)+1]T(t)\}=0, \quad 0\leqslant t<t_1 \quad (5.4.46)$$

$$mng_HT_X^{n-1}(t)[T_X^n(t)-T^n(t)]^{m-1}\{\lambda+[\mu(t)+1]T(t)\}+C_i(t)mn\mu(t)T(t)$$
$$\cdot T_X^{n-1}(t)[T_X^n(t)-T_L^n]^{m-1}=CT(t)\dot{\mu}(t), \quad 0\leqslant t<t_1 \quad (5.4.47)$$

$$mnT^{n+1}(t)+mn\lambda T^n(t)-\lambda[T^n(t)-T_L^n]^m=0, \quad t_1\leqslant t<\tau \quad (5.4.48)$$

$$C_imnT_X^{n-1}(t)[T_X^n(t)-T_L^n]^{m-1}=C\dot{\mu}(t), \quad t_1\leqslant t<\tau \quad (5.4.49)$$

有限热容高温热源温度 $T_X(t)$ 和工质温度 $T(t)$ 的变化规律(即热机循环的最优构型)可通过解式(5.4.44)、式(5.4.46)～式(5.4.49)得到。

3. 传热规律的影响

(1) 当 $n=1$ 时，传热规律成为广义对流传热规律，式(5.4.46)～式(5.4.49)变为

$$\lambda[T_X(t)-T(t)]+mT(t)\{\lambda+[\mu(t)+1]T(t)\}=0, \quad 0\leqslant t<t_1 \quad (5.4.50)$$

$$mg_H[T_X(t)-T(t)]^{m-1}\{\lambda+[\mu(t)+1]T(t)\}+C_i(t)m\mu(t)T(t)$$
$$\cdot [T_X(t)-T_L]^{m-1}=CT(t)\dot{\mu}(t), \quad 0\leqslant t<t_1 \quad (5.4.51)$$

$$mT^2(t)+m\lambda T(t)-\lambda[T(t)-T_L]^m=0, \quad t_1\leqslant t<\tau \quad (5.4.52)$$

$$C_im[T_X(t)-T_L]^{m-1}=C\dot{\mu}(t), \quad t_1\leqslant t<\tau \quad (5.4.53)$$

① 若进一步有 $m=1$，则式(5.4.50)～式(5.4.53)即牛顿传热规律下的结果，可得

$$\frac{\dot{T}_X(t)}{T_X(t)}-\frac{\dot{T}(t)}{T(t)}=\frac{C_i}{2}\left\{\frac{C_i+g_H}{\lambda Cg_H}T(t)-\frac{C_iT_LT(t)}{\lambda Cg_HT_X(t)}+\frac{T(t)\dot{T}_X(t)}{\lambda g_HT_X(t)}+\frac{T_L}{CT_X(t)}\right\}, \quad 0\leqslant t\leqslant t_1$$
$$(5.4.54)$$

$$T(t)=(-\lambda T_L)^{0.5}=\text{常数}, \quad t_1\leqslant t\leqslant \tau \quad (5.4.55)$$

$$T_X(t)=T_X(t_1)\exp\left[-\frac{C_i}{C}(t-t_1)\right]+T_L\left\{1-\exp\left[-\frac{C_i}{C}(t-t_1)\right]\right\}, \quad t_1\leqslant t\leqslant \tau \quad (5.4.56)$$

式(5.4.54)～式(5.4.56)即文献[18]、[19]、[181]的结果。此时循环的构型为：在工质与高温热源接触时，低温热源温度不变，高温热源的温度由起始值 T_H 降到吸热

过程结束时的$T_X(t_1)$；工质与低温热源接触时，低温热源与工质温度均为常数，而高温热源温度随时间呈指数规律变化，由$T_X(t_1)$降到循环结束时的$T_X(\tau)$，此时工质与高温热源无接触，在工质与高、低温热源接触之间，与一般的研究相似，可设想由两个瞬时完成的绝热过程组成。

② 若$m=1.25$，则式(5.4.50)~式(5.4.53)即Dulong-Petit传热规律下的结果，可得

$$\lambda[T_X(t)-T(t)]+1.25T(t)\{\lambda+[\mu(t)+1]T(t)\}=0, \quad 0\leqslant t<t_1 \tag{5.4.57}$$

$$\begin{aligned}&1.25g_H[T_X(t)-T(t)]^{0.25}\{\lambda+[\mu(t)+1]T(t)\}+1.25C_i(t)m\mu(t)T(t)\\&\cdot[T_X(t)-T_L]^{0.25}=CT(t)\dot{\mu}(t), \quad 0\leqslant t<t_1\end{aligned} \tag{5.4.58}$$

$$1.25T^2(t)+1.25\lambda T(t)-\lambda[T(t)-T_L]^{1.25}=0, \quad t_1\leqslant t<\tau \tag{5.4.59}$$

$$1.25C_i[T_X(t)-T_L]^{0.25}=C\dot{\mu}(t), \quad t_1\leqslant t<\tau \tag{5.4.60}$$

(2) 当$m=1$时，传热规律成为广义辐射传热规律，式(5.4.46)~式(5.4.49)变为

$$\lambda[T_X^n(t)-T^n(t)]+nT^n(t)\{\lambda+[\mu(t)+1]T(t)\}=0, \quad 0\leqslant t<t_1 \tag{5.4.61}$$

$$ng_H T_X^{n-1}(t)\{\lambda+[\mu(t)+1]T(t)\}+C_i(t)n\mu(t)T(t)T_X^{n-1}(t)=CT(t)\dot{\mu}(t), \quad 0\leqslant t<t_1 \tag{5.4.62}$$

$$nT^{n+1}(t)+n\lambda T^n(t)-\lambda[T^n(t)-T_L^n]=0, \quad t_1\leqslant t<\tau \tag{5.4.63}$$

$$C_i n T_X^{n-1}(t)=C\dot{\mu}(t), \quad t_1\leqslant t<\tau \tag{5.4.64}$$

① 若进一步有$n=1$，则式(5.4.61)~式(5.4.64)为牛顿传热规律下的结果，可得式(5.4.54)~式(5.4.56)。

② 若$n=4$，则式(5.4.61)~式(5.4.64)为辐射传热规律下的结果，可得

$$\lambda[T_X^4(t)-T^4(t)]+4T^4(t)\{\lambda+[\mu(t)+1]T(t)\}=0, \quad 0\leqslant t<t_1 \tag{5.4.65}$$

$$4g_H T_X^3(t)\{\lambda+[\mu(t)+1]T(t)\}+4C_i\mu(t)T(t)T_X^3(t)=CT(t)\dot{\mu}(t), \quad 0\leqslant t<t_1 \tag{5.4.66}$$

$$4T^5(t)+4\lambda T^4(t)-\lambda[T^4(t)-T_L^4]=0, \quad t_1\leqslant t<\tau \tag{5.4.67}$$

$$4C_i T_X^3(t)=C\dot{\mu}(t), \quad t_1\leqslant t<\tau \tag{5.4.68}$$

③ 若$n=-1$，则式(5.4.61)~式(5.4.64)为线性唯象传热规律下的结果，可得

$$\frac{2\dot{T}(t)}{T^2(t)} - \frac{\dot{T}_X(t)}{T_X^2(t)} = \left(1 + \frac{2C_i}{g_H}\right)\frac{\dot{T}_X(t)}{T_X^2(t)} - \frac{2C_i(g_1 + C_i)}{Cg_H}\frac{1}{T_X^3(t)}$$
$$+ \frac{C_i(g_H + 2C_i)}{Cg_H T_L T_X^2(t)} - \frac{C_i}{\lambda C T_X^2(t)}, \quad 0 \leqslant t < t_1 \quad (5.4.69)$$

$$[T_L - T_X(t)]\exp\left[\frac{T_X(t)}{T_L}\right] = [T_L - T_X(t_1)]\exp\left[\frac{T_X(t_1)T_L + \frac{C_i(t-t_1)}{C}}{T_L^2}\right], \quad t_1 \leqslant t < \tau \quad (5.4.70)$$

式(5.4.69)和式(5.4.70)即文献[194]的结果。此时循环的构型为：在工质与高温热源接触时，低温热源温度不变，高温热源的温度由起始值 T_H 降到吸热过程结束时的 $T_X(t_1)$；工质与低温热源接触时，低温热源与工质温度均为常数，而高温热源温度按式(5.4.70)规律变化，由 $T_X(t_1)$ 降到循环结束时的 $T_X(\tau)$，此时工质与高温热源无接触，在工质与高、低温热源接触之间，与一般的研究相似，可设想由两个瞬时完成的绝热过程组成。

4. 讨论

(1) 将本节结果与 5.4 节结果比较可知，若热机存在热漏，则其最优构型与无热漏时的最优构型有很大差异，热漏的存在改变了有限热容高温热源热机循环的最优构型。

(2) 本节所得结果具有相当的普遍性，包含多种传热规律($n=1$ 且 $m=1$，牛顿传热规律[18,19,181]；$n=-1$ 且 $m=1$，线性唯象传热规律[194]；$n=4$ 且 $m=1$，辐射传热规律；$n=1$ 且 $m=1.25$，Dulong-Petit 传热规律；$n=1$，广义对流传热规律；$m=1$，广义辐射传热规律等)下具有热漏的有限热容高温热源热机循环的最优构型。

5.5 有限热容低温热源制冷循环构型优化

5.5.1 制冷机模型

图 5.5.1 所示的制冷机模型满足以下条件：工质与有限热容低温热源和无限热容高温热源交替接触，制冷循环周期为给定的时间 τ，低温热源的热容为常数 C，其温度随时间的变化由函数 $T_X(t)$ 表示，初始温度为 T_L，高温热源温度为常数 T_H。高、低温热源与工质的传热遵循普适传热规律 $Q \propto (\Delta T^n)^m$。工质的吸、放热量分别为 Q_L 和 Q_H。工质与高、低温热源间接触的转换过程为可逆绝热过程。假设绝热过程时间可忽略不计，即工质温度的变化是不连续的。

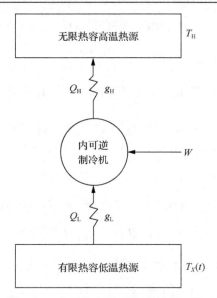

图 5.5.1　有限热容低温热源制冷机模型

5.5.2　最优构型

设制冷机与高、低温热源间的传热服从普适传热规律 $Q \propto (\Delta T^n)^m$，即

$$Q_\mathrm{H} = \int_0^\tau g_\mathrm{H}(t)[T^n(t) - T_\mathrm{H}^n]^m \mathrm{d}t \tag{5.5.1}$$

$$Q_\mathrm{L} = \int_0^\tau g_\mathrm{L}(t)[T_X^n(t) - T^n(t)]^m \mathrm{d}t \tag{5.5.2}$$

设 $t=0$ 时工质向高温热源放热，$t_1(0 < t_1 < \tau)$ 时工质从低温热源吸热，工质在高、低温热源间经过绝热过程转换。因此，$g_\mathrm{H}(t)$ 和 $g_\mathrm{L}(t)$ 按式 (5.4.3) 和式 (5.4.4) 的规律变化。

由热力学第一定律可得每循环的输入功为

$$W = \int_0^\tau \{g_\mathrm{H}(t)[T^n(t) - T_\mathrm{H}^n]^m - g_\mathrm{L}(t)[T_X^n(t) - T^n(t)]^m\} \mathrm{d}t \tag{5.5.3}$$

由热力学第二定律可得工质每循环的熵变为

$$\Delta S = \int_0^\tau \frac{1}{T(t)} \{g_\mathrm{H}(t)[T^n(t) - T_\mathrm{H}^n]^m - g_\mathrm{L}(t)[T_X^n(t) - T^n(t)]^m\} \mathrm{d}t = 0 \tag{5.5.4}$$

低温热源热容 C 为常数，故有

$$dQ_L = -CdT_X(t) \tag{5.5.5}$$

将式(5.5.1)代入式(5.5.5)可得

$$C\dot{T}_X(t) + g_L(t)[T_X^n(t) - T^n(t)]^m = 0 \tag{5.5.6}$$

本节的问题是求出在给定的循环周期 τ 和给定制冷率条件下循环所需最小功时制冷机的最优构型。由式(5.5.3)、式(5.5.4)和式(5.5.6)可得变更的拉格朗日函数为

$$\begin{aligned}L = &g_H(t)[T^n(t) - T_H^n]^m - g_L(t)[T_X^n(t) - T^n(t)]^m + \frac{\lambda}{T(t)}\{g_H(t)[T^n(t) - T_H^n]^m \\ &- g_L(t)[T_X^n(t) - T^n(t)]^m\} + \mu(t)\{C\dot{T}_X(t) + g_L(t)[T_X^n(t) - T^n(t)]^m\}\end{aligned} \tag{5.5.7}$$

在给定时间间隔 $\{0,\tau\}$ 内制冷率最大的工质温度变化规律可以通过解欧拉-拉格朗日方程(5.4.10)和(5.4.11)得到。

当 $t_1 \leq t < \tau$ 时，将式(5.4.3)、式(5.4.4)和式(5.5.7)代入式(5.4.10)和式(5.4.11)可得

$$\lambda[T_X^n(t) - T^n(t)] + mnT^n(t)\{\lambda + [\mu(t) + 1]T(t)\} = 0 \tag{5.5.8}$$

$$mng_L T_X^{n-1}(t)[T_X^n(t) - T^n(t)]^{m-1}[T(t) + \mu(t) - \lambda] = CT(t)\dot{\mu}(t) \tag{5.5.9}$$

由式(5.5.8)可得

$$\mu(t) = -\frac{\lambda}{T(t)} - \frac{\lambda[T_X^n(t) - T^n(t)]}{mnT^{n+1}(t)} - 1 \tag{5.5.10}$$

将式(5.5.10)两边对 t 求导，可得

$$\dot{\mu}(t) = \frac{\lambda[-nT(t)T_X^n(t)\dot{T}_X(t) + (n+1)\dot{T}(t)T_X^{n+1}(t) + (mn-1)T^n(t)\dot{T}(t)T_X(t)]}{mnT^{n+2}(t)T_X(t)} \tag{5.5.11}$$

将式(5.5.6)、式(5.5.10)和式(5.5.11)代入式(5.5.9)，可得

$$n(m+1)T(t)[T_X^{n-1}(t)\dot{T}_X(t) - T^{n-1}(t)\dot{T}(t)] - (n+1)\dot{T}(t)[T_X^n(t) - T^n(t)] = 0 \tag{5.5.12}$$

解式(5.5.12)可得

$$[T_X^n(t) - T^n(t)]T(t)^{-\frac{n+1}{m+1}} = a(mn), \quad t_1 \leq t < \tau \tag{5.5.13}$$

式中，$a(mn)$ 为与 mn 有关的常数。

同理，当 $0 \leqslant t < t_1$ 时，可解得

$$\lambda T_H^n + \lambda(mn-1)T^n(t) + mnT^{n+1}(t) = 0 \tag{5.5.14}$$

式(5.5.13)和式(5.5.14)表明了工质与高、低温热源接触时两者温度之间的关系。有限热容低温热源温度 $T_X(t)$ 和工质温度 $T(t)$ 的变化规律(即制冷循环的最优构型)可通过解式(5.5.6)、式(5.5.13)和式(5.5.14)得到。

5.5.3 传热规律对性能的影响

(1) 当 $n=1$ 时，传热规律成为广义对流传热规律，式(5.5.13)和式(5.5.14)变为

$$[T_X(t) - T(t)]T(t)^{-\frac{2}{m+1}} = a(m), \quad t_1 \leqslant t < \tau \tag{5.5.15}$$

$$\lambda T_H + \lambda(m-1)T(t) + mT^2(t) = 0, \quad \tau \leqslant t < t_1 \tag{5.5.16}$$

式中，$a(m)$ 为与 m 有关的常数。

① 若进一步有 $m=1$，则式(5.5.15)和式(5.5.16)即牛顿传热规律下的结果，由式(5.5.6)、式(5.5.15)和式(5.5.16)可得

$$T_X(t) = uT(t), \quad t_1 \leqslant t < \tau \tag{5.5.17}$$

$$T(t) = \begin{cases} vT_H, & 0 \leqslant t < t_1 \\ T_L \exp\left[\dfrac{g_2(t-t_1)(u-1)}{C}\right], & t_1 \leqslant t < \tau \end{cases} \tag{5.5.18}$$

式中，u 和 v 为常数。式(5.5.17)和式(5.5.18)即文献[198]的结果。此时，低温热源和工质的温度在时间间隔 $\{t_1, \tau\}$ 内随时间呈指数衰减，而工质与热源温度之比保持为常数。

② 若 $m=1.25$，则式(5.5.15)和式(5.5.16)即 Dulong-Petit 传热规律下的结果。此时，向高温热源放热的过程仍然是等温过程，低温吸热过程中工质与热源的温度变化比较复杂，满足如下关系：

$$[T_X(t) - T(t)]T(t)^{-\frac{8}{9}} = a_1 \tag{5.5.19}$$

$$C\dot{T}_X(t) = -g_L[T_X(t) - T(t)]^{\frac{5}{4}} \tag{5.5.20}$$

式中，a_1 为常数。

(2) 当 $m=1$ 时，传热规律成为广义辐射传热规律，式(5.5.13)和式(5.5.14)变为

$$[T_X^n(t) - T^n(t)]T(t)^{-\frac{n+1}{2}} = a(n), \quad t_1 \leqslant t < \tau \quad (5.5.21)$$

$$\lambda T_H^n + \lambda(n-1)T^n(t) + nT^{n+1}(t) = 0, \quad 0 \leqslant t \leqslant t_1 \quad (5.5.22)$$

式中，$a(n)$ 为与 n 有关的常数。

① 若进一步有 $n=1$，则式(5.5.21)和式(5.5.22)变为式(5.5.17)和式(5.5.18)。

② 若 $n=4$，则式(5.5.21)和式(5.5.22)为辐射传热规律下的结果，热源和工质温度变化比较复杂，应满足以下方程：

$$\begin{cases} [T_X^4(t) - T^4(t)]T(t)^{-\frac{5}{2}} = a_2, & t_1 \leqslant t < \tau \\ C\dot{T}_X(t) = -g_L[T_X^4(t) - T^4(t)] \end{cases} \quad (5.5.23)$$

$$\lambda T_H^4 + 3\lambda T^4(t) + 4T^5(t) = 0, \quad 0 \leqslant t \leqslant t_1 \quad (5.5.24)$$

式中，a_2 为常数。

③ 若 $n=-1$，则式(5.5.21)和式(5.5.22)为线性唯象传热规律下的结果，由式(5.5.6)、式(5.5.21)和式(5.5.22)可得

$$T(t) = \begin{cases} \dfrac{T_L - \dfrac{ag_L}{C}(t-t_1)}{1 - a\left[T_L - \dfrac{ag_L}{C}(t-t_1)\right]}, & t_1 \leqslant t < \tau \\ \dfrac{T_H}{1 - bT_H}, & 0 \leqslant t < t_1 \end{cases} \quad (5.5.25)$$

式中，a 和 b 为常数。

5.5.4 基本优化关系

根据工质在吸热过程中的熵变

$$dS_X = C\ln\left(1 - \frac{Q_L}{CT_L}\right) \quad (5.5.26)$$

及内可逆循环条件，分别引入低温热源的等效温度

$$T_L^* = -\frac{Q_L}{dS_X} = -\frac{Q_L}{C\ln\left(1 - \dfrac{Q_L}{CT_L}\right)} \quad (5.5.27)$$

和工质等效温度

$$\overset{*}{T}_{\mathrm{LC}} = \frac{T_{\mathrm{HC}} Q_{\mathrm{L}}}{Q_{\mathrm{H}}} \tag{5.5.28}$$

式中，T_{HC} 为工质在放热过程中的温度，由此可得

$$Q_{\mathrm{L}} = g_{\mathrm{L}} (\overset{*}{T}_{\mathrm{L}}^{n} - \overset{*}{T}_{\mathrm{LC}}^{n})^{m} (\tau - t_1) \tag{5.5.29}$$

$$Q_{\mathrm{H}} = g_{\mathrm{H}} (T_{\mathrm{HC}}^{n} - T_{\mathrm{H}}^{n})^{m} t_1 \tag{5.5.30}$$

$$P = Q_{\mathrm{H}} - Q_{\mathrm{L}} \tag{5.5.31}$$

$$\varepsilon = \frac{\overset{*}{T}_{\mathrm{LC}}}{T_{\mathrm{HC}} - \overset{*}{T}_{\mathrm{LC}}} \tag{5.5.32}$$

定义热交换过程的时间比(y)和工质温比(x)为 $y = t_1/(\tau - t_1)$ 和 $x = \overset{*}{T}_{\mathrm{LC}}/T_{\mathrm{HC}}$，其中 $0 \leqslant x \leqslant T_{\mathrm{L}}/T_{\mathrm{H}}$。联立式(5.5.27)~式(5.5.32)，可得制冷机的制冷率为

$$R = Q_2 = \frac{y \varepsilon \tau g_{\mathrm{H}}}{(1+y)(1+\varepsilon)} \left[\frac{\overset{*}{T}_{\mathrm{L}}^{n} - T_{\mathrm{H}}^{n} \left(\frac{\varepsilon}{1+\varepsilon}\right)^{n}}{\left(\frac{\varepsilon}{1+\varepsilon}\right)^{n} + \left(\frac{zy\varepsilon}{1+\varepsilon}\right)^{\frac{1}{m}}} \right]^{m} \tag{5.5.33}$$

式中，$z = g_{\mathrm{H}}/g_{\mathrm{L}}$。

由 $\partial R/\partial y = 0$ 可得最优时间比为

$$y_{\mathrm{opt}} = z^{-\frac{1}{m+1}} \left(\frac{\varepsilon}{1+\varepsilon}\right)^{\frac{nm-1}{m+1}} \tag{5.5.34}$$

将式(5.5.34)代入式(5.5.33)可得

$$R = \frac{\dfrac{g_{\mathrm{H}} \varepsilon \tau}{1+\varepsilon} \left[\overset{*}{T}_{\mathrm{L}}^{n} \left(1 + \dfrac{1}{\varepsilon}\right)^{n} - T_{\mathrm{H}}^{n} \right]^{m}}{\left[1 + z^{\frac{1}{m+1}} \left(\dfrac{\varepsilon}{1+\varepsilon}\right)^{\frac{1-mn}{m+1}} \right]^{m+1}} \tag{5.5.35}$$

式(5.5.35)是本书的另一个主要结果。它确定了在给定的制冷率条件下,制冷机的最优制冷系数。因为式(5.5.35)中的T_L是Q_L^*的函数,所以只有在C趋向无穷大时,它才与Q_L无关。若C趋向无穷大,则式(5.5.35)就变为普适传热规律$Q\propto(\Delta T^n)^m$下,恒温热源内可逆卡诺制冷机制冷率与制冷系数的最优关系,即本书2.4节的结果。

5.5.5 数值算例与分析

计算中取$T_H=300\text{K}$、$T_L=260\text{K}$、$g_H=g_L=4\text{W/K}^{mn}$和$C=100\text{J/(kg·K)}$。图5.5.2给出了不同传热规律下,制冷率与制冷系数之间的最优关系。

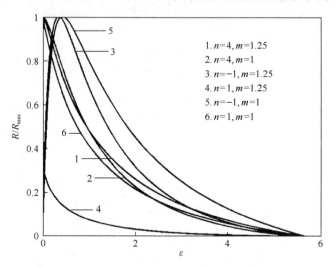

图 5.5.2 不同传热规律下制冷机 R-ε 的最优关系

由图5.5.2可以看出,传热规律对广义不可逆制冷机制冷率与制冷系数的最优关系有很大影响。当$n>0$且$m>0$时,制冷率与制冷系数的最优关系呈单调递减形式;当$n<0$且$m>0$时,制冷率与制冷系数的最优关系呈类抛物线型。

5.5.6 讨论

(1)本节所得结果具有相当的普遍性,包含多种传热规律($n=1$且$m=1$,牛顿传热规律[221];$n=-1$且$m=1$,线性唯象传热规律;$n=4$且$m=1$,辐射传热规律;$n=1$且$m=1.25$,Dulong-Petit传热规律;$n=1$,广义对流传热规律;$m=1$,广义辐射传热规律等)下有限热容低温热源内可逆制冷机循环的最优构型。

(2)传热规律对广义内可逆制冷机制冷率与制冷系数的最优关系有很大影响。当$n>0$且$m>0$时,制冷率与制冷系数的最优关系呈单调递减形式;当$n<0$且

$m>0$ 时,制冷率与制冷系数的最优关系呈类抛物线型。

5.5.7 热漏对有限热容低温热源制冷机构型优化的影响

1. 制冷机模型

图 5.5.3 所示的制冷机模型满足以下条件:工质与有限热容低温热源和无限热容高温热源交替接触,制冷循环周期为给定的时间 τ,低温热源的热容为常数 C,其温度随时间的变化由函数 $T_X(t)$ 表示,初始温度为 T_L,高温热源温度为常数 T_H。高、低温热源与工质间的传热遵循普适传热规律 $Q \propto (\Delta T^n)^m$。热源与冷源间有直接的旁通热漏 q,工质的吸、放热量分别为 Q_{LC} 和 Q_{HC},制冷机实际吸热量为 Q_L,实际放热量为 Q_H。工质与高、低温热源间接触的转换过程为可逆绝热过程。假设绝热过程时间可忽略不计,即工质温度的变化是不连续的。

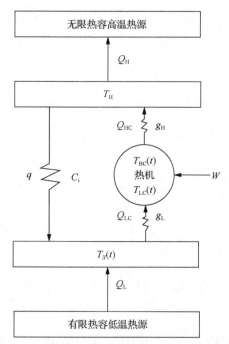

图 5.5.3 存在热漏和低温热源有限的制冷机模型

2. 最优构型

设制冷机与高、低温热源间的传热服从普适传热规律 $Q \propto (\Delta T^n)^m$,即

$$Q_{LC} = \int_0^\tau g_L(t)[T_X^n(t) - T^n(t)]^m dt \tag{5.5.36}$$

$$Q_{HC} = \int_0^\tau g_H(t)[T^n(t) - T_H^n]^m dt \qquad (5.5.37)$$

$$q = \int_0^\tau C_i(t)[T_X^n(t) - T_L^n(t)]^m dt \qquad (5.5.38)$$

$$Q_H = Q_{HC} - q, \quad Q_L = Q_{LC} - q \qquad (5.5.39)$$

设 $t=0$ 时工质向高温热源放热，在 $t_1(0 < t_1 < \tau)$ 时从低温热源吸热，工质在高、低温热源间经过绝热过程转换。因此，$g_H(t)$、$g_L(t)$ 和 $C_i(t)$ 按式(5.4.3)、式(5.4.4)和式(5.4.43)的规律变化。

将式(5.5.36)、式(5.5.38)和式(5.5.39)代入式(5.5.5)可得

$$C\dot{T}_X(t) + g_L(t)[T_X^n(t) - T^n(t)]^m - C_i(t)[T_X^n(t) - T_L^n(t)]^m = 0 \qquad (5.5.40)$$

本节的问题是求出在给定的循环周期 τ 和制冷率条件下循环所需最小输入功时制冷机的最优构型。由式(5.5.3)、式(5.5.4)和式(5.5.40)可得变更的拉格朗日函数为

$$L = g_H(t)[T^n(t) - T_H^n]^m - g_L(t)[T_X^n(t) - T^n(t)]^m + \frac{\lambda}{T(t)}\{g_H(t)[T^n(t) - T_H^n]^m$$
$$- g_L(t)[T_X^n(t) - T^n(t)]^m\} + \mu(t)\{C\dot{T}_X(t) + g_L(t)[T_X^n(t) - T^n(t)]^m - C_i(t)[T_X^n(t) - T_L^n]^m\} \qquad (5.5.41)$$

在给定时间间隔 $\{0, \tau\}$ 内消耗最小输入功的工质温度变化规律可以通过解欧拉-拉格朗日方程(5.4.10)和(5.4.11)得到。

将式(5.4.3)、式(5.4.4)、式(5.4.43)和式(5.5.41)代入式(5.4.10)和式(5.4.11)可得

$$mng_L T^{n+1}(t) + mn\lambda g_L T^n(t) + \lambda g_L[T_X^n(t) - T^n(t)] - mng_L\mu(t)T^{n+1}(t) = 0, \quad 0 \leqslant t < t_1 \qquad (5.5.42)$$

$$-mng_L T_X^{n-1}(t)[T_X^n(t) - T^n(t)]^{m-1}\{T(t)[1 + \mu(t)] - \lambda\} - C_i mn\mu(t) T_X^{n-1}(t)$$
$$\cdot T(t)[T_X^n(t) - T_L^n]^{m-1} = CT(t)\dot{\mu}(t), \quad 0 \leqslant t < t_1 \qquad (5.5.43)$$

$$C\dot{\mu}(t) + C_i\mu(t)mn T_X^{n-1}(t)[T_X^n(t) - T_L^n]^{m-1} = 0, \quad t_1 \leqslant t < \tau \qquad (5.5.44)$$

$$mn T^{n+1}(t) + \lambda mn T^n(t) - \lambda[T^n(t) - T_L^n]^m = 0, \quad t_1 \leqslant t < \tau \qquad (5.5.45)$$

有限热容低温热源温度 $T_X(t)$ 和工质温度 $T(t)$ 的变化规律(即制冷循环的最优构型)可通过解式(5.5.40)、式(5.5.42)～式(5.5.45)得到。

3. 传热规律影响

(1) 当 $n=1$ 时,传热规律成为广义对流传热规律,式(5.5.42)~式(5.5.45)变为

$$mg_L T^2(t) + m\lambda g_L T(t) + \lambda g_L [T_X(t) - T(t)] - mg_L \mu T^2(t) = 0, \quad t_1 \leqslant t < \tau \quad (5.5.46)$$

$$\begin{aligned}&-mg_L[T_X(t)-T(t)]^{m-1}\{T(t)[1+\mu(t)]-\lambda\}-C_i m\mu(t)T(t)\\&\cdot[T_X(t)-T_L]^{m-1}=CT(t)\dot{\mu}(t),\quad t_1\leqslant t<\tau\end{aligned} \quad (5.5.47)$$

$$C\dot{\mu}(t) + C_i \mu m [T_X(t) - T_L]^{m-1} = 0, \quad 0 \leqslant t < t_1 \quad (5.5.48)$$

$$mT^2(t) + \lambda m T(t) - \lambda [T(t) - T_L]^m = 0, \quad 0 \leqslant t < t_1 \quad (5.5.49)$$

① 若进一步有 $m=1$,则式(5.5.46)~式(5.5.49)即牛顿传热规律下的结果,可得

$$\frac{\dot{T}_X(t)}{T_X(t)} - \frac{\dot{T}(t)}{T(t)} = \frac{C_i}{2}\left\{\frac{g_L + C_i}{\lambda C g_L}T(t) - \frac{C_i T_H T(t)}{\lambda g_L C T_X(t)} + \frac{T(t)\dot{T}_X(t)}{\lambda g_L T_X(t)} - \frac{T_H}{C T_X(t)}\right\}, \quad t_1 \leqslant t < \tau$$
(5.5.50)

$$T(t) = (-\lambda T_H)^{0.5}, \quad 0 \leqslant t < t_1 \quad (5.5.51)$$

$$T_X(t) = T_X(t_1)\exp\left[\frac{C_i}{C}(t-t_1)\right] + T_L\left\{1-\exp\left[\frac{C_i}{C}(t-t_1)\right]\right\}, \quad 0 \leqslant t < t_1 \quad (5.5.52)$$

式(5.5.50)~式(5.5.52)即文献[18]、[19]、[198]的结果。此时循环的构型为:在工质与高温热源接触时,高温热源与工质均为常数,而低温热源温度随时间呈指数规律变化,由 T_L 降到 $T_X(t_1)$,此时工质与低温热源无接触;工质与低温热源接触时,高温热源温度不变,而低温热源与工质温度各自随时间呈较为复杂的规律变化,两者之间也呈某种较为复杂的规律变化,低温热源的起始温度为 $T_X(t_1)$。在工质与高、低温热源接触之间,与一般的研究相似,可设想由两个瞬时完成的绝热过程组成。

② 若 $m=1.25$,则式(5.5.46)~式(5.5.49)即Dulong-Petit传热规律下的结果,可得

$$1.25g_L T^2(t) + 1.25\lambda g_L T(t) + \lambda g_L [T_X(t) - T(t)] - 1.25g_L \mu T^2(t) = 0, \quad t_1 \leqslant t < \tau$$
(5.5.53)

$$\begin{aligned}&-1.25g_L[T_X(t)-T(t)]^{0.25}\{T(t)[1+\mu(t)]-\lambda\}-1.25C_i\mu(t)T(t)\\&\cdot[T_X(t)-T_L]^{0.25}=CT(t)\dot{\mu}(t),\quad t_1\leqslant t<\tau\end{aligned} \quad (5.5.54)$$

$$C\dot{\mu}(t)+1.25C_i\mu[T_X(t)-T_L]^{0.25}=0, \quad 0\leqslant t<t_1 \tag{5.5.55}$$

$$1.25T^2(t)+1.25\lambda T(t)-\lambda[T(t)-T_L]^{1.25}=0, \quad 0\leqslant t<t_1 \tag{5.5.56}$$

(2) 当 $m=1$ 时，传热规律成为广义辐射传热规律，式(5.5.42)~式(5.5.45)变为

$$ng_LT^{n+1}(t)+n\lambda g_LT^n(t)+\lambda g_L[T_X^n(t)-T^n(t)]-ng_L\mu T^{n+1}(t)=0, \quad t_1\leqslant t<\tau \tag{5.5.57}$$

$$-ng_LT_X^{n-1}(t)\{T(t)[1+\mu(t)]-\lambda\}-C_in\mu(t)T_X^{n-1}(t)T(t)=CT(t)\dot{\mu}(t), \quad t_1\leqslant t<\tau \tag{5.5.58}$$

$$C\dot{\mu}(t)+C_i\mu(t)nT_X^{n-1}(t)=0, \quad 0\leqslant t<t_1 \tag{5.5.59}$$

$$nT^{n+1}(t)+\lambda nT^n(t)-\lambda[T^n(t)-T_L^n]=0, \quad 0\leqslant t<t_1 \tag{5.5.60}$$

① 若进一步有 $n=1$，则式(5.5.57)~式(5.5.60)即式(5.5.50)~式(5.5.52)。

② 若 $n=4$，则式(5.5.57)~式(5.5.60)即辐射传热规律下的结果，可得

$$4g_LT^5(t)+4\lambda g_LT^4(t)+\lambda g_L[T_X^4(t)-T^4(t)]-4g_L\mu T^5(t)=0, \quad t_1\leqslant t<\tau \tag{5.5.61}$$

$$-4g_LT_X^3(t)\{T(t)[1+\mu(t)]-\lambda\}-4C_i\mu(t)T_X^3(t)T(t)=CT(t)\dot{\mu}(t), \quad t_1\leqslant t<\tau \tag{5.5.62}$$

$$C\dot{\mu}(t)+4C_i\mu T_X^3(t)=0, \quad 0\leqslant t<t_1 \tag{5.5.63}$$

$$4T^5(t)+4\lambda T^4(t)-\lambda[T^4(t)-T_L^4]=0, \quad 0\leqslant t<t_1 \tag{5.5.64}$$

③ 若 $n=-1$，则式(5.5.57)~式(5.5.60)即线性唯象传热规律下的结果，可得

$$\frac{\dot{T}_X(t)}{T_X^2(t)}-\frac{2\dot{T}(t)}{T^2(t)}=\left(1+\frac{C_i}{\lambda g_L}\right)\frac{\dot{T}_X(t)}{T_X^2(t)}-\frac{C_i}{CT_X^3(t)}\left(1+\frac{C_i}{g_L\lambda}\right)+\frac{C_i}{CT_X^2(t)T_L}$$
$$\cdot\left(1+\frac{C_i}{g_L\lambda}\right)+\frac{C_i}{CT_X^2(t)}\left[\frac{1}{T(t)}-\frac{1}{\lambda}\right], \quad t_1\leqslant t<\tau \tag{5.5.65}$$

$$[T_L-T_X(t)]\exp\left[\frac{T_X(t)}{T_L}\right]=[T_L-T_X(t_1)]\exp\left[\frac{T_X(t_1)T_L+\dfrac{C_i(t-t_1)}{C}}{T_L^2}\right], \quad 0\leqslant t<t_1 \tag{5.5.66}$$

此时循环的构型为：在工质与低温热源接触时，高温热源温度不变，低温热源的温度由起始值 T_L 降到吸热过程结束时的 $T_X(t_1)$；工质与高温热源接触时，高温热源与工质温度均为常数，而低温热源温度按式(5.5.66)规律变化，由 $T_X(t_1)$ 降

到循环结束时的$T_X(\tau)$，此时工质与低温热源无接触，在工质与高、低温热源接触之间，与一般的研究相似，可设想由两个瞬时完成的绝热过程组成。

4. 讨论

(1) 比较本节结果与 5.5.1 节结果可知，若制冷机存在热漏，则其最优构型与无热漏时的最优构型有很大差异，热漏的存在改变了有限热容低温热源制冷循环的最优构型。

(2) 本节所得结果具有相当的普遍性，包含多种传热规律（$n=1$ 且 $m=1$，牛顿传热规律[198]；$n=-1$ 且 $m=1$，线性唯象传热规律；$n=4$ 且 $m=1$，辐射传热规律；$n=1$ 且 $m=1.25$，Dulong-Petit 传热规律；$n=1$，广义对流传热规律；$m=1$，广义辐射传热规律等）下具有热漏的有限热容低温热源制冷循环的最优构型。

5.6 小　　结

(1) 本章对线性唯象传热规律下给定周期的输出功率最大时恒温热源内可逆卡诺热机的最优构型进行了研究，利用最优控制理论得出其最优构型由六个分支组成，其中两个是等温分支，其他四个既不是等温分支也不是绝热分支，因为由其得到了最大输出功率，所以称其为最大功率分支，整个构型中没有绝热分支。本章给出了各分支过程的时间和热源及工质温度，求出了最大输出功率和相应热效率。比较本章所得结果与牛顿传热规律下的结果可知，两种传热规律下的循环最优构型均由两个等温分支和四个最大功率分支组成，且均不包括绝热分支；两种传热规律下的两个等温分支的温度不同，四个最大功率分支的过程路径也不同；两种传热规律下的最优构型对应的各分支的过程时间、输出的最大功率、所需输入的能量和循环热效率均不相同。

(2) 本章对线性唯象传热规律下，包含若干不同温度的热源、有限热容子系统和变换器的复杂系统的最优构型进行了研究，给出了计算变换器的最优温度和子系统最优自由温度及系统最大输出功率的计算方法和步骤，并得到了其解析解。比较本章所得结果与牛顿传热规律下的结果可知，线性唯象传热规律下，变换器与热源和子系统接触时的最优温度不再是牛顿传热时与热源温度平方根成正比的关系，而是一种非线性关系，两种传热规律下系统的最大输出功率不同。

(3) 本章对普适传热规律下有限热容高温热源和无限热容低温热源间工作的内可逆往复式热机及无限热容高温热源和有限热容低温热源间工作的内可逆往复式制冷机的最优构型和最优性能进行了研究，分析了热漏对热机和制冷机最优构型的影响。所得结果具有相当的普遍性，包含多种传热规律（$n=1$ 且 $m=1$，牛顿传热规律；$n=-1$ 且 $m=1$，线性唯象传热规律；$n=4$ 且 $m=1$，辐射传热规律；$n=1$

且 $m=1.25$，Dulong-Petit 传热规律；$n=1$，广义对流传热规律；$m=1$，广义辐射传热规律等)下热机和制冷循环的最优构型，是变温热源内可逆往复式热机和制冷机最优构型研究结果的集成。

(4) 本章研究结果表明，传热规律对正、反向热力循环的最优构型有很大影响，值得深入研究。

第6章 两热源多级连续正、反向卡诺循环构型优化

6.1 引　　言

利用最优控制理论的 HJB 方程进行热力学理论研究，一直是热力学重要的研究课题。波兰学者 Sieniutycz 等利用 HJB 方程得到了牛顿传热和连续热流条件下多级连续内可逆卡诺热机系统发出最大可用能的广义界限[204,205]，并进一步得到了牛顿传热规律下，工作在有限热容高温热源(驱动流体)和无限热容低温热源(环境)间的多级连续内可逆和不可逆卡诺热机、热泵系统的最大输出功、最小输入功和高温热源最优温度曲线(最优构型)[204,206-211]。近年来，Sieniutycz 等[204,220-223]利用最优控制理论，建立了辐射传热的伪牛顿传热模型，得到了高温热源为有限热容热源、工质与高温热源间辐射传热、低温热源为无限热容热源、工质与低温热源间牛顿传热的多级连续内可逆和不可逆卡诺热机、热泵系统的最大输出功、最小输入功和驱动流体最优温度曲线。但是，他们以一个热源为有限热容热源的系统为研究对象，而在实际的一些过程中两个热源都是有限热容热源，因此有必要研究此种情况下获得系统最大输出功(最小输入功)时的最优构型。本章以文献[204]、[206]~[211]、[220]~[223]为基础，建立高、低温热源均为有限热容热源的多级连续内可逆和不可逆卡诺热机、热泵系统模型，求出其在牛顿传热规律和辐射传热规律下系统的最大输出功、最小输入功及最优构型。由于计算的复杂性，目前情况下暂时无法得到普适传热规律下系统的最大输出功、最小输入功及最优构型。

6.2 两热源多级连续正、反向内可逆卡诺循环构型优化

6.2.1 系统模型

系统模型如图 6.2.1 和图 6.2.2 所示，流体 1(驱动流体)沿坐标 x 的方向流动，微卡诺热机(热泵)连续排列放置在两流体边界层之间，每一个微卡诺热机(热泵)都是完全相同的。热机模式中，在微长度 dx 上，微卡诺热机从流体 1 吸热，对流体 2 放热，在最后输出累积功。热泵模式中，外界对系统做功，在微长度 dx 上，微卡诺热泵从流体 2 吸热，对流体 1 放热。流体 1 和 2 的质量流率分别为 G_1 和 G_2，流体 1、流体 2 和微卡诺热机(热泵)之间的传热服从牛顿传热规律。T_1 和 T_2 为两热源温度。设热机模式中系统对外做的功 W 为正，则热泵模式中，对系统做的功

为负。每一微卡诺热机与两热源的热流率可分别表示为

$$\mathrm{d}Q_1 = \mathrm{d}g_1(T_1 - T_{1C}), \quad \mathrm{d}Q_2 = \mathrm{d}g_2(T_{2C} - T_2) \tag{6.2.1}$$

式中，$\mathrm{d}g_1 = \alpha_1 \mathrm{d}F_1$ 和 $\mathrm{d}g_2 = \alpha_2 \mathrm{d}F_2$ 分别为微卡诺热机与两热源的热导率，α_1、α_2 和 $\mathrm{d}F_1$、$\mathrm{d}F_2$ 分别为高、低温侧的传热系数和微热交换面积；T_{1C} 和 T_{2C} 分别为微卡诺热机工质与高、低温热源接触时的温度。

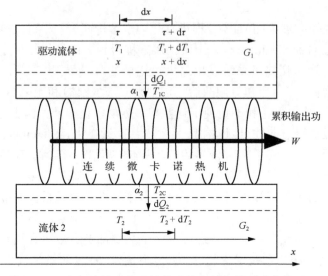

图 6.2.1 多级连续微卡诺热机系统牛顿传热时功产模型

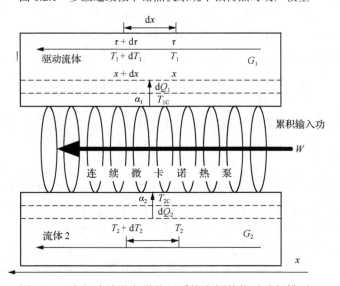

图 6.2.2 多级连续微卡诺热泵系统牛顿传热时功耗模型

由式(6.2.1)可得

$$T_{1C} = T_1 - \frac{dQ_1}{dg_1} \tag{6.2.2}$$

由微卡诺热机循环的内可逆特性可得

$$\frac{dQ_1}{T_{1C}} = \frac{dQ_2}{T_{2C}} \tag{6.2.3}$$

将式(6.2.1)和式(6.2.2)代入式(6.2.3)可得

$$T_{2C} = \frac{T_2\left(T_1 - \dfrac{dQ_1}{dg_1}\right)}{T_1 - \dfrac{dQ_1}{dg_1} - \dfrac{dQ_1}{dg_2}} \tag{6.2.4}$$

微卡诺热机的热效率为

$$\eta = 1 - \frac{T_{2C}}{T_{1C}} \tag{6.2.5}$$

将式(6.2.2)和式(6.2.4)代入式(6.2.5)可得

$$\eta = 1 - \frac{T_2}{T_1 - \dfrac{dQ_1}{dg_1} - \dfrac{dQ_1}{dg_2}} \tag{6.2.6}$$

令总热导率为

$$dg = \frac{dg_1 dg_2}{dg_1 + dg_2} = \frac{\alpha_1 k dF \alpha_2 (1-k) dF}{\alpha_1 k dF + \alpha_2 (1-k) dF} = \frac{\alpha_1' \alpha_2'}{\alpha_1' + \alpha_2'} dF = \alpha' dF \tag{6.2.7}$$

式中，$\alpha_1' = k\alpha_1$；$\alpha_2' = (1-k)\alpha_2$；$F = F_1 + F_2$；$k = F_1/F$；$F_1$ 和 F_2 分别为热机与两热源的热交换面积。此时，式(6.2.6)可简化为

$$\eta = 1 - \frac{T_2}{T_1 - \dfrac{dQ_1}{dg}} \tag{6.2.8}$$

因此，由热机热效率定义 $dP = \eta dQ_1$ 可得

$$dP = \left(1 - \frac{T_2}{T_1 - \dfrac{dQ_1}{dg}}\right) dQ_1 \tag{6.2.9}$$

式中，$\mathrm{d}P$ 为微卡诺热机的输出功率。在热机模式中系统对外做功，流体 1 的温度沿流动方向降低，即 $\mathrm{d}T_1 < 0$，对流体 1 有 $\mathrm{d}Q_1 = -G_1 c_1 \mathrm{d}T_1$，$\mathrm{d}T_1$ 为流体温度沿流动方向的微变化；G_1 为流体 1 的质量流率；c_1 为其比热容。同理，对流体 2 有 $\mathrm{d}Q_2 = G_2 c_2 \mathrm{d}T_2$，$\mathrm{d}T_2$ 为流体 2 的温度沿流动方向的微变化；G_2 为流体 2 的质量流率；c_2 为其比热容。本节中假设流体比热容 c_1 和 c_2 均为常数，可得

$$\mathrm{d}P = -G_1 c_1 \left(1 - \frac{T_2}{T_1 - \frac{\mathrm{d}Q_1}{\mathrm{d}g}}\right) \mathrm{d}T_1 \tag{6.2.10}$$

对式(6.2.10)积分可得单位质量流率驱动流体的输入和输出累积功，即

$$W = \frac{P}{G_1} = -\int_{T_{1i}}^{T_{1f}} c_1 \left(1 - \frac{T_2}{T_1 - \frac{\mathrm{d}Q_1}{\mathrm{d}g}}\right) \mathrm{d}T_1 \tag{6.2.11}$$

式中，T_{1i} 和 T_{1f} 分别为驱动流体的初温和终温。由式(6.2.11)可得热机模式中的最大输出功为

$$W_{\max}^{\mathrm{eng}} = \max \left\{ -\int_{T_{1i}}^{T_{1f}} c_1 \left(1 - \frac{T_2}{T_1 - \frac{\mathrm{d}Q_1}{\mathrm{d}g}}\right) \mathrm{d}T_1 \right\} \tag{6.2.12}$$

针对热泵模式，输入功($-W$)必须为最小，即

$$-W_{\min}^{\mathrm{pump}} = \min \left\{ \int_{T_{1f}}^{T_{1i}} c_1 \left(1 - \frac{T_2}{T_1 - \frac{\mathrm{d}Q_1}{\mathrm{d}g}}\right) \mathrm{d}T_1 \right\} \tag{6.2.13}$$

定义

$$\phi_1 = \frac{G_1 c_1}{\alpha' a_{\mathrm{V}1} F_1} \tag{6.2.14}$$

式中，$a_{\mathrm{V}1} = F/V_1$ 为单位质量流率驱动流体的总比热交换面积；F_1 为驱动流体的横截面积，设为常数。定义无量纲时间为

$$\tau = \frac{x}{\phi_1} = \frac{\alpha' a_{\mathrm{V}1} F_1 x}{G_1 c_1} = \frac{\alpha' a_{\mathrm{V}1} F_1 v_1 t_1}{G_1 c_1} \tag{6.2.15}$$

式中，v_1 为流体 1 的流动速度；t_1 为流体 1 与热机(热泵)的累积接触时间。因此，

可定义控制变量 μ 为

$$\mu = -\frac{\mathrm{d}Q_1}{\mathrm{d}g} = \frac{G_1 c_1 \mathrm{d}T_1}{\alpha' \mathrm{d}A} = \frac{G_1 c_1 \mathrm{d}T_1}{\alpha' a_V F_1 \mathrm{d}x} = \frac{G_1 c_1 \mathrm{d}T_1}{\alpha' a_V F_1 v_1 \mathrm{d}t_1} = \frac{\mathrm{d}T_1}{\mathrm{d}\tau} = \dot{T}_1 \quad (6.2.16)$$

同理,针对流体 2 有

$$\dot{T}_2 = \frac{\mathrm{d}T_2}{\mathrm{d}\tau} = \frac{\mathrm{d}Q_2}{G_2 c_2 \mathrm{d}\tau} = \frac{T_{2C} \dfrac{\mathrm{d}Q_1}{T_{1C}}}{G_2 c_2 \mathrm{d}\tau} = -\frac{\dfrac{G_1 c_1 T_2 \mathrm{d}T_1}{T_1 - \dfrac{\mathrm{d}Q_1}{\mathrm{d}g}}}{G_2 c_2 \mathrm{d}\tau} = -\frac{G_1 c_1 T_2 \mu}{G_2 c_2 (T_1 + \mu)} \quad (6.2.17)$$

则式(6.2.12)和式(6.2.13)变为

$$W_{\max}^{\mathrm{eng}} = \max\left\{-\int_{\tau_\mathrm{i}}^{\tau_\mathrm{f}} c_1 \left(1 - \frac{T_2}{T_1 + \mu}\right) \mu \mathrm{d}\tau\right\} \quad (6.2.18)$$

$$-W_{\min}^{\mathrm{pump}} = \min\left\{\int_{\tau_\mathrm{f}}^{\tau_\mathrm{i}} c_1 \left(1 - \frac{T_2}{T_1 + \mu}\right) \mu \mathrm{d}\tau\right\} \quad (6.2.19)$$

式中,τ_i 和 τ_f 分别为系统过程开始和结束的无量纲时间。因此,该极值问题就是在满足式(6.2.16)和式(6.2.17)时,式(6.2.18)和式(6.2.19)取极值,可利用最优控制理论进行求解。

6.2.2 最优控制理论应用

定义哈密顿函数为

$$H = -c_1\left(1 - \frac{T_2}{T_1 + \mu}\right)\mu + \lambda_1 \mu - \lambda_2 \frac{\psi T_2 \mu}{T_1 + \mu} \quad (6.2.20)$$

式中,λ_1 和 λ_2 为协态变量;$\psi = G_1 c_1/(G_2 c_2)$。对于给定的系统 ψ 为正的常数,最优控制问题的控制方程为

$$\frac{\partial H}{\partial \mu} = 0 \Rightarrow -c_1 + \lambda_1 + \frac{c_1 - \lambda_2 \psi}{(T_1 + \mu)^2} T_1 T_2 = 0 \quad (6.2.21)$$

协态方程为

$$\dot{\lambda}_1 = -\frac{\partial H}{\partial T_1} = \frac{c_1 - \lambda_2 \psi}{(T_1 + \mu)^2} T_2 \mu \quad (6.2.22)$$

$$\dot{\lambda}_2 = -\frac{\partial H}{\partial T_2} = \frac{\lambda_2 \psi - c_1}{T_1 + \mu} \mu \tag{6.2.23}$$

将式(6.2.21)两侧对 τ 求导可得

$$\dot{\lambda}_1 + \frac{c_1 - \lambda_2 \psi}{(T_1 + \mu)^2} T_2 \mu + \frac{c_1 - \lambda_2 \psi}{(T_1 + \mu)^2} T_1 \dot{T}_2 + \frac{(T_1 + \mu)(-\dot{\lambda}_2 \psi) - 2(c_1 - \lambda_2 \psi)(\mu + \dot{\mu})}{(T_1 + \mu)^3} T_1 T_2 = 0 \tag{6.2.24}$$

将式(6.2.16)、式(6.2.17)、式(6.2.22)和式(6.2.23)代入式(6.2.24)，整理后可得

$$\dot{T}_1^2 - T_1 \ddot{T}_1 = 0 \tag{6.2.25}$$

解之得

$$T_1 = T_{10} \exp(\xi \tau) \tag{6.2.26}$$

$$\mu = \xi T_{10} \exp(\xi \tau) \tag{6.2.27}$$

式中，ξ 为任意不为零的常数，热机模式中 ξ 为负，热泵模式中 ξ 为正。在热机模式中，T_{10} 为系统初温 T_{1i}，在热泵模式中，T_{10} 为热机模式中的系统终温 T_{1f}。

将式(6.2.26)和式(6.2.27)代入式(6.2.17)可得

$$T_2 = T_{2i} \exp\left(\frac{-\psi \xi \tau}{1 + \xi}\right) \tag{6.2.28}$$

式中，T_{2i} 为热机模式中流体 2 的初温，在热泵模式中，流体 2 的初温即热机模式中的终温 T_{1f}。因此，对于给定的系统初温、终温和过程周期 $(\tau_f - \tau_i)$，由式(6.2.26)可得

$$\xi = \pm \frac{1}{\tau_f - \tau_i} \ln \frac{T_{1f}}{T_{1i}} \tag{6.2.29}$$

式中，"+"对应于热机模式；"−"对应于热泵模式。因此，驱动流体的最优温度为

$$T_1^* = T_{10} \exp\left(\pm \frac{\tau}{\tau_f - \tau_i} \ln \frac{T_{1f}}{T_{1i}}\right) \tag{6.2.30}$$

由勒让德条件很容易证明 T_1^* 的曲线为极值曲线。假设热机模式中的边界条件为 $T_{1i} = T_i$、$T_{2i} = T_0$（环境温度）、$T_{1f} = T_f$ 和 T_{2f}（未知），过程周期为 τ_f（$\tau_i = 0$）。将边界条件代入式(6.2.18)和式(6.2.19)可得

$$W_{\max}^{\text{eng}} = c_1(T_i - T_f) - \frac{c_1 T_0}{\psi}\left[\exp\left(-\frac{\psi \ln\frac{T_f}{T_i}}{1+\frac{\ln\frac{T_f}{T_i}}{\tau_f}}\right) - 1\right]$$

$$= c_1(T_i - T_f) - \frac{G_2 c_2 T_0}{G_1}\left[\exp\left(-\frac{\frac{G_1 c_1}{G_2 c_2}\ln\frac{T_f}{T_i}}{1+\frac{\ln\frac{T_f}{T_i}}{\tau_f}}\right) - 1\right] \quad (6.2.31)$$

$$-W_{\min}^{\text{pump}} = c_1(T_i - T_f) - \frac{c_1 T_0}{\psi}\left[\exp\left(-\frac{\psi \ln\frac{T_f}{T_i}}{1-\frac{\ln\frac{T_f}{T_i}}{\tau_f}}\right) - 1\right]$$

$$= c_1(T_i - T_f) - \frac{G_2 c_2 T_0}{G_1}\left[\exp\left(-\frac{\frac{G_1 c_1}{G_2 c_2}\ln\frac{T_f}{T_i}}{1-\frac{\ln\frac{T_f}{T_i}}{\tau_f}}\right) - 1\right] \quad (6.2.32)$$

当流体 2 为无限热容热源时 ($T_2 \equiv T_0$, $\psi \to 0$), $T_f = T_0$, 可得

$$W_{\max}^{\text{eng}} = c_1(T_i - T_f) - \lim_{\psi \to 0}\frac{c_1 T_0}{\psi}\left[\exp\left(-\frac{\psi \ln\frac{T_f}{T_i}}{1+\frac{\ln\frac{T_f}{T_i}}{\tau_f}}\right) - 1\right] = c_1(T_i - T_0) - \frac{c_1 T_0}{1-\frac{\ln\frac{T_i}{T_0}}{\tau_f}}\ln\frac{T_i}{T_0}$$

$$(6.2.33)$$

$$-W_{\min}^{\text{pump}} = c_1(T_i - T_f) - \lim_{\psi \to 0}\frac{c_1 T_0}{\psi}\left[\exp\left(-\frac{\psi \ln\frac{T_f}{T_i}}{1-\frac{\ln\frac{T_f}{T_i}}{\tau_f}}\right) - 1\right] = c_1(T_i - T_0) - \frac{c_1 T_0}{1+\frac{\ln\frac{T_i}{T_0}}{\tau_f}}\ln\frac{T_i}{T_0}$$

$$(6.2.34)$$

式(6.2.33)和式(6.2.34)即文献[204]、[206]～[209]的结果，可见文献[204]、[206]～[209]的结果是本节结果的特例。

6.2.3 数值算例与分析

假设驱动流体的比热容为 $c_1 = 1\text{J}/(\text{kg}\cdot\text{K})$，初温为 $T_{1i} = 1000\text{K}$，流体 2 的初温为 $T_{2i} = T_0 = 300\text{K}$，过程周期的无量纲时间为 $\tau = 150$，取 $\psi = 0.3125$。

若流体 2 为有限热容热源，驱动流体的终温为 $T_{1f} = 400\text{K}$，则可得 $\xi = \pm 0.0061$（热机模式为负，热泵模式为正），热机模式中单位质量流率驱动流体最大输出功为 $W = 273.86\text{J}$，热泵模式中单位质量流率驱动流体最小输入功为 $W = 289.48\text{J}$。

若流体 2 为无限热容热源，则可得 $\xi = \pm 0.0080$，热机模式中单位质量流率驱动流体最大输出功为 $W = 335.89\text{J}$，热泵模式中单位质量流率驱动流体最小输入功为 $W = 341.68\text{J}$。

图 6.2.3 给出了流体 2 分别为有限热容热源和无限热容热源时，热机及热泵模式中流体 1 和流体 2 的最优温度曲线。

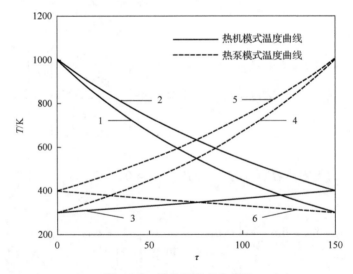

图 6.2.3 最优温度变化曲线

1. 热机模式下流体 2 为无限热容热源时 T_1 的曲线；2. 热机模式下流体 2 为有限热容热源时 T_1 的曲线；3. 热机模式下流体 2 为有限热容热源时 T_2 的曲线；4. 热泵模式下流体 2 为无限热容热源时 T_1 的曲线；5. 热泵模式下流体 2 为有限热容热源时 T_1 的曲线；6. 热泵模式下流体 2 为有限热容热源时 T_2 的曲线

根据数值算例和本节的分析可知，两有限热容热源条件下，多级连续热机、热泵系统的最大输出功、最小输入功是不相等的，比较本节的结果与文献[204]、[206]～[209]的结果可知：当驱动流体的初温、终温和过程周期给定时，若只对驱动流体进行控制，则无论流体 2 是否为有限热容热源，驱动流体的最优温度变化曲线都是随无量纲时间呈指数规律变化；当流体 2 为有限热容热源时，流体 2 的最优温度变化曲线随无量纲时间呈指数规律变化，热机模式中的最大输出功和热泵模式中的最小输入功均小于流体 2 为无限热容热源时的值。

6.2.4 辐射传热时循环构型优化

1. 系统模型

系统模型如图 6.2.4 和图 6.2.5 所示，流体 1(驱动流体)沿坐标 x 的方向流动，微卡诺热机(热泵)连续排列放置在两流体边界层之间，每一微卡诺热机(热泵)都是完全相同的，在微长度 dx 上，微卡诺热机从流体 1 吸热，对流体 2 放热，在最后输出累积功。在热泵模式中，外界对系统做功，在微长度 dx 上，微卡诺热泵从流体 2 吸热，对驱动流体放热。流体 1 和流体 2 的体积流率分别为 $\dot{V}_1$ 和 $\dot{V}_2$，流体 1 和微卡诺热机(热泵)之间的传热为辐射传热，流体 2 和微卡诺热机(热泵)之间的传热为牛顿传热，T_1 和 T_2 为两热源温度。设热机模式中系统对外做的功 W 为正，则热泵模式中，对系统做的功为负，根据伪牛顿传热模型[204,220-223]，流体 1 与每一个微卡诺热机的热流率为

$$dQ_1 = dg_1(T_1 - T_{1C}) \tag{6.2.35}$$

式中，$dg_1 = \alpha_1(T_1^3)dF_1$ 为微卡诺热机与流体 1 的热导率，$\alpha_1(T_1^3)$ 和 dF_1 分别为相应的辐射传热系数和微热交换面积。

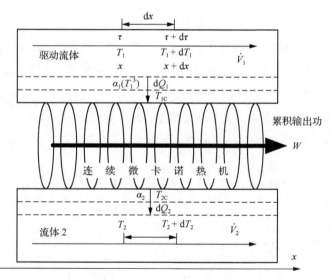

图 6.2.4 多级连续微卡诺热机系统辐射传热时功产模型

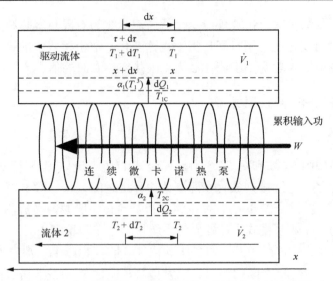

图 6.2.5 多级连续微卡诺热泵系统辐射传热时耗功模型

流体 2 与每一个微卡诺热机的热流率为

$$dQ_2 = dg_2(T_{2C} - T_2) \tag{6.2.36}$$

根据 6.2.1 节~6.2.3 节的分析和能量平衡 $dP = \eta dQ_1 + \dot{V}_1 dp$ [204,220-223]可得

$$dP = \left(1 - \frac{T_2}{T_1 - \dfrac{dQ_1}{dg}}\right) dQ_1 + \dot{V}_1 dp \tag{6.2.37}$$

式中，dP 为微卡诺热机的输出功率；$p = aT_1^4/3$ 为辐射压，$a = 4\sigma/c$ 为与斯蒂芬-玻尔兹曼常量 σ 相关的常系数，c 为光速。因此，对流体 1 有 $dQ_1 = -\dot{V}_1 c_V(T_1) dT_1$，其中 $c_V(T_1) = 4aT_1^3$ 是流体 1 的辐射定容比热容，dT_1 为流体温度沿流动方向的微变化，流体 1 的温度沿流动方向降低，即 $dT_1 < 0$。同理，对流体 2 有 $dQ_2 = \dot{V}_2 c_2 dT_2$，其中 c_2 是流体 2 的比热容，设为常数。因此，式(6.2.37)变为

$$dP = -\dot{V}_1 c_V(T_1)\left(1 - \frac{T_2}{T_1 - \dfrac{dQ_1}{dg}}\right) dT_1 - \frac{4a\dot{V}_1 T_1^3 dT_1}{3} \tag{6.2.38}$$

为方便表示，定义替代比热[204,220-223]

$$c_h(T_1) = c_V(T_1) + \frac{dp}{dT_1} = 4aT_1^3 + \frac{4aT_1^3}{3} = \frac{16}{3}aT_1^3 \tag{6.2.39}$$

则式(6.2.38)变为

$$dP = -\dot{V}_1\left[c_h(T_1) - c_V(T_1)\frac{T_2}{T_1 - \frac{dQ_1}{dg}}\right]dT_1 \qquad (6.2.40)$$

对式(6.2.40)积分可得单位体积流率驱动流体的输入和输出累积功,即

$$W = \frac{P}{\dot{V}_1} = -\int_{T_{1i}}^{T_{1f}}\left[c_h(T_1) - c_V(T_1)\frac{T_2}{T_1 - \frac{dQ_1}{dg}}\right]dT_1 \qquad (6.2.41)$$

式中,T_{1i} 和 T_{1f} 分别为流体 1 的初温和终温。

针对热机模式,最大输出功为

$$W_{\max}^{\mathrm{eng}} = \max\left\{-\int_{T_{1i}}^{T_{1f}}\left[c_h(T_1) - c_V(T_1)\frac{T_2}{T_1 - \frac{dQ_1}{dg}}\right]dT_1\right\} \qquad (6.2.42)$$

针对热泵模式,输入功($-W$)必须为最小,即

$$-W_{\min}^{\mathrm{pump}} = \min\left\{\int_{T_{1f}}^{T_{1i}}\left[c_h(T_1) - c_V(T_1)\frac{T_2}{T_1 - \frac{dQ_1}{dg}}\right]dT_1\right\} \qquad (6.2.43)$$

定义无量纲时间为

$$\tau = \frac{\alpha' a_{V1} F_1 x}{\dot{V}_1 c_V} = \frac{\alpha' a_{V1} F_1 v_1 t_1}{\dot{V}_1 c_V} \qquad (6.2.44)$$

式中,$a_{V1} = F/\dot{V}_1$ 为单位体积流率驱动流体的总比热交换面积;F_1 为驱动流体的横截面积,设为常数;v_1 为流体 1 的流动速度;t_1 为流体 1 与热机的累积接触时间。因此,定义控制变量为

$$\mu = -\frac{dQ_1}{dg} = \frac{\dot{V}_1 c_V(T_1)dT_1}{\alpha'(T_1)a_{V1}F_1 dx} = \frac{dT_1}{d\tau} = \dot{T}_1 \qquad (6.2.45)$$

同理,对流体 2 有

$$\dot{T}_2 = \frac{\mathrm{d}T_2}{\mathrm{d}\tau} = \frac{\mathrm{d}Q_2}{\dot{V}_2 c_2 \mathrm{d}\tau} = -\frac{\dot{V}_1 c_V(T_1) T_2 \mu}{\dot{V}_2 c_2 (T_1+\mu)} = -\frac{4\dot{V}_1 a T_1^3 T_2 \mu}{\dot{V}_2 c_2 (T_1+\mu)} \quad (6.2.46)$$

因此，式(6.2.42)和式(6.2.43)变为

$$W_{\max}^{\mathrm{eng}} = \max\left\{-\int_{\tau_i}^{\tau_f}\left[c_h(T_1) - \frac{c_V(T_1)T_2}{T_1+\mu}\right]\mu \mathrm{d}\tau\right\} \quad (6.2.47)$$

$$-W_{\min}^{\mathrm{pump}} = \min\left\{\int_{\tau_f}^{\tau_i}\left[c_h(T_1) - \frac{c_V(T_1)T_2}{T_1+\mu}\right]\mu \mathrm{d}\tau\right\} \quad (6.2.48)$$

将 $c_h(T_1) = 16aT_1^3/3$ 和 $c_V(T_1) = 4aT_1^3$ 代入式(6.2.47)和式(6.2.48)可得

$$W_{\max}^{\mathrm{eng}} = \max\left\{-4a\int_{\tau_i}^{\tau_f}\left(\frac{4T_1^3}{3} - \frac{T_1^3 T_2}{T_1+\mu}\right)\mu \mathrm{d}\tau\right\} \quad (6.2.49)$$

$$-W_{\min}^{\mathrm{pump}} = \min\left[4a\int_{\tau_f}^{\tau_i}\left(\frac{4T_1^3}{3} - \frac{T_1^3 T_2}{T_1+\mu}\right)\mu \mathrm{d}\tau\right] \quad (6.2.50)$$

因此，该极值问题就是在满足式(6.2.45)和式(6.2.46)时，式(6.2.49)和式(6.2.50)取极值，可利用最优控制理论进行求解。

2. 最优控制理论应用

定义哈密顿函数为

$$H = -4a\left(\frac{4T_1^3}{3} - \frac{T_1^3 T_2}{T_1+\mu}\right)\mu + \lambda_1 \mu - \frac{4a\lambda_2 \psi T_1^3 T_2 \mu}{T_1+\mu} \quad (6.2.51)$$

式中，$\psi = \dot{V}_1/(\dot{V}_2 c_2)$，对于给定的系统 ψ 为正的常数，最优控制问题的控制方程为

$$\frac{\partial H}{\partial \mu} = 0 \Rightarrow \lambda_1 - \frac{16aT_1^3}{3} + 4aT_1^4 T_2 \frac{1-\lambda_2 \psi}{(T_1+\mu)^2} = 0 \quad (6.2.52)$$

协态方程为

$$\dot{\lambda}_1 = -\frac{\partial H}{\partial T_1} = 16aT_1^2 \mu - \frac{4aT_1^2 T_2 \mu(2T_1+3\mu)(1-\lambda_2 \psi)}{(T_1+\mu)^2} \quad (6.2.53)$$

$$\dot{\lambda}_2 = -\frac{\partial H}{\partial T_2} = \frac{4a(\lambda_2\psi - 1)T_1^3\mu}{T_1 + \mu} \tag{6.2.54}$$

将式(6.2.52)两侧对 τ 求导可得

$$\dot{\lambda}_1 + \frac{4aT_1^4\dot{T}_2(1-\lambda_2\psi)}{(T_1+\mu)^2} - 16aT_1^2\mu + \frac{16aT_1^3T_2\mu(1-\lambda_2\psi)}{(T_1+\mu)^2}$$
$$-\frac{8aT_1^4T_2(1-\lambda_2\psi)(\mu+\dot{\mu})}{(T_1+\mu)^3} - 4a\frac{\psi T_1^4 T_2 \dot{\lambda}_2}{(T_1+\mu)^2} = 0 \tag{6.2.55}$$

将式(6.2.46)、式(6.2.53)和式(6.2.54)代入式(6.2.55)可得

$$2T_1^2\dot{\mu} + T_1\mu^2 + 3\mu^3 = 0 \tag{6.2.56}$$

解式(6.2.56)可得

$$\frac{2}{3}\xi\left(T_1^{\frac{3}{2}} - T_{1i}^{\frac{3}{2}}\right) - \ln\left(\frac{T_1}{T_{1i}}\right) = \tau - \tau_i \tag{6.2.57}$$

$$\mu = \frac{T_1}{\xi T_1^{\frac{3}{2}} - 1} \tag{6.2.58}$$

式(6.2.57)即驱动流体的最优温度曲线。由勒让德条件很容易证明式(6.2.57)的曲线为极值曲线。

将式(6.2.57)和式(6.2.58)代入式(6.2.46)可得

$$\ln\frac{T_2}{T_{2i}} = \frac{8a\psi}{3\xi}\left(T_1^{\frac{3}{2}} - T_{1i}^{\frac{3}{2}}\right) - \frac{4a\psi}{3}(T_1^3 - T_{1i}^3) \tag{6.2.59}$$

式中，T_{2i} 为热机模式中流体2的初温，在热泵模式中，流体2的初温即热机模式中的终温 T_{1f}。式(6.2.59)为流体2的最优温度曲线。因此，对于给定的系统初温、终温和过程周期($\tau_f - \tau_i$)，由式(6.2.57)可得

$$\xi = \pm\frac{3\left(\tau_f + \ln\frac{T_{1f}}{T_{1i}}\right)}{2\left(T_{1f}^{\frac{3}{2}} - T_{1i}^{\frac{3}{2}}\right)} \tag{6.2.60}$$

式中，"+"对应于热机模式；"−"对应于热泵模式。

将式(6.2.57)～式(6.2.59)代入式(6.2.49)和式(6.2.50)可得

$$W_{\max}^{\text{eng}} = -4a\int_{T_{1i}}^{T_{1f}} \frac{4T_1^3}{3} dT_1$$

$$+ 4aT_{2i}\int_{T_{1i}}^{T_{1f}} \left(\xi^{-1}T_1^{\frac{1}{2}} - T_1^2\right)\exp\left[\frac{8a\psi\left(T_1^{\frac{3}{2}} - T_{1i}^{\frac{3}{2}}\right)}{3\xi} - \frac{4a\psi(T_1^3 - T_{1i}^3)}{3}\right]dT_1$$

$$= -\frac{4a(T_{1f}^4 - T_{1i}^4)}{3} - \frac{T_{2i}}{\psi}\left\{\exp\left[\frac{16a\psi\left(T_1^{\frac{3}{2}} - T_{1i}^{\frac{3}{2}}\right)^2}{9\tau_f + 9\ln\frac{T_{1f}}{T_{1i}}} - \frac{4a\psi(T_{1f}^3 - T_{1i}^3)}{3}\right] - 1\right\}$$

(6.2.61)

$$-W_{\min}^{\text{pump}} = 4a\int_{T_{1f}}^{T_{1i}} \frac{4T_1^3}{3} dT_1$$

$$- 4aT_{2i}\int_{T_{1f}}^{T_{1i}} \left(\xi^{-1}T_1^{\frac{1}{2}} - T_1^2\right)\exp\left[\frac{8a\psi\left(T_1^{\frac{3}{2}} - T_{1i}^{\frac{3}{2}}\right)}{3\xi} - \frac{4a\psi(T_1^3 - T_{1i}^3)}{3}\right]dT_1$$

$$= \frac{4a(T_{1i}^4 - T_{1f}^4)}{3} - \frac{T_{2i}}{\psi}\left\{\exp\left[-\frac{16a\psi\left(T_{1f}^{\frac{3}{2}} - T_{1i}^{\frac{3}{2}}\right)^2}{9\tau_f + 9\ln\frac{T_{1f}}{T_{1i}}} - \frac{4a\psi(T_{1f}^3 - T_{1i}^3)}{3}\right] - 1\right\}$$

(6.2.62)

当流体2为无限热容热源时($T_2 \equiv T_0$，$\psi \to 0$)，$T_f = T_0$，可得

$$W_{\max}^{\text{eng}} = -4a\lim_{\psi \to 0}\left\{\int_{T_{1i}}^{T_{1f}} \frac{4T_1^3}{3} dT_1\right.$$

$$\left. - T_{2i}\int_{T_{1i}}^{T_{1f}}\left(\xi^{-1}T_1^{\frac{1}{2}} - T_1^2\right)\exp\left[\frac{8a\psi\left(T_1^{\frac{3}{2}} - T_{1i}^{\frac{3}{2}}\right)}{3\xi} - \frac{4a\psi(T_1^3 - T_{1i}^3)}{3}\right]dT_1\right\} \quad (6.2.63)$$

$$= -\frac{4a(T_0^4 - T_{1i}^4)}{3} - 4aT_0\left[\frac{4\left(T_0^{\frac{3}{2}} - T_{1i}^{\frac{3}{2}}\right)^2}{9\tau_f + 9\ln\frac{T_0}{T_{1i}}} - \frac{T_0^3 - T_{1i}^3}{3}\right]$$

$$-W_{\min}^{\text{pump}} = 4a \lim_{\psi \to 0} \left\{ \int_{T_{1f}}^{T_{1i}} \frac{4T_1^3}{3} dT_1 \right.$$

$$\left. -T_{2i} \int_{T_{1f}}^{T_{1i}} \left(\xi^{-1} T_1^{\frac{1}{2}} - T_1^2 \right) \exp\left[\frac{8a\psi \left(T_1^{\frac{3}{2}} - T_{1i}^{\frac{3}{2}} \right)}{3\xi} - \frac{4a\psi(T_1^3 - T_{1i}^3)}{3} \right] dT_1 \right\} \quad (6.2.64)$$

$$= \frac{4a(T_{1i}^4 - T_0^4)}{3} - 4aT_0 \left[-\frac{4\left(T_0^{\frac{3}{2}} - T_{1i}^{\frac{3}{2}}\right)^2}{9\tau_f + 9\ln\frac{T_0}{T_{1i}}} - \frac{T_0^3 - T_{1i}^3}{3} \right]$$

式(6.2.63)和式(6.2.64)即文献[204]、[220]~[223]的结果,可见文献[204]、[220]~[223]的结果是本节结果的特例。

3. 数值算例与分析

假设驱动流体的比热容为 $c_1 = 1\text{J}/(\text{m}^3 \cdot \text{K})$,初温为 $T_{1i} = 5800\text{K}$,流体 2 的初温为 $T_{2i} = T_0 = 300\text{K}$,过程周期的无量纲时间为 $\tau = 150$,常数 $a = 7.6 \times 10^{-19}$,取 $\psi = 6075000$。

若流体 2 为有限热容热源,驱动流体的终温为 $T_{1f} = 1000\text{K}$,则可得 $\xi = \pm 5.4223 \times 10^{-4}$("−"对应于热机模式,"+"对应于热泵模式),热机模式中单位体积流率驱动流体最大输出功为 $W = 1.0305 \times 10^{-3}\text{J}$,热泵模式中单位体积流率驱动流体最小输入功为 $W = 1.0335 \times 10^{-3}\text{J}$。

若流体 2 为无限热容热源,则可得 $\xi = \pm 5.0526 \times 10^{-4}$,热机模式中单位体积流率驱动流体最大输出功为 $W = 1.0869 \times 10^{-3}\text{J}$,热泵模式中单位体积流率驱动流体最小输入功为 $W = 1.0879 \times 10^{-3}\text{J}$。

图 6.2.6 给出了流体 2 分别为有限热容热源和无限热容热源时,热机及热泵模式中流体 1 和流体 2 的最优温度曲线。由图 6.2.6 可知,流体 1 的最优温度曲线不再像牛顿传热时呈指数规律变化,而是随无量纲时间呈单调递减规律变化,由此可知传热规律对系统的构型有很大影响。

将本书的结果与文献[204]、[220]~[223]的结果比较可知:当驱动流体的初温、终温和过程周期给定时,若只对驱动流体进行控制,则无论流体 2 是否为有限热容热源,驱动流体的最优温度变化曲线都是随无量纲时间呈单调递减规律变化;当流体 2 为有限热容热源时,流体 2 的最优温度变化曲线随无量纲时间呈指数规律变化,热机模式中的最大输出功和热泵模式中的最小输入功均小于流体 2 为无限热容热源时的值。

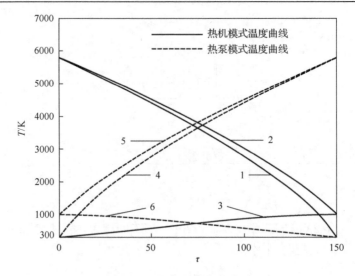

图 6.2.6　最优温度变化曲线

1. 热机模式下流体 2 为无限热容热源时 T_1 的曲线；2. 热机模式下流体 2 为有限热容热源时 T_1 的曲线；
3. 热机模式下流体 2 为有限热容热源时 T_2 的曲线；4. 热泵模式下流体 2 为无限热容热源时 T_1 的曲线；
5. 热泵模式下流体 2 为有限热容热源时 T_1 的曲线；6. 热泵模式下流体 2 为有限热容热源时 T_2 的曲线

6.3　两热源多级连续正、反向不可逆卡诺循环构型优化

6.3.1　系统模型

考虑图 6.2.1 和图 6.2.2 所示模型，其物理模型除连续排列放置在两流体边界层之间的是微不可逆卡诺热机(热泵)外均与 6.2 节模型相同。每一微不可逆卡诺热机与两热源的热流率可表示为式(6.2.1)，由微不可逆卡诺热机循环的内可逆特性可得

$$\frac{\Phi \mathrm{d}Q_1}{T_{1C}} = \frac{\mathrm{d}Q_2}{T_{2C}} \tag{6.3.1}$$

式中，$\Phi = \Delta S_{2C}/\Delta S_{1C}$ 为内不可逆因子(其中，ΔS_{1C} 和 ΔS_{2C} 为循环工质在温度 T_{1C} 和 T_{2C} 的熵变)[7,210,268,269]，$\Phi = 1$ 表示内可逆系统。在很多情况下 Φ 是机器运行参数的复杂函数，在复杂情况下可以利用 $\sigma_S^{\mathrm{int}} = \mathrm{d}S_\sigma^{\mathrm{int}}/\mathrm{d}t$ (σ_S^{int} 为内部熵产率；$\mathrm{d}S_\sigma^{\mathrm{int}} = \mathrm{d}Q_2/T_{2C} - \mathrm{d}Q_1/T_{1C}$ 为内部熵产)来计算 Φ 的平均值。冷却器和发生器关于 $\sigma_S^{\mathrm{int}} = \mathrm{d}S_\sigma^{\mathrm{int}}/\mathrm{d}t$ 的实验数据可以用来计算 Φ，详见文献[210]。Φ 的平均值在本节中可以看成常数。

将式(6.2.1)和式(6.2.2)代入式(6.3.1)可得

$$T_{2C} = \frac{T_2\left(T_1 - \dfrac{dQ_1}{dg_1}\right)}{T_1 - \dfrac{dQ_1}{dg_1} - \Phi\dfrac{dQ_1}{dg_2}} \tag{6.3.2}$$

不可逆卡诺热机的热效率为

$$\eta = 1 - \frac{dQ_2}{dQ_1} = 1 - \Phi\frac{T_{2C}}{T_{1C}} \tag{6.3.3}$$

将式(6.2.2)和式(6.3.2)代入式(6.3.3)可得

$$\eta = 1 - \frac{\Phi T_2}{T_1 - \dfrac{dQ_1}{dg_1} - \Phi\dfrac{dQ_1}{dg_2}} \tag{6.3.4}$$

定义总热导率为

$$dg = \frac{dg_1 dg_2}{\Phi dg_1 + dg_2} = \frac{\alpha_1 k dF \alpha_2 (1-k) dF}{\Phi \alpha_1 k dF + \alpha_2 (1-k) dF} = \frac{\alpha_1' \alpha_2'}{\Phi \alpha_1' + \alpha_2'} dF = \alpha' dF \tag{6.3.5}$$

则式(6.3.4)变为

$$\eta = 1 - \frac{\Phi T_2}{T_1 - \dfrac{dQ_1}{dg}} \tag{6.3.6}$$

由热机热效率的定义 $dP = \eta dQ_1$ 可得

$$dP = \left(1 - \frac{\Phi T_2}{T_1 - \dfrac{dQ_1}{dg}}\right) dQ_1 \tag{6.3.7}$$

由6.2节的分析和式(6.3.7)可得

$$dP = -G_1 c_1 \left(1 - \frac{\Phi T_2}{T_1 - \dfrac{dQ_1}{dg}}\right) dT_1 \tag{6.3.8}$$

对式(6.3.8)积分可得单位质量流率驱动流体的输入和输出累积功,即

$$W = \frac{P}{G_1} = -\int_{T_{1i}}^{T_{1f}} c_1 \left(1 - \frac{\Phi T_2}{T_1 - \dfrac{dQ_1}{dg}}\right) dT_1 \qquad (6.3.9)$$

由式(6.3.9)可得热机模式中的最大输出功为

$$W_{\max}^{\text{eng}} = \max \left\{ -\int_{T_{1i}}^{T_{1f}} c_1 \left(1 - \frac{\Phi T_2}{T_1 - \dfrac{dQ_1}{dg}}\right) dT_1 \right\} \qquad (6.3.10)$$

针对热泵模式,输入功($-W$)必须为最小,即

$$-W_{\min}^{\text{pump}} = \min \left\{ \int_{T_{1f}}^{T_{1i}} c_1 \left(1 - \frac{\Phi T_2}{T_1 - \dfrac{dQ_1}{dg}}\right) dT_1 \right\} \qquad (6.3.11)$$

由6.2节的定义可得

$$\dot{T}_2 = \frac{dT_2}{d\tau} = \frac{dQ_2}{G_2 c_2 d\tau} = \frac{\dfrac{\Phi T_{2C} dQ_1}{T_{1C}}}{G_2 c_2 d\tau} = -\frac{\dfrac{\Phi G_1 c_1 T_2 dT_1}{T_1 - \dfrac{dQ_1}{dg}}}{G_2 c_2 d\tau} = -\frac{\Phi G_1 c_1 T_2 \mu}{G_2 c_2 (T_1 + \mu)} \qquad (6.3.12)$$

式(6.3.10)和式(6.3.11)变为

$$W_{\max}^{\text{eng}} = \max \left\{ -\int_{\tau_i}^{\tau_f} c_1 \left(1 - \frac{\Phi T_2}{T_1 + \mu}\right) \mu d\tau \right\} \qquad (6.3.13)$$

$$-W_{\min}^{\text{pump}} = \min \left\{ \int_{\tau_f}^{\tau_i} c_1 \left(1 - \frac{\Phi T_2}{T_1 + \mu}\right) \mu d\tau \right\} \qquad (6.3.14)$$

因此,该极值问题就是在满足式(6.2.16)和式(6.3.12)时,式(6.3.13)和式(6.3.14)取极值,可利用最优控制理论进行求解。

6.3.2 最优控制理论应用

定义哈密顿函数:

$$H = -c_1 \left(1 - \frac{\Phi T_2}{T_1 + \mu}\right) \mu + \lambda_1 \mu - \lambda_2 \frac{\Phi \psi T_2 \mu}{T_1 + \mu} \qquad (6.3.15)$$

则最优控制问题的控制方程为

第6章 两热源多级连续正、反向卡诺循环构型优化

$$\frac{\partial H}{\partial \mu} = 0 \Rightarrow -c_1 + \lambda_1 + \frac{c_1 - \lambda_2 \psi}{(T_1 + \mu)^2} \Phi T_1 T_2 = 0 \qquad (6.3.16)$$

协态方程为

$$\dot{\lambda}_1 = -\frac{\partial H}{\partial T_1} = \frac{c_1 - \lambda_2 \psi}{(T_1 + \mu)^2} \Phi T_2 \mu \qquad (6.3.17)$$

$$\dot{\lambda}_2 = -\frac{\partial H}{\partial T_2} = \frac{\lambda_2 \psi - c_1}{T_1 + \mu} \Phi \mu \qquad (6.3.18)$$

将式(6.3.16)两侧对 τ 求导可得

$$\dot{\lambda}_1 + \frac{c_1 - \lambda_2 \psi}{(T_1 + \mu)^2} \Phi T_2 \mu + \frac{c_1 - \lambda_2 \psi}{(T_1 + \mu)^2} \Phi T_1 \dot{T}_2 + \frac{(T_1 + \mu)(-\dot{\lambda}_2 \psi) - 2(c_1 - \lambda_2 \psi)(\mu + \dot{\mu})}{(T_1 + \mu)^3} \Phi T_1 T_2 = 0$$

$$(6.3.19)$$

将式(6.2.16)、式(6.3.12)、式(6.3.17)和式(6.3.18)代入式(6.3.19)，整理后可得 $\dot{T}_1^2 - T_1 \ddot{T}_1 = 0$，其解即式(6.2.26)和式(6.2.27)。

将式(6.2.26)和式(6.2.27)代入式(6.3.12)可得

$$T_2 = T_{2i} \exp \frac{-\psi \Phi \xi \tau}{1 + \xi} \qquad (6.3.20)$$

对于给定的系统初温、终温和过程周期($\tau_f - \tau_i$)，由式(6.2.26)可得 ξ 的表达式(6.2.29)，因此驱动流体的最优温度即式(6.2.30)。

将6.2节的边界条件代入式(6.3.13)和式(6.3.14)可得

$$W_{\max}^{\text{eng}} = c_1(T_i - T_f) - \frac{c_1 T_0}{\psi} \left[\exp\left(-\frac{\Phi \psi \ln \frac{T_f}{T_i}}{1 + \frac{\ln \frac{T_f}{T_i}}{\tau_f}} \right) - 1 \right]$$

$$= c_1(T_i - T_f) - \frac{G_2 c_2 T_0}{G_1} \left[\exp\left(-\frac{\Phi G_1 c_1 \ln \frac{T_f}{T_i}}{1 + \frac{\ln \frac{T_f}{T_i}}{\tau_f}} \right) - 1 \right] \qquad (6.3.21)$$

$$-W_{\min}^{\text{pump}} = c_1(T_i - T_f) - \frac{c_1 T_0}{\psi}\left[\exp\left(-\frac{\Phi\psi \ln\frac{T_f}{T_i}}{1 - \frac{\ln\frac{T_f}{T_i}}{\tau_f}}\right) - 1\right]$$

$$= c_1(T_i - T_f) - \frac{G_2 c_2 T_0}{G_1}\left[\exp\left(-\frac{\Phi G_1 c_1 \ln\frac{T_f}{T_i}}{G_2 c_2}\right) - 1\right] \quad (6.3.22)$$

当 $\Phi = 1$ 时，式 (6.3.21)、式 (6.3.22) 即 6.2 节的结果。

当流体 2 为无限热容热源时（$T_2 \equiv T_0$，$\psi \to 0$），$T_f = T_0$，可得

$$W_{\max}^{\text{eng}} = c_1(T_i - T_f) - \lim_{\psi \to 0}\frac{c_1 T_0}{\psi}\left[\exp\left(-\frac{\Phi\psi \ln\frac{T_f}{T_i}}{1 + \frac{\ln\frac{T_f}{T_i}}{\tau_f}}\right) - 1\right] = c_1(T_i - T_0) - \frac{c_1 T_0 \Phi}{1 - \frac{T_0}{\tau_f}}\ln\frac{T_i}{T_0}$$

$$\quad (6.3.23)$$

$$-W_{\min}^{\text{pump}} = c_1(T_i - T_f) - \lim_{\psi \to 0}\frac{c_1 T_0}{\psi}\left[\exp\left(-\frac{\Phi\psi \ln\frac{T_f}{T_i}}{1 - \frac{\ln\frac{T_f}{T_i}}{\tau_f}}\right) - 1\right] = c_1(T_i - T_0) - \frac{c_1 T_0 \Phi}{1 + \frac{T_0}{\tau_f}}\ln\frac{T_i}{T_0}$$

$$\quad (6.3.24)$$

式 (6.3.23) 和式 (6.3.24) 即文献 [210]、[211] 的结果。当 $\Phi = 1$ 时，式 (6.3.23) 和式 (6.3.24) 即文献 [204]、[206]~[209] 的结果，可见文献 [204]、[206]~[209] 的结果是本节结果的特例。

6.3.3 数值算例与分析

假设驱动流体的比热容为 $c_1 = 1\text{J}/(\text{kg}\cdot\text{K})$，初温为 $T_{1i} = 1000\text{K}$，流体 2 的初温为 $T_{2i} = T_0 = 300\text{K}$，过程周期的无量纲时间为 $\tau = 150$，分别取 $\psi = 0.3125$ 及 $\Phi = 1.0$、1.5、1.9。

若流体 2 为有限热容热源,则当驱动流体的终温为 $T_{1f} = 500\text{K}$ 时,可得 $\xi = \pm 0.0046$("−"对应于热机模式,"+"对应于热泵模式),当 $\Phi = 1.0$ 时,热机模式中单位质量流率驱动流体最大输出功为 $W = 262.68\text{J}$,热泵模式中单位质量流率驱动流体最小输入功为 $W = 273.30\text{J}$;当 $\Phi = 1.5$ 时,热机模式中单位质量流率驱动流体最大输出功为 $W = 125.28\text{J}$,热泵模式中单位质量流率驱动流体最小输入功为 $W = 137.56\text{J}$;当 $\Phi = 1.9$ 时,热机模式中单位质量流率驱动流体最大输出功为 $W = 4.48\text{J}$,热泵模式中单位质量流率驱动流体最小输入功为 $W = 17.87\text{J}$。

若流体 2 为无限热容热源,则可得 $\xi = \pm 0.0080$,当 $\Phi = 1.0$ 时,热机模式中单位质量流率驱动流体最大输出功为 $W = 335.89\text{J}$,热泵模式中单位质量流率驱动流体最小输入功为 $W = 341.68\text{J}$;当 $\Phi = 1.5$ 时,热机模式中单位质量流率驱动流体最大输出功为 $W = 153.83\text{J}$,热泵模式中单位质量流率驱动流体最小输入功为 $W = 162.53\text{J}$;当 $\Phi = 1.9$ 时,热机模式中单位质量流率驱动流体最大输出功为 $W = 8.18\text{J}$,热泵模式中单位质量流率驱动流体最小输入功为 $W = 19.20\text{J}$。

图 6.3.1 给出了流体 2 分别为有限热容热源和无限热容热源、Φ 取不同值时,热机及热泵模式中流体 1 和流体 2 的最优温度曲线。由图 6.3.1 可知,当驱动流体的初温、终温和过程周期给定时,热机和热泵的内不可逆损失不影响驱动流体的最优温度变化曲线;随着内不可逆损失的增加,热机模式中流体 2 的终温和热泵模式中流体 2 的初温也随之增加。由计算可知,当流体 2 为有限热容热源时,热机

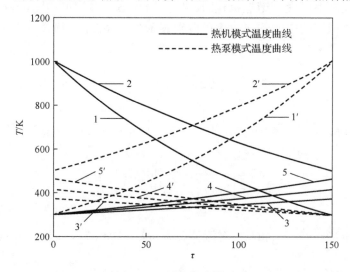

图 6.3.1 最优温度曲线

1. 热机模式下流体 2 为无限热容热源时 T_1 的曲线;2. 热机模式下流体 2 为有限热容热源时 T_1 的曲线;3. 热机模式下流体 2 为有限热容热源 $\Phi = 1.0$ 时 T_2 的曲线;4. 热机模式下流体 2 为有限热容热源 $\Phi = 1.5$ 时 T_2 的曲线;5. 热机模式下流体 2 为有限热容热源 $\Phi = 1.9$ 时 T_2 的曲线;1′. 热泵模式下流体 2 为无限热容热源时 T_1 的曲线;2′. 热泵模式下流体 2 为有限热容热源时 T_1 的曲线;3′. 热泵模式下流体 2 为有限热容热源 $\Phi = 1.0$ 时 T_2 的曲线;4′. 热泵模式下流体 2 为有限热容热源 $\Phi = 1.5$ 时 T_2 的曲线;5′. 热泵模式下流体 2 为有限热容热源 $\Phi = 1.9$ 时 T_2 的曲线

和热泵模式下的极值功是不同的，随着内不可逆损失的增加，热机模式中单位质量流率驱动流体的最大输出功和热泵模式中单位质量流率驱动流体的最小输入功均减小；相同内不可逆损失情况下，热机模式中单位质量流率驱动流体的最大输出功和热泵模式中单位质量流率驱动流体的最小输入功均小于流体2为无限热容热源时的值。

比较本节结果与6.2节结果可知：当驱动流体的初温、终温和过程周期给定时，若只对驱动流体进行控制，则无论流体2是否为有限热容热源，热机(热泵)是否可逆，驱动流体的最优温度变化曲线都是随无量纲时间呈指数规律变化；当流体2为有限热容热源时，流体2的最优温度变化曲线随无量纲时间呈指数规律变化；当热机(热泵)为不可逆时，热机模式中单位质量流率驱动流体的最大输出功和热泵模式中单位质量流率驱动流体的最小输入功均小于热机(热泵)为内可逆时的值。本节所得结果比经典热力学所得可逆结果更合理。本节的模型和计算方法为改善计算实际系统能量界限的方法提供了一种途径。

6.3.4 辐射传热时循环构型优化

1. 系统模型

系统模型如图6.2.4和图6.2.5所示，其物理模型除连续排列放置在两流体边界层之间的是微不可逆卡诺热机(热泵)外，均与6.2节模型相同。因此，每一微不可逆卡诺热机与两热源的热流率可分别表示为式(6.2.35)和式(6.2.36)。

定义总热导率为

$$\frac{\Phi \mathrm{d}Q_1}{T_{1C}} = \frac{\mathrm{d}Q_2}{T_{2C}} \qquad (6.3.25)$$

将式(6.3.6)和式(6.3.25)代入能量平衡方程$\mathrm{d}P = \eta \mathrm{d}Q_1 + \dot{V}_1 \mathrm{d}p$ [204,220-223]可得

$$\mathrm{d}P = \left(1 - \frac{\Phi T_2}{T_1 - \frac{\mathrm{d}Q_1}{\mathrm{d}g}}\right)\mathrm{d}Q_1 + \dot{V}_1 \mathrm{d}p \qquad (6.3.26)$$

对流体1有$\mathrm{d}Q_1 = -\dot{V}_1 c_v(T_1)\mathrm{d}T_1$，对流体2有$\mathrm{d}Q_2 = \dot{V}_2 c_2 \mathrm{d}T_2$，因此式(6.3.26)变为

$$\mathrm{d}\dot{W} = -\dot{V}_1 c_v(T_1)\left(1 - \frac{\Phi T_2}{T_1 - \frac{\mathrm{d}Q_1}{\mathrm{d}g}}\right)\mathrm{d}T_1 - \frac{4a\dot{V}_1 T_1^3 \mathrm{d}T_1}{3} \qquad (6.3.27)$$

将式(6.2.39)代入式(6.3.27)可得

$$\mathrm{d}P = -\dot{V}_1 \left[c_\mathrm{h}(T_1) - c_\mathrm{V}(T_1) \frac{\varPhi T_2}{T_1 - \dfrac{\mathrm{d}Q_1}{\mathrm{d}g}} \right] \mathrm{d}T_1 \qquad (6.3.28)$$

对式(6.3.28)积分可得单位体积流率驱动流体的输入和输出累积功,即

$$W = \frac{P}{\dot{V}_1} = -\int_{T_{1\mathrm{i}}}^{T_{1\mathrm{f}}} \left[c_\mathrm{h}(T_1) - c_\mathrm{V}(T_1) \frac{\varPhi T_2}{T_1 - \dfrac{\mathrm{d}Q_1}{\mathrm{d}g}} \right] \mathrm{d}T_1 \qquad (6.3.29)$$

式中,$T_{1\mathrm{i}}$ 和 $T_{1\mathrm{f}}$ 分别为流体 1 的初温和终温。

针对热机模式,最大输出功为

$$W_\mathrm{max}^\mathrm{eng} = \max\left\{ -\int_{T_{1\mathrm{i}}}^{T_{1\mathrm{f}}} \left[c_\mathrm{h}(T_1) - c_\mathrm{V}(T_1) \frac{\varPhi T_2}{T_1 - \dfrac{\mathrm{d}Q_1}{\mathrm{d}g}} \right] \mathrm{d}T_1 \right\} \qquad (6.3.30)$$

针对热泵模式,输入功($-W$)必须为最小,即

$$-W_\mathrm{min}^\mathrm{pump} = \min\left\{ \int_{T_{1\mathrm{f}}}^{T_{1\mathrm{i}}} \left[c_\mathrm{h}(T_1) - c_\mathrm{V}(T_1) \frac{\varPhi T_2}{T_1 - \dfrac{\mathrm{d}Q_1}{\mathrm{d}g}} \right] \mathrm{d}T_1 \right\} \qquad (6.3.31)$$

对流体 2 有

$$\dot{T}_2 = \frac{\mathrm{d}T_2}{\mathrm{d}\tau} = \frac{\mathrm{d}Q_2}{\dot{V}_2 c_2 \mathrm{d}\tau} = -\frac{\varPhi \dot{V}_1 c_\mathrm{V}(T_1) T_2 \mu}{\dot{V}_2 c_2 (T_1 + \mu)} = -\frac{4\varPhi \dot{V}_1 a T_1^3 T_2 \mu}{\dot{V}_2 c_2 (T_1 + \mu)} \qquad (6.3.32)$$

将式(6.2.44)、式(6.2.45)和式(6.3.32)代入式(6.3.30)和式(6.3.31)可得

$$W_\mathrm{max}^\mathrm{eng} = \max\left\{ -\int_{\tau_\mathrm{i}}^{\tau_\mathrm{f}} \left[c_\mathrm{h}(T_1) - \frac{\varPhi c_\mathrm{V}(T_1) T_2}{T_1 + \mu} \right] \mu \mathrm{d}\tau \right\} \qquad (6.3.33)$$

$$-W_\mathrm{min}^\mathrm{pump} = \min\left\{ \int_{\tau_\mathrm{f}}^{\tau_\mathrm{i}} \left[c_\mathrm{h}(T_1) - \frac{\varPhi c_\mathrm{V}(T_1) T_2}{T_1 + \mu} \right] \mu \mathrm{d}\tau \right\} \qquad (6.3.34)$$

将 $c_\mathrm{h}(T_1) = 16 a T_1^3 / 3$ 和 $c_\mathrm{V}(T_1) = 4 a T_1^3$ 代入式(6.3.33)和式(6.3.34)可得

$$W_\mathrm{max}^\mathrm{eng} = \max\left[-4a \int_{\tau_\mathrm{i}}^{\tau_\mathrm{f}} \left(\frac{4T_1^3}{3} - \frac{\varPhi T_1^3 T_2}{T_1 + \mu} \right) \mu \mathrm{d}\tau \right] \qquad (6.3.35)$$

$$-W_{\min}^{\text{pump}} = \min\left[4a\int_{\tau_f}^{\tau_i}\left(\frac{4T_1^3}{3} - \frac{\Phi T_1^3 T_2}{T_1 + \mu}\right)\mu \mathrm{d}\tau\right] \tag{6.3.36}$$

因此，该极值问题就是在满足式(6.2.45)和式(6.3.32)时，式(6.3.35)和式(6.3.36)取极值，可利用最优控制理论进行求解。

2. 最优控制理论应用

定义哈密顿函数为

$$H = -4a\left[\frac{4T_1^3}{3} - \frac{\Phi T_1^3 T_2}{T_1 + \mu}\right]\mu + \lambda_1\mu - \frac{4a\Phi\lambda_2\psi T_1^3 T_2\mu}{T_1 + \mu} \tag{6.3.37}$$

则最优控制问题的控制方程为

$$\frac{\partial H}{\partial \mu} = 0 \Rightarrow \lambda_1 - \frac{16aT_1^3}{3} + 4aT_1^4 T_2\Phi\frac{1 - \lambda_2\psi}{(T_1 + \mu)^2} = 0 \tag{6.3.38}$$

协态方程为

$$\dot{\lambda}_1 = -\frac{\partial H}{\partial T_1} = 16aT_1^2\mu - \frac{4aT_1^2 T_2\mu\Phi(2T_1 + 3\mu)(1 - \lambda_2\psi)}{(T_1 + \mu)^2} \tag{6.3.39}$$

$$\dot{\lambda}_2 = -\frac{\partial H}{\partial T_2} = \frac{4a\Phi(\lambda_2\psi - 1)T_1^3\mu}{T_1 + \mu} \tag{6.3.40}$$

将式(6.3.38)两侧对 τ 求导可得

$$\begin{aligned}\dot{\lambda}_1 &+ \frac{4a\Phi T_1^4 \dot{T}_2(1 - \lambda_2\psi)}{(T_1 + \mu)^2} - 16aT_1^2\mu + \frac{16a\Phi T_1^3 T_2\mu(1 - \lambda_2\psi)}{(T_1 + \mu)^2} \\ &- \frac{8a\Phi T_1^4 T_2(1 - \lambda_2\psi)(\mu + \dot{\mu})}{(T_1 + \mu)^3} - 4a\frac{\psi\Phi T_1^4 T_2\dot{\lambda}_2}{(T_1 + \mu)^2} = 0\end{aligned} \tag{6.3.41}$$

将式(6.3.32)、式(6.3.39)和式(6.3.40)代入式(6.3.41)可得 $2T_1^2\dot{\mu} + T_1\mu^2 + 3\mu^3 = 0$，其解即式(6.2.57)和式(6.2.58)。

将式(6.2.57)和式(6.2.58)代入式(6.3.32)可得

$$\ln\frac{T_2}{T_{2i}} = \frac{8a\Phi\psi}{3\xi}\left(T_1^{\frac{3}{2}} - T_{1i}^{\frac{3}{2}}\right) - \frac{4a\Phi\psi}{3}(T_1^3 - T_{1i}^3) \tag{6.3.42}$$

式中，T_{2i} 为热机模式中流体2的初温，在热泵模式中，流体2的初温即热机模式中的终温 T_{1f}。式 (6.3.42) 即流体2的最优温度曲线。因此，对于给定的系统初温、终温和过程周期 ($\tau_f - \tau_i$)，由式 (6.2.58) 可得 ξ 的表达式 (6.2.60)。

将式 (6.2.57)、式 (6.2.58) 和式 (6.3.42) 代入式 (6.3.35) 和式 (6.3.36) 可得

$$W_{\max}^{\text{eng}} = -4a \int_{T_{1i}}^{T_{1f}} \frac{4T_1^3}{3} dT_1$$

$$+ 4a\Phi T_{2i} \int_{T_{1i}}^{T_{1f}} \left(\xi^{-1} T_1^{\frac{1}{2}} - T_1^2\right) \exp\left[\frac{8a\Phi\psi\left(T_1^{\frac{3}{2}} - T_{1i}^{\frac{3}{2}}\right)}{3\xi} - \frac{4a\Phi\psi(T_1^3 - T_{1i}^3)}{3}\right] dT_1$$

$$= -\frac{4a(T_{1f}^4 - T_{1i}^4)}{3} - \frac{\Phi T_{2i}}{\psi} \left\{ \exp\left[\frac{16a\Phi\psi\left(T_{1f}^{\frac{3}{2}} - T_{1i}^{\frac{3}{2}}\right)^2}{9\tau_f + 9\ln\frac{T_{1f}}{T_{1i}}} - \frac{4a\Phi\psi(T_{1f}^3 - T_{1i}^3)}{3}\right] - 1 \right\}$$

(6.3.43)

$$-W_{\min}^{\text{pump}} = 4a \int_{T_{1f}}^{T_{1i}} \frac{4T_1^3}{3} dT_1$$

$$- 4a\Phi T_{2i} \int_{T_{1f}}^{T_{1i}} \left(\xi^{-1} T_1^{\frac{1}{2}} - T_1^2\right) \exp\left[\frac{8a\Phi\psi\left(T_1^{\frac{3}{2}} - T_{1i}^{\frac{3}{2}}\right)}{3\xi} - \frac{4a\Phi\psi(T_1^3 - T_{1i}^3)}{3}\right] dT_1$$

$$= \frac{4a(T_{1i}^4 - T_{1f}^4)}{3} - \frac{\Phi T_{2i}}{\psi} \left\{ \exp\left[-\frac{16a\Phi\psi\left(T_{1f}^{\frac{3}{2}} - T_{1i}^{\frac{3}{2}}\right)^2}{9\tau_f + 9\ln\frac{T_{1f}}{T_{1i}}} - \frac{4a\Phi\psi(T_{1f}^3 - T_{1i}^3)}{3}\right] - 1 \right\}$$

(6.3.44)

当流体2为无限热容热源时 ($T_2 \equiv T_0$，$\psi \to 0$)，$T_f = T_0$，可得

$$W_{\max}^{\text{eng}} = -4a \lim_{\psi \to 0} \left\{ \int_{T_{1i}}^{T_{1f}} \frac{4T_1^3}{3} dT_1 \right.$$

$$\left. -\Phi T_{2i} \int_{T_{1i}}^{T_{1f}} \left(\xi^{-1} T_1^{\frac{1}{2}} - T_1^2\right) \exp\left[\frac{8a\Phi\psi\left(T_1^{\frac{3}{2}} - T_{1i}^{\frac{3}{2}}\right)}{3\xi} - \frac{4a\Phi\psi(T_1^3 - T_{1i}^3)}{3}\right] dT_1 \right\} \quad (6.3.45)$$

$$= -\frac{4a(T_0^4 - T_{1i}^4)}{3} - 4a\Phi T_0 \left[\frac{4\left(T_0^{\frac{3}{2}} - T_{1i}^{\frac{3}{2}}\right)^2}{9\tau_f + 9\ln\frac{T_0}{T_{1i}}} - \frac{T_0^3 - T_{1i}^3}{3}\right]$$

$$-W_{\min}^{\text{pump}} = 4a \lim_{\psi \to 0} \left\{ \int_{T_{1f}}^{T_{1i}} \frac{4T_1^3}{3} dT_1 \right.$$

$$\left. -\Phi T_{2i} \int_{T_{1f}}^{T_{1i}} \left(\xi^{-1} T_1^{\frac{1}{2}} - T_1^2 \right) \exp\left[\frac{8a\psi \left(T_1^{\frac{3}{2}} - T_{1i}^{\frac{3}{2}} \right)}{3\xi} - \frac{4a\psi(T_1^3 - T_{1i}^3)}{3} \right] dT_1 \right\} \quad (6.3.46)$$

$$= \frac{4a(T_{1i}^4 - T_0^4)}{3} - 4a\Phi T_0 \left[-\frac{4\left(T_0^{\frac{3}{2}} - T_{1i}^{\frac{3}{2}}\right)^2}{9\tau_f + 9\ln\frac{T_0}{T_{1i}}} - \frac{T_0^3 - T_{1i}^3}{3} \right]$$

式(6.3.45)和式(6.3.46)即文献[204]、[220]~[223]的结果。当 $\Phi=1$ 时，式(6.3.43)~式(6.3.46)即 6.2 节的结果，可见文献[204]、[220]~[223]的结果是本节结果的特例。

3. 数值算例与分析

假设驱动流体的比热容为 $c_1 = 1\text{J}/(\text{m}^3 \cdot \text{K})$，初温为 $T_{1i} = 5800\text{K}$，流体 2 的初温为 $T_{2i} = T_0 = 300\text{K}$，过程周期的无量纲时间为 $\tau = 150$，常数 $a = 7.6 \times 10^{-19}$，取 $\psi = 6.075 \times 10^6$，$\Phi = 1.0$、1.3 和 1.5。

若流体 2 为有限热容热源，驱动流体的终温为 $T_{1f} = 2000\text{K}$，则可得 $\xi = \pm 6.3418 \times 10^{-4}$（"−"对应于热机模式，"+"对应于热泵模式），当 $\Phi = 1.0$ 时，热机模式中单位体积流率驱动流体最大输出功为 $W = 1.0226 \times 10^{-3}\text{J}$，热泵模式中单位体积流率驱动流体最小输入功为 $W = 1.0247 \times 10^{-3}\text{J}$；当 $\Phi = 1.3$ 时，热机模式中单位体积流率驱动流体最大输出功为 $W = 0.9052 \times 10^{-3}\text{J}$，热泵模式中单位体积流率驱动流体最小输入功为 $W = 0.9103 \times 10^{-3}\text{J}$；当 $\Phi = 1.5$ 时，热机模式中单位体积流率驱动流体最大输出功为 $W = 0.7834 \times 10^{-3}\text{J}$，热泵模式中单位体积流率驱动流体最小输入功为 $W = 0.7920 \times 10^{-3}\text{J}$。

若流体 2 为无限热容热源，则可得 $\xi = \pm 5.0526 \times 10^{-4}$，当 $\Phi = 1.0$ 时，热机模式中单位体积流率驱动流体最大输出功为 $W = 1.0869 \times 10^{-3}\text{J}$，热泵模式中单位体积流率驱动流体最小输入功为 $W = 1.0879 \times 10^{-3}\text{J}$；当 $\Phi = 1.3$ 时，热机模式中单位体积流率驱动流体最大输出功为 $W = 1.0689 \times 10^{-3}\text{J}$，热泵模式中单位体积流率驱动流体最小输入功为 $W = 1.0703 \times 10^{-3}\text{J}$；当 $\Phi = 1.5$ 时，热机模式中单位体积流率驱动流体最大输出功为 $W = 1.0570 \times 10^{-3}\text{J}$，热泵模式中单位体积流率驱动流体最小输入功为 $W = 1.0586 \times 10^{-3}\text{J}$。

图 6.3.2 给出了流体 2 分别为有限热容热源和无限热容热源，Φ 取不同值时，热机及热泵模式中流体 1 和流体 2 的最优温度曲线。

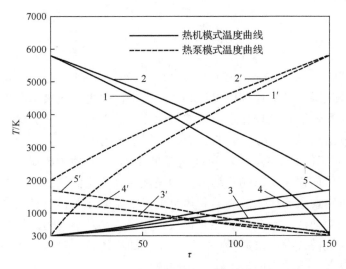

图 6.3.2　最优温度变化曲线

1. 热机模式下流体 2 为无限热容热源时 T_1 的曲线；2. 热机模式下流体 2 为有限热容热源时 T_1 的曲线；3. 热机模式下流体 2 为有限热容热源 $\Phi=1.0$ 时 T_2 的曲线；4. 热机模式下流体 2 为有限热容热源 $\Phi=1.3$ 时 T_2 的曲线；5. 热机模式下流体 2 为有限热容热源 $\Phi=1.5$ 时 T_2 的曲线；1′. 热泵模式下流体 2 为无限热容热源时 T_1 的曲线；2′. 热泵模式下流体 2 为有限热容热源时 T_1 的曲线；3′. 热泵模式下流体 2 为有限热容热源 $\Phi=1.0$ 时 T_2 的曲线；4′. 热泵模式下流体 2 为有限热容热源 $\Phi=1.3$ 时 T_2 的曲线；5′. 热泵模式下流体 2 为有限热容热源 $\Phi=1.5$ 时 T_2 的曲线

由图 6.3.2 可知，当驱动流体的初温、终温和过程周期给定时，热机和热泵的内不可逆损失不影响驱动流体的最优温度变化曲线；随着内不可逆损失的增加，热机模式中流体 2 的终温和热泵模式中流体 2 的初温也随之增加。由计算可知，当流体 2 为有限热容热源时，热机和热泵模式中的极值功是不同的，随着内不可逆损失的增加，热机模式中单位体积流率驱动流体最大输出功和热泵模式中单位体积流率驱动流体最小输入功均减小；相同内不可逆损失情况下，热机模式中单位体积流率驱动流体的最大输出功和热泵模式中单位体积流率驱动流体的最小输入功均小于流体 2 为无限热容热源时的值。

比较本节结果与 6.2 节结果可知：当驱动流体的初温、终温和过程周期给定时，若只对驱动流体进行控制，则无论流体 2 是否为有限热容热源，热机(热泵)是否可逆，驱动流体的最优温度变化曲线都随无量纲时间呈单调递减规律变化；当流体 2 为有限热容热源时，流体 2 的最优温度变化曲线随无量纲时间呈指数规律变化；当热机(热泵)为不可逆时，热机模式中单位体积流率驱动流体的最大输出功和热泵模式中单位体积流率驱动流体的最小输入功均小于热机(热泵)为内可逆时的值。本节所得结果比经典热力学所得可逆结果更合理。本节的模型和计算方法对改善计算实际系统能量界限的方法提供了一种途径。

6.4 小　　结

本章以文献[204]、[206]～[211]、[220]～[223]为基础,建立了高、低温热源均为有限热容热源的多级连续内可逆和不可逆卡诺热机、热泵系统模型,研究了牛顿传热规律和辐射传热规律下系统的最优构型,得到了驱动流体最优温度变化曲线和最大输出功(最小输入功)的解析解。结果表明：

(1)当驱动流体的初温、终温和过程周期给定时,两种传热规律下热机和热泵模式中的内不可逆损失不影响驱动流体的最优温度变化曲线;随着内不可逆损失的增加,热机模式中流体2的终温和热泵模式中流体2的初温也随之增加;当流体2为有限热容热源时,热机和热泵模式中的极值功是不同的,随着内不可逆损失的增加,热机模式中单位质量(体积)流率驱动流体最大输出功和热泵模式中单位质量(体积)流率驱动流体最小输入功均减小。

(2)当驱动流体的初温、终温和过程周期给定时,若只对驱动流体进行控制,则无论流体2是否为有限热容热源,热机和热泵是否可逆,牛顿传热规律下,驱动流体的最优温度变化曲线都是随无量纲时间呈指数规律变化,辐射传热规律下,驱动流体的最优温度变化曲线都是随无量纲时间呈单调递减规律变化;当流体2为有限热容热源时,两种传热规律下流体2的最优温度变化曲线均随无量纲时间呈指数规律变化。传热规律对有限热容热源多级连续内可逆和不可逆卡诺热机、热泵系统的最优构型有较大影响,必须予以研究。

(3)本章建立的有限热容热源多级连续正、反向内可逆和不可逆卡诺循环系统理论模型比已有文献模型适用范围更广,已有文献所得结果是本章结果。

第7章 总　　结

本书在全面系统地了解和总结前人现有研究成果的基础上，通过数学建模、理论分析和数值计算，对单级和多级两热源正、反向内可逆和不可逆热力循环及包含若干不同温度的热源、有限热容子系统和能量变换器的复杂系统的最优性能和最优构型进行了研究，取得了一些具有重要理论意义和实用价值的研究成果。本书主要内容和基本结论体现在以下方面。

（1）研究了一类更为普适的传热规律 $Q \propto (\Delta T^n)^m$（包括牛顿传热规律、线性唯象传热规律、辐射传热规律、Dulong-Petit 传热规律、广义对流传热规律和广义辐射传热规律）下恒温热源内可逆和广义不可逆卡诺热机、制冷机和热泵的最优性能，分析了传热规律对内可逆和广义不可逆卡诺热机、制冷机和热泵及不同损失情况对广义不可逆卡诺热机、制冷机和热泵最优性能的影响。结果表明：

① 普适传热规律下，内可逆卡诺热机输出功率与热效率的最优关系呈类抛物线型，存在最大输出功率点，广义不可逆卡诺热机输出功率与热效率的最优关系呈回原点的扭叶型，存在最大输出功率点和最大热效率点；内可逆卡诺制冷机制冷率与制冷系数和内可逆卡诺热泵供热率与供热系数的最优关系均呈单调递减规律变化，广义不可逆卡诺制冷机制冷率与制冷系数和广义不可逆卡诺热泵供热率与供热系数的最优关系均呈类抛物线型，存在最大制冷率点和最大供热率点；内不可逆损失定量地改变热机输出功率与热效率、制冷机制冷率与制冷系数和热泵供热率与供热系数的最优关系，热漏不仅定量而且定性地改变热机输出功率与热效率、制冷机制冷率与制冷系数和热泵供热率与供热系数的最优关系，热机最大热效率、制冷机最大制冷系数和热泵最大供热系数随热漏和内不可逆损失的增加而减小；传热规律定量地改变热机输出功率与热效率、热泵供热率与供热系数的最优关系，定量并且定性地改变制冷机制冷率与制冷系数的最优关系；广义不可逆卡诺制冷机和热泵的性能特性与国外学者所做的实验结果相吻合。

② 普适传热规律下，内可逆卡诺热机、制冷机和热泵生态学目标值与热效率、制冷系数和供热系数的最优关系均呈类抛物线型，广义不可逆卡诺热机、制冷机和热泵生态学目标值与热效率、制冷系数和供热系数的最优关系均呈扭叶型；内可逆和广义不可逆卡诺热机输出功率最大时对应的热效率均小于生态学目标值最大时对应的热效率；内可逆卡诺热机、制冷机和热泵熵产率与热效率、制冷系数和供热系数的最优关系均呈单调递减规律变化，广义不可逆卡诺热机、制冷机和热泵熵产率与热效率、制冷系数和供热系数的最优关系均呈类抛物线型；内可逆

和广义不可逆卡诺热机生态学目标值最大时对应的熵产率远小于输出功率最大时对应的熵产率,输出功率最大时对应的生态学目标值小于零,此时热机㶲损率大于输出功率;内可逆卡诺制冷机和热泵㶲输出率与制冷系数、供热系数的最优关系均呈单调递减规律变化,广义不可逆卡诺制冷机和热泵㶲输出率与制冷系数、供热系数的最优关系均呈类抛物线型;内不可逆损失和传热规律定量地改变热机、制冷机和热泵生态学目标值、熵产率与热效率、制冷系数和供热系数的最优关系,热漏不仅定量而且定性地改变热机、制冷机和热泵生态学目标值、熵产率与热效率、制冷系数和供热系数的最优关系,热机、制冷机和热泵的最大 E 目标值及其对应的热效率、制冷系数和供热系数及熵产率对应的最大热效率、最大制冷系数和最大供热系数均随热漏和内不可逆损失的增加而减小;生态学目标函数不仅反映了㶲输出率和熵产率之间的最佳折中,而且反映了输出功率与热效率、制冷率与制冷系数、供热率与供热系数之间的最佳折中,是热机、制冷机和热泵参数选择的一种优化目标,为实际热机、制冷机和热泵工作参数选择的准则提供了一个工况点,提供了一个考虑长期目标的具有生态学优化意义的最优折中备选方案。

③ 普适传热规律下,内可逆卡诺热机、制冷机和热泵利润率与热效率、制冷系数和供热系数的最优关系均呈类抛物线型,广义不可逆卡诺热机、制冷机和热泵利润率与热效率、制冷系数和供热系数的最优关系均呈扭叶型;价格比对内可逆和广义不可逆卡诺热机、制冷机和热泵利润率与热效率、制冷系数和供热系数的最优关系及有限时间㶲经济性能界限均有较大的影响,有限时间㶲经济性能界限介于有限时间热力学性能界限和经典热力学界限之间,并通过价格比与两者建立联系;当 $0<\psi_2/\psi_1<1$ 时,价格比定量地改变利润率与热效率、制冷系数和供热系数的最优关系,价格比越大,热机、制冷机和热泵的最大利润率越小,有限时间㶲经济性能界限越大;内不可逆损失和传热规律定量地改变热机、制冷机和热泵利润率与热效率、制冷系数和供热系数的最优关系,热漏不仅定量而且定性地改变热机、制冷机和热泵利润率与热效率、制冷系数和供热系数的最优关系,热机、制冷机和热泵的最大利润率及有限时间㶲经济性能界限均随热漏和内不可逆损失的增加而减小。

④ 所得结果具有相当的普遍性,包含大量已有文献的结果,是卡诺型理论热机、制冷和热泵循环分析结果的集成。

(2) 研究了线性唯象传热规律下给定周期的恒温热源内可逆热机和包含若干不同温度的热源、有限热容子系统和能量变换器的复杂系统输出功率最大时的最优构型和普适传热规律下变温热源内可逆往复式热机和制冷机的最优构型,以及热漏对变温热源内可逆往复式热机和制冷机最优构型的影响。结果表明:

① 线性唯象传热规律下给定周期的内可逆热机输出功率最大时的最优构型由六个分支组成,其中两个是等温分支,其他四个既不是等温分支也不是绝热分

支，因为由其得到了最大输出功率，所以称其为最大功率分支，整个构型中没有绝热分支；与牛顿传热规律下的结果比较可知，两种传热规律下的循环最优构型均由两个等温分支和四个最大功率分支组成，且均不包括绝热分支；两种传热规律下的两个等温分支的温度不同，四个最大功率分支的过程路径也不同；两种传热规律下最优构型对应的各分支的过程时间、输出的最大功率、所需输入的能量和循环热效率均不相同。

② 线性唯象传热规律下复杂系统的最优构型与牛顿传热时的最优构型有很大不同，线性唯象传热规律下，变换器与热源和子系统接触时的最优温度不再是牛顿传热时与热源温度平方根成正比的关系，而是一种复杂的非线性关系；两种传热规律下系统最大输出功率不同。

③ 普适传热规律下有限热容高温热源内可逆往复式热机和有限热容低温热源内可逆往复式制冷机的最优构型比较复杂，热漏和传热规律对变温热源内可逆往复式热机和制冷机的最优构型有很大影响；所得结果具有相当的普遍性，包含多种传热规律下变温热源内可逆往复式热机和制冷循环的最优构型，是变温热源内可逆往复式热机和制冷机最优构型研究结果的集成。

④ 传热规律对正、反向热力循环的最优构型有很大影响。

(3) 建立了高、低温热源均为有限热容热源的多级连续内可逆和不可逆卡诺热机、热泵系统理论模型，研究了牛顿传热规律和辐射传热规律对系统最优构型的影响，得到了系统最优温度变化曲线和最大输出功(最小输入功)的解析解。结果表明：

① 当驱动流体的初温、终温和过程周期给定时，两种传热规律下热机和热泵模式中的内不可逆损失不影响驱动流体的最优温度变化曲线；随着内不可逆损失的增加，热机模式中流体 2 的终温和热泵模式中流体 2 的初温也随之增加；当流体 2 为有限热容热源时，热机和热泵模式中的极值功是不同的，随着内不可逆损失的增加，热机模式中单位质量(体积)流率驱动流体最大输出功和热泵模式中单位质量(体积)流率驱动流体最小输入功均减小。

② 当驱动流体的初温、终温和过程周期给定时，若只对驱动流体进行控制，则无论流体 2 是否为有限热容热源，热机和热泵是否可逆，牛顿传热规律下，驱动流体的最优温度变化曲线都是随无量纲时间呈指数规律变化，辐射传热规律下，驱动流体的最优温度变化曲线都是随无量纲时间呈单调递减规律变化；当流体 2 为有限热容热源时，两种传热规律下流体 2 的最优温度变化曲线均随无量纲时间呈指数规律变化。传热规律对有限热容热源多级连续内可逆和不可逆卡诺热机、热泵系统的最优构型有较大影响，必须予以研究。

③ 建立的有限热容热源多级连续内可逆和不可逆卡诺热机、热泵系统理论模型比已有文献模型适用范围更广，已有文献所得结果是本书结果的特例。

综上所述，本书在以下三方面有较大创新。

（1）基于一类更为普适的传热规律，以基本输出率、性能系数、生态学和有限时间㶲经济性能为目标，对正、反向内可逆和不可逆卡诺循环进行了优化；分别以输出功最大和输入功最小为目标，对变温热源内可逆往复式热机和制冷机进行了构型优化；均求出了完整的解析解，并分析了不同因素的影响。优化结果具有普适性，包含大量已有文献的结果，是卡诺型理论热机、制冷机和热泵循环分析结果的集成。广义不可逆卡诺制冷机和热泵的基本输出率、性能系数最优特性与实验结果相吻合，为实际制冷机和热泵的优化设计和运行提供了理论依据。

（2）以输出功率最大为目标，对线性唯象传热规律下的恒温热源内可逆热机和复杂系统进行了构型优化，得到了解析解。优化结果揭示了传热规律对恒温热源内可逆热机和复杂系统最优构型的影响，丰富了有限时间热力学理论。

（3）建立了高、低温热源均为有限热容热源的多级连续正、反向内可逆和不可逆卡诺循环系统理论模型，分别以输出功最大和输入功最小为目标，对牛顿传热规律和辐射传热规律下的系统进行了构型优化，得到了驱动流体最优温度变化曲线及相应的系统最大输出功和最小输入功的解析解。所建系统模型比已有文献模型适用范围更广，已有文献所得结果是本书结果的特例。

参 考 文 献

[1] Carnot S. Reflection on the Motive of Fire. Paris: Bachelier, 1824.
[2] Novikov I I. The efficiency of atomic power stations a review. Journal of Nuclear Energy, 1958, 7(1-2): 125-128.
[3] Chambdal P. Les Centrales Nucleases. Paris: Armand Colin, 1957.
[4] Curzon F L, Ahlborn B. Efficiency of a Carnot engine at maximum power output. American Journal of Physics, 1975, 43(1): 22-24.
[5] Grazzini G. Work from irreversible heat engines. Energy, 1991, 16(4): 747-755.
[6] Ibrahim O M, Klein S A, Mitchell J W. Optimum heat-power cycles for specified boundary conditions. Journal of Engineering for Gas Turbines and Power, 1991, 113(4): 514-521.
[7] Wu C, Kiang R L. Finite-time thermodynamic analysis of a Carnot engine with internal irreversibility. Energy, 1992, 17(12): 1173-1178.
[8] 严子浚. 卡诺热机的最佳效率与功率关系. 工程热物理学报, 1985, 6(1): 1-6.
[9] 孙丰瑞, 赖锡棉. 热源间热机的全息热效率——功率谱. 热能动力工程, 1988, 3(3): 1-9.
[10] 孙丰瑞, 赖锡棉. 工质与低温热源工作温度的有限时间热力学分析//全国高校热物理第二届学术会议论文集. 北京: 科学出版社, 1988.
[11] Chen W Z, Sun F R, Chen L G. Finite time thermodynamic criteria for parameter choice of heat engine operating between heat reservoirs. Chinese Science Bulletin, 1991, 36(9): 763-768.
[12] 孙丰瑞, 陈林根, 陈文振. 热源间定常态能量转换热机有限时热力学分析和评估. 热能动力工程, 1989, 4(2): 1-6.
[13] 陈文振, 孙丰瑞, 陈林根. 热源间定常态能量转换热机的面积特性. 工程热物理学报, 1990, 11(4): 365-368.
[14] Bejan A. Advanced Engineering Thermodynamics. New York: Wiley, 1988.
[15] Bejan A. Theory of heat transfer-irreversible power plants. International Journal of Heat and Mass Transfer, 1988, 31(6): 1211-1219.
[16] 陈林根, 孙丰瑞, 陈文振. 不可逆热机的功率、效率特性: 以内热漏为例. 科学通报, 1993, 38(5): 480.
[17] Chen L G, Wu C, Sun F R. The influence of internal heat leak on the power versus efficiency characteristics of heat engines. Energy Conversion and Management, 1997, 38(14): 1501-1507.
[18] 陈林根. 不可逆过程和循环的有限时间热力学分析. 北京: 高等教育出版社, 2005.
[19] 陈林根. 不可逆过程和循环的有限时间热力学分析. 武汉: 海军工程大学博士学位论文, 1998.
[20] 陈林根, 孙丰瑞. 一类较为完善的不可逆热机模型及其性能优化. 电站系统工程, 1995, 11(4): 4-11.
[21] Chen L G, Sun F R, Wu C. A generalized model of real heat engines and its performance. Journal of the Energy Institute, 1996, 69(481): 214-222.
[22] Angulo-Brown F. An ecological optimization criterion for finite-time heat engines. Journal of Applied Physics, 1991, 69(11): 7465-7469.
[23] Yan Z J. Comment on "ecological optimization criterion for finite-time heat engines". Journal of Applied Physics, 1993, 73(7): 3583.
[24] 陈林根, 孙丰瑞, 陈文振. 热力循环的生态学品质因素. 热能动力工程, 1994, 9(6): 374-376.
[25] Cheng C Y, Chen C K. The ecological optimization of an irreversible Carnot heat engine. Journal of Physics D: Applied Physics, 1997, 30(11): 1602-1609.

[26] Chen L G, Zhou J P, Sun F R, et al. Ecological optimization for generalized irreversible Carnot engines. Applied Energy, 2004, 77(3): 327-338.

[27] Xia D, Chen L G, Sun F R, et al. Universal ecological performance for end-oreversible heat engine cycles. International Journal of Ambient Energy, 2006, 27(1): 15-20.

[28] Chen L G, Zhang W L, Sun F R. Power, efficiency, entropy generation rate and ecological optimization for a class of generalized irreversible universal heat engine cycles. Applied Energy, 2007, 84(5): 512-525.

[29] Zhang W L, Chen L G, Sun F R, et al. Exergy-based ecological optimal performance for a universal endoreversible thermodynamic cycle. International Journal of Ambient Energy, 2007, 28(1): 51-56.

[30] Cheng C, Chen C. Ecological optimization of an endoreversible Brayton cycle. Energy Conversion and Management, 1998, 39(1-2): 33-44.

[31] Khaliq A, Kumar R. Finite-time heat-transfer analysis and ecological optimization of an endoreversible and regenerative gas-turbine power-cycle. Applied Energy, 2005, 81(1): 73-84.

[32] Tyagi S K, Kaushik S C, Salhotra R. Ecological optimization and performance study of irreversible Stirling and Ericsson heat engines. Journal of Physics D: Applied Physics, 2002, 35(20): 2668-2675.

[33] Sieniutycz S, Salamon P. Advances in Thermodynamics. Volume 4: Finite Time Thermodynamics and Thermoeconomics. New York: Taylor & Francis, 1990.

[34] Salamon P, Nitzan A. Finite time optimizations of a Newton's law Carnot cycle. The Journal of Chemical Physics, 1981, 74(6): 3546-3560.

[35] Berry R S, Salamon P, Heal G. On a relation between economic and thermodynamic optima. Resource and Energy, 1978, 1(2): 125-137.

[36] Clark J A. Thermodynamic optimization: An interface with economic analysis. Journal of Non-Equilibrium Thermodynamics, 1986, 11(1-2): 85-122.

[37] Tsatsaronts G. Thermoeconomic analysis and optimization of energy systems. Progress in Energy and Combustion Science, 1993, 19(3): 227-257.

[38] 陈林根, 孙丰瑞, 陈文振. 热力循环的最大利润率原理. 自然杂志, 1991, 14(12): 948-949.

[39] 孙丰瑞, 陈林根, 陈文振. 二热源机的全息热效率与利润率谱. 内燃机学报, 1991, 9(3): 286-287.

[40] 陈林根, 孙丰瑞, 陈文振. 卡诺热机的最佳利润与效率间的关系. 热能动力工程, 1991, 6(4): 237-240.

[41] 陈林根, 孙丰瑞, 陈文振. 两源热机有限时间烟经济性能界限和优化准则. 科学通报, 1991, 36(3): 233-235.

[42] Ibrahim O M, Klein S A, Mitchell J W. Effects of irreversibility and economics on the performance of a heat engine. Journal of Solar Energy Engineering, 1992, 114(4): 267-271.

[43] de Vos A. Endoreversible thermoeconomics. Energy Conversion and Management, 1995, 36(1): 1-5.

[44] de Vos A. Endoreversible economics. Energy Conversion and Management, 1997, 38(4): 311-317.

[45] Bejan A. Power and refrigeration plants for minimum heat exchanger inventory. Journal of Energy Resources Technology, 1993, 115(2): 148-150.

[46] Zheng Z P, Chen L G, Sun F R, et al. Maximum profit performance for a class of universal steady flow endoreversible heat engine cycles. International Journal of Ambient Energy, 2006, 27(1): 29-36.

[47] 郑兆平, 陈林根, 孙丰瑞. 普适内可逆热机循环模型的烟经济性能优化. 热科学与技术, 2006, 5(3): 274-278.

[48] 郑兆平. 传热规律对不可逆正反向卡诺循环有限时间烟经济性能的影响. 武汉: 海军工程大学硕士学位论文, 2007.

[49] Chen L G, Sun F R, Wu C. Maximum profit performance for generalized irreversible Carnot engines. Applied Energy, 2004, 79(1): 15-25.

[50] 李军, 陈林根, 孙丰瑞. 广义不可逆卡诺热机的有限时间㶲经济性能分析. 太阳能学报, 2004, 25(6): 861-866.

[51] Sahin B, Kodal A. Performance analysis of an endoreversible heat engine based on a new thermoeconomic optimization criterion. Energy Conversion and Management, 2001, 42(9): 1085-1093.

[52] Kodal A, Sahin B. Finite size thermoeconomic optimization for irreversible heat engines. International Journal of Thermal Sciences, 2003, 42(8): 777-782.

[53] Ondrechen M J, Andresen B, Mozurkewich M, et al. Maximum work from a finite reservoir by sequential Carnot cycles. American Journal of Physics, 1981, 49(7): 681-685.

[54] 严子浚. 从有限热源获得最大功率输出时卡诺循环的热效率. 工程热物理学报, 1984, 5(2): 125-131.

[55] Lee W Y, Kim S S. An analytical formula for the estimation of a Rankine-cycle's heat engine efficiency at maximum power. International Journal of Energy Research, 1991, 15(3): 149-159.

[56] Gutkowicz-Krusin D, Procaccia J, Ross J. On the efficiency of rate processes: Power and efficiency of heat engines. The Journal of Chemical Physics, 1978, 69(9): 3898-3906.

[57] Wu C. Output power and efficiency upper bound of real solar heat engines. International Journal of Ambient Energy, 1988, 9(1): 17-21.

[58] 严子浚, 陈丽璇. 导热规律为 $q \propto \Delta(1/T)$ 时的 η_m^*. 科学通报, 1988, 33(20): 1543-1545.

[59] Wu C. Power optimization of a finite-time solar radiant heat engine. International Journal of Ambient Energy, 1989, 10(3): 145-150.

[60] Wu C. Optimal power from a radiating solar-powered thermionic engine. Energy Conversion and Management, 1992, 33(4): 279-282.

[61] Göktun S, Özkaynak S, Yavuz H. Design parameters of a radiative heat engine. Energy, 1993, 18(6): 651-655.

[62] Angulo-Brown F, Páez-Hernández R. Endoreversible thermal cycle with a nonlinear heat transfer law. Journal of Applied Physics, 1993, 74(4): 2216-2219.

[63] Huleihil M, Andresen B. Convective heat transfer law for an endoreversible engine. Journal of Applied Physics, 2006, 100(1): 014911.

[64] Chen L G, Sun F R, Wu C. Influence of heat transfer law on the performance of a Carnot engine. Applied Thermal Engineering, 1997, 17(3): 277-282.

[65] de Vos A. Efficiency of some heat engines at maximum-power conditions. American Journal of Physics, 1985, 53(6): 570-573.

[66] de Vos A. Reflections on the power delivered by endoreversible engines. Journal of Physics D: Applied Physics, 1987, 20(2): 232-236.

[67] Chen L X, Yan Z J. The effect of heat transfer law on the performance of a two-heat-source endoreversible Carnot cycle. The Journal of Chemical Physics, 1989, 90(7): 3740-3743.

[68] Gordon J M. Observations on efficiency of heat engines operating at maximum power. American Journal of Physics, 1990, 58(4): 370-375.

[69] 陈林根, 孙丰瑞, 陈文振. 一类两热源不可逆循环的有限时间热力学性能. 科技通报, 1995, 11(2): 126.

[70] Chen L G, Zhu X Q, Sun F R, et al. Optimal configuration and performance for a generalized Carnot cycle assuming the heat transfer law $q \propto (\Delta T)^m$. Applied Energy, 2004, 78(3): 305-313.

[71] Chen L G, Zhu X Q, Sun F R, et al. Effect of mixed heat-resistance on the optimal configuration and performance of a heat-engine cycle. Applied Energy, 2006, 83(6): 537-544.

[72] Chen L G, Sun F R, Wu C. Effect of heat transfer law on the performance of a generalized irreversible Carnot engine. Journal of Physics D: Applied Physics, 1999, 32(2): 99-105.

[73] Zhou S B, Chen L G, Sun F R, et al. Optimal performance of a generalized irreversible Carnot engine. Applied Energy, 2005, 81(4): 376-387.

[74] Li J, Chen L G, Sun F R, et al. Power vs. efficiency characteristic of an endoreversible Carnot heat engine with heat transfer law $q \propto (\Delta T^n)^m$. International Journal of Ambient Energy, 2008, 29(3): 149-152.

[75] Chen L G, Li J, Sun F R. Generalized irreversible heat-engine experiencing a complex heat-transfer law. Applied Energy, 2008, 85(1): 52-60.

[76] 李俊, 陈林根, 孙丰瑞. 内可逆正反向两热源循环复杂传热规律下的优化关系. 太阳能学报, 2009, 30(9): 1173-1176.

[77] 陈林根, 孙丰瑞, 陈文振. $q \propto \Delta(T^{-1})$ 传热时有限时间热机的生态学最优性能. 燃气轮机技术, 1995, 8(1): 16-18.

[78] Chen L G, Zhu X Q, Sun F R, et al. Exergy-based ecological optimization of linear phenomenological heat transfer law irreversible Carnot engines. Applied Energy, 2006, 83(6): 573-582.

[79] Sogut O, Durmayaz A. Ecological performance optimization of a solar driven heat engine. Journal of the Energy Institute, 2006, 79(4): 246-250.

[80] Zhu X Q, Chen L G, Sun F R, et al. The ecological optimization of a generalized irreversible Carnot engine with a generalized heat-transfer law. International Journal of Ambient Energy, 2003, 24(4): 189-194.

[81] 朱小芹. 导热规律对不可逆正反向热力循环性能的影响. 武汉: 海军工程大学硕士学位论文, 2004.

[82] Zhu X Q, Chen L G, Sun F R, et al. Effect of heat transfer law on the ecological optimization of a generalized irreversible Carnot engine. Open Systems and Information Dynamics, 2005, 12(3): 249-260.

[83] Li J, Chen L G, Sun F R. Ecological performance of an endoreversible Carnot heat engine with complex heat transfer law. International Journal of Sustainable Energy, 2011, 30(1): 55-64.

[84] Chen L G, Sun F R, Wu C. Thermo-economics for endoreversible heat-engines. Applied Energy, 2005, 81(4): 388-396.

[85] Wu C, Chen L G, Sun F R. Effect of the heat transfer law on the finite-time exergoeconomic performance of heat engines. Energy, 1996, 21(12): 1127-1134.

[86] 朱小芹, 陈林根, 孙丰瑞. 传热规律为 $Q \propto (\Delta T)^m$ 时热机的内可逆热经济学. 淮阴师范学院学报(自然科学版), 2003, 2(2): 104-107.

[87] Leff H S, Teeter W D. EER, COP, and second law efficiency for air conditioners. American Journal of Physics, 1978, 46(1): 19-22.

[88] Rozonoer L I, Tsirlin A M. Optimal control of thermodynamic processes. I, II and III. Avtomat. Telemekh, 1983(1): 70-79; (2): 88-101; (3): 50-64.

[89] 严子浚. 卡诺制冷机的最佳制冷系数与制冷率关系. 物理, 1984, 13(12): 768-770.

[90] Goth Y, Feidt M. Optimum COP for endoreversible heat pump or refrigerating machine. Comptes Rendus de l'Académie des Sciences de Paris, 1986, 303(1): 19-24.

[91] Feidt M. Finite time thermodynamics applied to optimization of heat pumps and refrigerating machine cycles//The 12th IMACS World Congress on Scientific Computation, Paris, 1988.

[92] Philippi I, Feidt M. Finite time thermodynamics applied to inverse cycle machine//XVIII International. Congress on Refrigeration, Montreal, 1991.

[93] Feidt M. Sur une systematique des cycles imparfaits. Entropie, 1997, 205(1): 53-61.

[94] 孙丰瑞, 陈文振, 陈林根. 二源间反向内可逆卡诺循环全谱分析及最佳参数的选择. 海军工程学院学报, 1990, (2): 40-45.

[95] Chen W Z, Sun F R, Chen L G. Finite time thermodynamic criteria for selecting parameters of refrigeration and pumping heat cycles between heat reservoirs. Chinese Science Bulletin, 1990, 35(19): 1670-1672.

[96] Klein S A. Design considerations for refrigeration cycles. International Journal of Refrigeration, 1992, 15(3): 181-185.

[97] Wu C. Maximum obtainable specific cooling load of a refrigerator. Energy Conversion and Management, 1995, 36(1): 7-10.

[98] Gordon J M, Ng K C. Cool Thermodynamics. Cambridge: Cambridge Int. Science Publishers, 2000.

[99] Bejan A. Theory of heat transfer-irreversible refrigeration plants. International Journal of Heat and Mass Transfer, 1989, 32(9): 1631-1639.

[100] Gordon J M, Ng K C. Thermodynamic modeling of reciprocating chillers. Journal of Applied Physics, 1994, 75(6): 2769-2774.

[101] Chen L G, Wu C, Sun F R. Heat transfer effect on the specific cooling load of refrigerators. Applied Thermal Engineering, 1996, 16(12): 989-997.

[102] Chen L G, Wu C, Sun F R. Influence of internal heat leak on the performance of refrigerators. Energy Conversion and Management, 1998, 39(1-2): 45-50.

[103] Grazzini G. Irreversible refrigerators with isothermal heat exchanges. International Journal of Refrigeration, 1993, 16(2): 101-106.

[104] Chiou J S, Liu C J, Chen C K. The performance of an irreversible Carnot refrigeration cycle. Journal of Physics D: Applied Physics, 1995, 28(7): 1314-1318.

[105] Ait-Ali M A. The maximum coefficient of performance of internally irreversible refrigerators and heat pumps. Journal of Physics D: Applied Physics, 1996, 29(4): 975-980.

[106] 陈林根, 孙丰瑞. 一类较为完善的不可逆制冷机模型及其最优化. 海军工程学院学报, 1995, (3): 19-28.

[107] Chen L G, Sun F R, Wu C, et al. A generalized model of a real refrigerator and its performance. Applied Thermal Engineering, 1997, 17(4): 401-412.

[108] Chen L G, Sun F R, Wu C. Optimal allocation of heat exchanger area for refrigeration and air-conditioning plants. Applied Energy, 2004, 77(3): 339-354.

[109] 陈林根, 孙丰瑞, 陈文振. 卡诺制冷机的生态学优化准则. 自然杂志, 1992, 15(8): 633.

[110] 屠友明, 陈林根, 孙丰瑞. 内可逆空气制冷机的生态学优化性能. 热科学与技术, 2005, 4(3): 199-204.

[111] Tu Y M, Chen L G, Sun F R, et al. Exergy-based ecological optimization for an endoreversible Brayton refrigeration cycle. International Journal of Exergy, 2006, 3(2): 191-201.

[112] Wu C, Kiang R L, Lopardo V J, et al. Finite-time thermodynamics and endoreversible heat engines. International Journal of Mechanical Engineering Education, 1993, 21(4): 337-346.

[113] Chen L G, Zhu X Q, Sun F R, et al. Ecological optimization for generalized irreversible Carnot refrigerators. Journal of Physics D: Applied Physics, 2005, 38(1): 113-118.

[114] 陈林根, 孙丰瑞, 陈文振. 两源间制冷机有限时间㶲经济性能界限和优化准则. 科学通报, 1991, 36(2): 156-157.

[115] Chen L G, Zheng Z P, Sun F R, et al. Profit performance optimization for an irreversible Carnot refrigeration cycle. International Journal of Ambient Energy, 2008, 29(4): 197-206.

[116] Ma K, Chen L G, Sun F R. Profit rate performance optimization for a generalized irreversible combined Carnot refrigeration cycle. Sadhana, Academy Proceedings of Engineering Sciences, 2009, 34(5): 851-864.

[117] Sahin B, Kodal A. Finite time thermoeconomic optimization for endoreversible refrigerators and heat pumps. Energy Conversion and Management, 1999, 40(9): 951-960.

[118] Kodal A, Sahin B, Yilmaz T. Effects of internal irreversibility and heat leakage on the finite time thermoeconomic performance of refrigerators and heat pumps. Energy Conversion and Management, 2000, 41(6): 607-619.

[119] Sahin B, Kodal A. Thermoeconomic optimization of a twostage combined refrigeration system: A finite time approach. International Journal of Refrigeration, 2002, 25(7): 872-877.

[120] 陈金灿, 严子浚. 低温热源有限的内可逆制冷机最优性能. 低温工程, 1987, (4): 27-35.

[121] 陈林根, 孙丰瑞, 龚建政, 等. 给定边界条件下定常态制冷循环的最优化. 工程热物理学报, 1994, 15(3): 249-252.

[122] Wu C, Chen L G, Sun F R. Optimization of steady flow refrigeration cycles. International Journal of Ambient Energy, 1996, 17(4): 199-206.

[123] 陈林根, 孙丰瑞, 陈文振. $q = \alpha(T - T_w)^n$ 传热情况下卡诺制冷机的最优性能. 低温工程, 1989, (5): 29-33.

[124] Wu C, Chen L G, Sun F R, et al. General performance characteristics of a finite-speed Carnot refrigerator. Applied Thermal Engineering, 1996, 16(4): 299-303.

[125] Chen W Z, Sun F R, Cheng S, et al. Study on optimal performance and working temperatures of endoreversible forward and reverse Carnot cycles. International Journal of Energy Research, 1995, 19(9): 751-759.

[126] Feidt M L. Thermodynamics and optimization of reverse cycle machines//Bejan A, Mamut E. Thermodynamic Optimization of Complex Energy Systems. Dordrecht: Kluwer Academic Press, 1999: 385-401.

[127] Chen W Z, Sun F R, Chen L G. The optimal COP and cooling load of a Carnot refrigerator in case of $q \propto \Delta(T^n)$. Chinese Science Bulletin, 1990, 35(23): 1837.

[128] Yan Z J, Chen J C. A class of irreversible Carnot refrigeration cycles with a general heat transfer law. Journal of Physics D: Applied Physics, 1990, 23(2): 136-141.

[129] Chen L G, Sun F R, Wu C. The influence of heat-transfer law on the endoreversible Carnot refrigerator. Journal of the Energy Institute, 1996, 69(479): 96-100.

[130] Chen L G, Sun F R, Wu C. Effect of heat transfer law on the performance of a generalized irreversible Carnot refrigerator. Journal of Non-Equilibrium Thermodynamics, 2001, 26(3): 291-304.

[131] 孙丰瑞, 陈文振, 陈林根. 不可逆正、反向卡诺循环的最优性能与熵产率. 工程热物理学报, 1991, 12(4): 357-360.

[132] Assad M E H. Performance characteristics of an irreversible refrigerator//Wu C, Chen L G, Chen J C. Recent Advances in Finite Time Thermodynamics. New York: Nova Science Publishers, 1999: 181-188.

[133] Li J, Chen L G, Sun F R. Performance optimisation for endoreversible Carnot refrigerator with complex heat transfer law. Journal of the Energy Institute, 2008, 81(3): 168-170.

[134] Li J, Chen L G, Sun F R. Cooling load and co-efficient of performance optimizations for a generalized irreversible Carnot refrigerator with heat transfer law $q \propto (\Delta T^n)^m$ //Proceedings of the Institution of Mechanical Engineers, Part E: Journal of Process Mechianical Engineering, 2008, 222(E1): 55-62.

[135] 陈林根, 孙丰瑞, 陈文振. 传热规律对卡诺制冷机生态学优化准则的影响. 低温与超导, 1992, 21(1): 5-10.

[136] Zhu X Q, Chen L G, Sun F R, et al. Exergy-based ecological optimization for a generalized irreversible Carnot refrigerator. Journal of the Energy Institute, 2006, 79(1): 42-46.

[137] Chen L G, Zhu X Q, Sun F R, et al. Ecological optimisation of a generalised irreversible Carnot refrigerator for a generalised heat transfer law. International Journal of Ambient Energy, 2007, 28(4): 213-219.

[138] Li J, Chen L G, Sun F R, et al. Ecological performance of an endoreversible Carnot refrigerator with complex heat transfer law. International Journal of Ambient Energy, 2011, 32(1): 31-36.

[139] Chen L G, Li J, Sun F R. Ecological optimization of a generalized irreversible Carnot refrigerator in case of $Q \propto (\Delta T^n)^m$. International Journal of Sustainable Energy, 2012, 31(1): 59-72.

[140] Chen L G, Wu C, Sun F R. Effect of heat transfer law on finite-time exergoeconomic performance of a Carnot refrigerator. International Journal of Exergy, 2001, 1(4): 295-302.

[141] Chen L G, Li J, Sun F R, et al. Exergoeconomic performance of an endoreversible Carnot refrigerator with complex heat transfer law. International Journal of Ambient Energy, 2011, 32(1): 25-30.

[142] Blanchard C H. Coefficient of performance for finite-speed heat pump. Journal of Applied Physics, 1980, 51(5): 2471-2472.

[143] Wu C. Specific heating load of an endoreversible Carnot heat pump. International Journal of Ambient Energy, 1993, 14(1): 25-28.

[144] Chen L G, Wu C, Sun F R. Heat transfer effect on the specific heating load of heat pumps. Applied Thermal Engineering, 1997, 17(1): 103-110.

[145] Wu C, Chen L G, Sun F R. Optimization of steady flow heat pumps. Energy Conversion and Management, 1998, 39(5-6): 445-453.

[146] 孙丰瑞, 陈林根, 陈文振. 内可逆卡诺热泵的生态学优化性能. 海军工程学院学报, 1993, 65(4): 22-26.

[147] Wu C, Schulden W. Specific heating load of thermoelectric heat pumps. Energy Conversion and Management, 1994, 35(6): 459-464.

[148] 陈林根, 孙丰瑞, 陈文振. 考虑热漏影响的热泵装置有限时间热力学性能. 热能动力工程, 1994, 9(2): 121-125.

[149] Chen L G, Wu C, Sun F R. Heat pump performance with internal heat leak. International Journal of Ambient Energy, 1997, 18(3): 129-134.

[150] Cheng C, Chen C. Performance optimization of an irreversible heat pump. Journal of Physics D: Applied Physics, 1995, 28(12): 2451-2454.

[151] Chen L G, Sun F R. The effect of heat leak, heat resistance and internal irreversibility on the optimal performance of Carnot heat pumps. Journal of Engineering Thermophysics, 1997, 18(1): 25-27.

[152] Chen L G, Zhu X Q, Sun F R, et al. Exergy-based ecological optimization for a generalized irreversible Carnot heat pump. Applied Energy, 2007, 84(1): 78-88.

[153] Tyagi S K, Kaushik S C, Salohtra R. Ecological optimization and parametric study of irreversible Stirling and Ericsson heat pumps. Journal of Physics D: Applied Physics, 2002, 35(16): 2058-2065.

[154] 陈林根, 孙丰瑞. 卡诺热泵的最大利润率特性. 实用能源, 1993, (3): 29-33.

[155] Chen L G, Zheng Z P, Sun F R. Maximum profit performance for a generalized irreversible Carnot heat pump cycle. Termotehnica (Thermal Engineering), 2008, 12(2): 22-26.

[156] Kodal A, Sahin B, Oktem A S. Performance analysis of two stage combined heat pump system based on thermoeconomic optimization criterion. Energy Conversion and Management, 2000, 41(18): 1989-1998.

[157] Kodal A, Sahin B, Erdil A. Performance analysis of a two-stage irreversible heat pump under maximum heating load per unit total cost conditions. International Journal of Exergy, 2002, 2(3): 159-166.

[158] 陈林根, 孙丰瑞, 陈文振. $q \propto \Delta(T^{-1})$ 传热情况下卡诺热泵的最佳供热系数与供热率间的关系. 热能动力工程, 1990, 5(3): 48-52.

[159] Zhu X Q, Chen L G, Sun F R, et al. The optimal performance of a Carnot heat pump under the condition of mixed heat resistance. Open Systems and Information Dynamics, 2002, 9(3): 251-256.

[160] Sun F R, Chen W Z, Chen L G, et al. Optimal performance of an endoreversible Carnot heat pump. Energy Conversion and Management, 1997, 38(14): 1439-1443.

[161] Ni N, Chen L G, Sun F R, et al. Effect of heat transfer law on the performance of a generalized irreversible Carnot heat pump. Journal of the Energy Institute, 1999, 72(491): 64-68.

[162] Kodal A. Heating rate maximization for an irreversible heat pump with a general heat transfer law//Wu C, Chen L G, Chen J C. Recent Advances in Finite Time Thermodynamics. New York: Nova Science Publishers, 1999: 299-306.

[163] Zhu X Q, Chen L G, Sun F R. Optimum performance of a generalized irreversible Carnot heat pump with a generalized heat transfer law. Physica Scripta, 2001, 64(6): 584-587.

[164] Zhu X Q, Chen L G, Sun F R, et al. Effect of heat transfer law on the ecological optimization of a generalized irreversible Carnot heat pump. International Journal of Exergy, 2005, 2(4): 423-436.

[165] Zhu X Q, Chen L G, Sun F R, et al. The ecological optimization of a generalized irreversible Carnot heat pump for a generalized heat transfer law. Journal of the Energy Institute, 2005, 78(1): 5-10.

[166] Wu C, Chen L G, Sun F R. Effect of heat transfer law on finite time exergoeconomic performance of a Carnot heat pump. Energy Conversion and Management, 1998, 39(7): 579-588.

[167] Li J, Chen L G, Sun F R. Heating load vs. COP characteristic of an endoreversible Carnot heat pump subjected to the heat-transfer law $q \propto (\Delta T^n)^m$. Applied Energy, 2008, 85(2-3): 96-100.

[168] Li J, Chen L G, Sun F R. Fundamental optimal relation of a generalized irreversible Carnot heat pump with complex heat transfer law. Pramana Journal of Physics, 2010, 74(2): 219-230.

[169] Chen L G, Li J, Sun F R, et al. Effect of a complex generalized heat transfer law on ecological performance of an endoreversible Carnot heat pump. International Journal of Ambient Energy, 2009, 30(2): 102-108.

[170] Li J, Chen L G, Sun F R. Optimal ecological performance of a generalized irreversible Carnot heat pump with a generalized heat transfer law. Termotehnica (Thermal Engineering), 2009, 13(2): 61-68.

[171] Li J, Chen L G, Sun F R. Exergoeconomic performance of an endoreversible Carnot heat pump with complex heat transfer law.International Journal of Sustainable Energy, 2011, 30(1): 26-33.

[172] Gutkowicz-Krusin D, Procaccia J, Ross J. On the efficiency of rate processes: Power and efficiency of heat engines. The Journal of Chemical Physics, 1978, 69(9): 3898-3906.

[173] Rubin M H. Optimal configuration of a class of irreversible heat engines. Physics Review A, 1979, 19(3): 1272-1287.

[174] Rubin M H. Optimal configuration of an irreversible heat engine with fixed compression ratio. Physical Review A, 1980, 22(4): 1741-1752.

[175] Salamon P, Nitzan A, Andresen B, et al. Minimum entropy production and the optimization of heat engines. Physical Review A, 1980, 27(6): 2115-2129.

[176] Kuznetsov A G, Rudenko A V, Tsirlin A M. Optimal control in thermodynamic systems with sources of finite capacity. Automation and Remote Control, 1986, (6): 693-705.

[177] Orlov V N. Optimal control of an irreversible Carnot engine. Automation and Remote Control, 1989, (4): 64-74.

[178] Lampinen M J, Vuorisalo J. Heat accumulation function and optimization of heat engines. Journal of Applied Physics, 1991, 69(2): 597-605.

[179] Ondrechen M J, Rubin M H, Band Y B. The generalized Carnot cycle: A working fluid operating in finite-time between finite heat sources and sinks. The Journal of Chemical Physics, 1983, 78(7): 4721-4727.

[180] Yan Z J, Chen L G. Optimal performance of an endoreversible cycle operating between a heat source and sink of finite capacities. Journal of Physics A: Mathematical and General, 1997, 30(23): 8119-8127.

[181] Chen L G, Zhou S B, Sun F R, et al. Optimal configuration and performance of heat engines with heat leak and finite heat capacity. Open Systems and Information Dynamics, 2002, 9(1): 85-96.

[182] Angulo-Brown F, Ares de Parga G, Arias-Hernández L A. A variational approach to ecological-type optimization criteria for finite-time thermal engine models. Journal of Physics D: Applied Physics, 2002, 35(10): 1089-1093.

[183] Orlov V N. Optimum irreversible Carnot cycle containing three isotherms. Soviet Physics Dokldoy, 1985, 30(6): 506-508.

[184] Li J, Chen L G, Sun F R. Optimal configuration of a class of endoreversible heat-engines for maximum power-output with linear phenomenological heat-transfer law. Applied Energy, 2007, 84(9): 944-957.

[185] 宋汉江. 一类热力和化学过程与系统的最优构型. 武汉: 海军工程大学博士学位论文, 2008.

[186] Song H J, Chen L G, Li J, et al. Optimal configuration of a class of endoreversible heat engines with linear phenomenological heat transfer law $q \propto \Delta(T^{-1})$. Journal of Applied Physics, 2006, 100(12): 124907.

[187] Song H J, Chen L G, Sun F R. Endoreversible heat engines for maximum power output with fixed duration and radiative heat-transfer law. Applied Energy, 2007, 84(4): 374-388.

[188] 宋汉江, 陈林根, 孙丰瑞. 辐射传热条件下一类内可逆热机最大效率时的最优构型. 中国科学 G 辑: 物理学, 力学, 天文学, 2008, 38(8): 1083-1096.

[189] Song H J, Chen L G, Sun F R, et al. Configuration of heat engines for maximum power output with fixed compression ratio and generalized radiative heat transfer law. Journal of Non-Equilibrium Thermodynamics, 2008, 33(3): 275-295.

[190] Chen L G, Song H J, Sun F R, et al. Optimal configuration of heat engines for maximum power with generalized radiative heat transfer law. International Journal of Ambient Energy, 2009, 30(3): 137-160.

[191] Chen L G, Song H J, Sun F R, et al. Optimal configuration of heat engines for maximum efficiency with generalized radiative heat transfer law. Revista Mexicana de Fisica, 2009, 55(1): 55-67.

[192] 陈林根, 陈少堂, 孙丰瑞, 等. 一类与传热定律无关的内可逆热机最优构型. 燃气轮机技术, 1993, 6(2): 20-23.

[193] Yan Z J, Chen J C. Optimal performance of a generalized Carnot cycle for another linear heat transfer law. The Journal of Chemical Physics, 1990, 92(3): 1994-1998.

[194] Chen L G, Sun F R, Wu C. Optimal configuration of a two-heat-reservoir heat-engine with heat leak and finite thermal capacity. Applied Energy, 2006, 83(2): 71-81.

[195] 熊国华, 陈金灿, 严子浚. 热传递规律对广义卡诺循环性能的影响. 厦门大学学报(自然科学版), 1980, 28(5): 489-493.

[196] 李俊, 陈林根, 孙丰瑞. 复杂导热规律下有限高温热源热机循环的最优构型. 中国科学 G 辑: 物理学, 力学, 天文学, 2009, 39(2): 255-259.

[197] 陈天择. 一类内可逆制冷机的最优构型. 厦门大学学报, 1985, 24(1): 442-447.

[198] Chen L G, Sun F R, Ni N, et al. Optimal configuration of a class of two-heat-reservoir refrigeration cycles. Energy Conversion and Management, 1998, 39(8): 767-773.

[199] Chen L G, Bi Y H, Wu C. Unified description of endoreversible cycles for another linear heat transfer law. International Journal of Energy, Environment and Economics, 1999, 9(2): 77-93.

[200] Amelkin S A, Andresen B, Burzler J M, et al. Maximum power processes for multi-source endoreversible heat engines. Journal of Physics D: Applied Physics, 2004, 37(9): 1400-1404.

[201] Amelkin S A, Andresen B, Burzler J M, et al. Thermo-mechanical systems with several heat reservoirs: Maximum power processes. Journal of Non-Equilibrium Thermodynamics, 2005, 30(2): 67-80.

[202] Tsirlin A M, Kazakov V, Ahremenkov A A, et al. Thermodynamic constraints on temperature distribution in a stationary system with heat engine or refrigerator. Journal of Physics D: Applied Physics, 2006, 39(19): 4269-4277.

[203] Chen L G, Li J, Sun F R. Optimal temperatures and maximum power output of a complex system with linear phenomenological heat transfer law. Thermal Science, 2009, 13(4): 33-40.

[204] Sieniutycz S, Jezowski J. Energy Optimization in Process Systems. Oxford: Elsevier, 2009.

[205] Sieniutycz S. Generalized Carnot problem of maximum work in finite time via Hamilton-Jacobi-Bellman theory. Energy Conversion and Management, 1998, 39(16-18): 1735-1743.

[206] Sieniutycz S. Hamilton-Jacobi-Bellman framework for optimal control in multistage energy systems. Physics Reports, 2000, 326(4): 165-285.

[207] Sieniutycz S, von Spakovsky M. Finite time generalization of thermal exergy. Energy Conversion and Management, 1998, 39(14): 1423-1447.

[208] Sieniutycz S. Nonlinear thermodynamics of maximum work finite time. International Journal of Engineering Science, 1998, 36(5-6): 577-597.

[209] Sieniutycz S. Carnot problem of maximum work from a finite resource interacting with environment in a finite time. Physica A: Statistical Mechanics and its Applications, 1999, 264(1-2): 234-263.

[210] Sieniutycz S, Szwast Z. Work limits in imperfect sequential systems with heat and fluid flow. Journal of Non-Equilibrium Thermodynamics, 2003, 28(2): 85-114.

[211] Sieniutycz S. Limiting power in imperfect systems with fluid flow. Archives of Thermodynamics, 2004, 25(2): 69-80.

[212] Sieniutycz S. Optimization in Process Engineering. Warsaw: Wydawnictwa Naukowo Techniczne, 1978.

[213] Sieniutycz S. A general theory of optimal discrete drying processes with a constant Hamiltonian. Drying, 1984, 84: 62-75.

[214] Sieniutycz S. Quasicanonical structure of optimal control in constrained discrete systems. Reports on Mathematical Physics, 2003, 51(2-3): 1-10.

[215] Sieniutycz S. State transformations and Hamiltonian structures for optimal control in discrete systems. Reports on Mathematical Physics, 2006, 57(2): 289-317.

[216] Sieniutycz S. Hamilton-Jacobi-Bellman theory of dissipative thermal availability. Physical Review, 1997, 56(5): 5051-5064.

[217] Sieniutycz S. Irreversible Carnot problem of maximum work in a finite time via Hamilton-Jacobi-Bellman theory. Journal of Non-Equilibrium Thermodynamics, 1997, 22(3): 260-284.

[218] Sieniutycz S. Endoreversible modeling and optimization of multi-stage thermal machines by dynamic programming//Wu C, Chen L G, Chen J C. Recent Advances in Finite Time Thermodynamics. New York: Nova Science Publishers, 1999: 189-219.

[219] Szwast Z, Sieniutycz S. Optimization of multi-stage thermal machines by Pontryagin's like discrete maximum principle//Wu C, Chen L G, Chen J C. Recent Advances in Finite Time Thermodynamics. New York: Nova Science Publishers, 1999: 221-237.

[220] Kuran P. Nonlinear Models of Production of Mechanical Energy in Non-ideal Generators Driven by Thermal or Solar Energy. Poland: Warsaw University of Technology. Ph. D. Thesis, 2006.

[221] Sieniutycz S, Kuran P. Nonlinear models for mechanical energy production in imperfect generators driven by thermal or solar energy. International Journal of Heat and Mass Transfer, 2005, 48(3): 719-730.

[222] Sieniutycz S, Kuran P. Modeling thermal behavior and work flux in finite rate systems with radiation. International Journal of Heat and Mass Transfer, 2006, 49(17-18): 3264-3283.

[223] Sieniutycz S. Hamilton-Jacobi-Bellman equations and dynamic programming for power-maximizing relaxation of radiation. International Journal of Heat and Mass Transfer, 2007, 50(13-14): 2714-2732.

[224] Sieniutycz S. Nonequilibrium thermodynamics as an extension of classical thermodynamics. Open Systems and Information Dynamics, 1997, 4(2): 185-207.

[225] Sieniutycz S. Optimal control framework for multistage endoreversible engines with heat and mass transfer. Journal of Non-Equilibrium Thermodynamics, 1999, 24(1): 40-74.

[226] Sieniutycz S. Thermodynamic optimization for work-assisted heating and drying operations. Energy Conversion and Management, 2000, 41(18): 2009-2039.

[227] Sieniutycz S, Kubiak M. Dynamical energy limits in traditional and work-driven operations I. heat-mechanical systems. International Journal of Heat and Mass Transfer, 2002, 45(14): 2995-3012.

[228] Sieniutycz S. Carnot controls to unify traditional and work-assisted operations with heat mass transfer. International Journal of Thermodynamics, 2003, 6(2): 59-67.

[229] Sieniutycz S. Nonlinear macrokinetics of heat and mass transfer and chemical or electrochemical reactions. International Journal of Heat and Mass Transfer, 2004, 47(3): 515-526.

[230] Sieniutycz S. Thermodynamic structure of nonlinear macrokinetics in reaction-diffusion systems. Open Systems and Information Dynamics, 2004, 11(2): 185-202.

[231] Sieniutycz S. Frictional passage of fluid through inhomogeneous porous system: A variational principle. Transport in Porous Media, 2007, 69(2): 239-257.

[232] Sieniutycz S. A variational theory for frictional flow of fluids in inhomogeneous porous systems. International Journal of Heat and Mass Transfer, 2007, 50(7-8): 1278-1287.

[233] Sieniutycz S. Dynamical converters with power-producing relaxation of solar radiation. International Journal of Thermal Sciences, 2008, 47(4): 495-505.

[234] Sieniutycz S. Analysis of power and entropy generation in a chemical engine. International Journal of Heat and Mass Transfer, 2008, 51(25-26): 5859-5871.

[235] Sieniutycz S. Thermodynamics of chemical power generators. Inzynieria Chemicznai Procesowa, 2008, 29(2): 321-335.

[236] Sieniutycz S. Dynamic programming and Lagrange multipliers for active relaxation of resources in nonlinear non-equilibrium systems. Applied Mathematical Modelling, 2009, 33(3): 1457-1478.

[237] Sieniutycz S. Dynamic bounds for power and efficiency of non-ideal energy converters under nonlinear transfer laws. Energy, 2009, 34(3): 334-340.

[238] Sieniutycz S. Thermodynamics of simultaneous drying and power production. Drying Technology, 2009, 27(3): 322-335.

[239] Sieniutycz S. Complex chemical systems with power production driven by heat and mass transfer. International Journal of Heat and Mass Transfer, 2009, 52(11-12): 2453-2465.

[240] Sieniutycz S. Variational setting for reversible and irreversible fluids with heat flow. International Journal of Heat and Mass Transfer, 2008, 51(11-12): 2665-2675.

[241] 李俊, 陈林根, 孙丰瑞. 一类有限热源多级连续卡诺热机系统的最大输出功. 热科学与技术, 2006, 5(4): 335-338.

[242] Li J, Chen L G, Sun F R. Extremal work of an endoreversible system with two finite thermal capacity reservoirs. Journal of the Energy Institute, 2009, 82(1): 53-56.

[243] Li J, Chen L G, Sun F R. Optimum work in real systems with a class of finite thermal capacity reservoirs. Mathematical and Computer Modelling, 2009, 49(3-4): 542-547.

[244] 李俊, 陈林根, 孙丰瑞. 辐射传热时有限热源多级连续卡诺热机系统的最大输出功. 热科学与技术, 2008, 7(1): 41-45.

[245] Li J, Chen L G, Sun F R. Maximum work output of multistage continuous Carnot heat engine system with finite reservoirs of thermal capacity and radiation between heat source and working fluid. Thermal Science, 2010, 14(1): 1-9.

[246] O'Sullivan C T. Newton's law of cooling—A critical assessment. American Journal of Physics, 1990, 58(12): 956-960.

[247] Gordon J M, Huleihil M. General performance characteristics of real heat engines. Journal of Applied Physics, 1992, 72(3): 829-837.

[248] Feidt M, Costea M, Petre C, et al. Optimization of direct Carnot cycle. Applied Thermal Engineering, 2007, 27(5-6): 829-839.

[249] 章学来. 热传递规律对不可逆卡诺热机性能的影响. 能源技术, 1993, 54(2): 9-11.

[250] Ozkaynak S. Optimum operation of irreversible Carnot heat engines of finite size at maximum power output. Energy Sources, 1996, 18(3): 323-331.

[251] Chen J C, Wu C, Kiang R L. Maximum specific power output of an irreversible radiant heat engine. Energy Conversion and Management, 1996, 37(1): 17-22.

[252] Feidt M, Philippi I. Basis of a general approach for finite time thermodynamics applied to two heat reservoir machines//ECOS'92, 1992: 21-25.

[253] Erbay L B, Yavuz H. Design parameters of a thermionic energy converter//Proceedings of International Conference, 1997: 20-24.

[254] Ng K C, Bong T Y, Chua H T. Performance evaluation of centrifugal chillers in an air-conditioning plant with the building automation system(BAS)//Proceedings of the Institution of Mechanical Engineers, Part A: Journal of Power and Energy, 1994, 208(A3): 249-255.

[255] Gordon J M, Ng K C, Chua H T. Centrifugal chillers: Thermodynamic modelling and a diagnostic case study. International Journal of Refrigeration, 1995, 18(4): 253-257.

[256] Gordon J M, Ng K C. Predictive and diagnostic aspects of a universal thermodynamic model for chillers. International Journal of Heat and Mass Transfer, 1995, 38(5): 807-818.

[257] Chua H T, Ng K C, Gordon J M, et al. On the consistency of thermodynamic models with actual chiller performance//ECOS'95, Istanbul, 1995: 339-346.

[258] Chua H T, Ng K C, Gordon J M. Experimental study of the fundamental properties of reciprocating chillers and their relation to thermodynamic modeling and chiller design. International Journal of Heat and Mass Transfer, 1996, 39(11): 2195-2204.

[259] Ng K C, Chua H T, Ong W, et al. Diagnostics and optimization of reciprocating chillers: Theory and experiment. Applied Thermal Engineering, 1997, 17(3): 263-276.

[260] Gordon J M, Ng K C, Chua H T. Optimizing chiller operation based on finite-time thermodynamics: Universal modeling and experimental confirmation. International Journal of Refrigeration, 1997, 20(3): 191-200.

[261] Chen L G, Ni N, Wu C, et al. Heating load vs. COP characteristics for irreversible air-heat pump cycles. International Journal of Power and Energy Systems, 2001, 21(2): 105-111.

[262] Chen L G, Ni N, Sun F R, et al. Performance of real regenerated air heat pumps. International Journal of Power and Energy Systems, 1999, 19(3): 178-238.

[263] Bi Y H, Chen L G, Wu C, et al. Effect of heat transfer on the performance of thermoelectric heat pumps. Journal of Non-Equilibrium Thermodynamics, 2001, 26(1): 41-51.

[264] Chen L G, Li J, Sun F R, et al. Optimum allocation of heat transfer surface area for heating load and COP optimisation of a thermoelectric heat pump. International Journal of Ambient Energy, 2007, 28(4): 189-196.

[265] Chen L G, Li J, Sun F R, et al. Performance optimization for a two-stage thermoelectric heat-pump with internal and external irreversibilities. Applied Energy, 2008, 85(7): 641-649.

[266] Chen L G, Meng F K, Sun F R. A novel configuration and performance for two-stage thermoelectric heat pump system driven by a two-stage thermoelectric generator//Proceedings of the Institution of Mechanical Engineers, Part A: Journal of Power and Energy, 2009, 223(4): 329-339.

[267] Mortlock A J. Experiments with a thermoelectric heat pump. American Journal of Physics, 1965, 33(10): 813-815.

[268] Chen J C. The maximum power output and maximum efficiency of an irreversible Carnot heat engine. Journal of Physics D: Applied Physics, 1994, 27(6): 1144-1149.

[269] Ozkaynak S, Gokun S, Yavuz H. Finite time thermodynamic analysis of a radiative heat engine with internal irreversibility. Journal of Physics D: Applied Physics, 1994, 27(6): 1139-1143.